Conserver cette couverture

1879

LES

ENZYMES

ET LEURS APPLICATIONS

LES

ENZYMES

ET LEURS APPLICATIONS

PAR

Le Dr Jean EFFRONT

Professeur à l'Université nouvelle
Directeur de l'Institut des Fermentations à Bruxelles

PARIS

Georges CARRÉ et C. NAUD, Éditeurs

3, RUE RACINE, 3

—

1899

AVANT-PROPOS

L'étude des ferments chimiques offre le double avantage de présenter un grand intérêt scientifique et d'avoir en même temps de nombreuses applications industrielles.

Les phénomènes d'assimilation et de respiration qui se passent à l'intérieur de la cellule vivante sont en relation étroite avec les sécrétions diastasiques, dont l'étude s'impose, par conséquent, aussi bien aux physiologues qu'aux botanistes et aux bactériologues.

La connaissance des réactions provoquées par les diastases est également de première importance pour les chimistes, pour qui ces agents physiologiques peuvent devenir des réactifs d'une sensibilité exceptionnelle.

La science des ferments chimiques comprend encore la connaissance de certaines toxines microbiennes qui, par leurs propriétés, se rapprochent singulièrement des diastases ordinaires. Aussi faut-il, pour étudier ces poisons au point de vue de leur diffusion, de leur conservation et de leur destruction dans l'organisme, posséder des connaissances très exactes sur les enzymes.

Enfin, toute une classe de ferments solubles ont trouvé, dès à présent, des applications industrielles, et il est indiscutable que l'avenir en ajoutera beaucoup d'autres : c'est donc un intérêt de plus qui s'attache à l'étude des enzymes.

Le présent ouvrage, qui résume le cours que nous avons donné à l'Institut des Fermentations de l'Université nouvelle de Bruxelles, s'adresse à la fois aux personnes qui se livrent à des études purement scientifiques, et à celles qui s'occupent particulièrement des industries de fermentation. Aussi, tout en réservant une place prépondérante aux questions théoriques, nous n'avons pas négligé les conséquences pratiques.

Notre travail est divisé en deux parties.

Dans la première, qui constitue le présent volume, nous nous occupons des enzymes des hydrates de carbone et des oxydases, ainsi que de leurs applications industrielles. Dans la seconde partie, actuellement en préparation, nous étudierons les enzymes des matières protéiques et les toxines.

Nous avons vérifié personnellement la plupart des données expérimentales que contient ce premier volume, dans lequel le lecteur trouvera un certain nombre d'expériences, de modes de préparation, de méthodes d'analyse et de procédés techniques inédits.

Bruxelles, 1898.

CHAPITRE PREMIER

GÉNÉRALITÉS

Travail synthétique et analytique de la cellule vivante. — Simultanéité des deux phénomènes. — Différence entre le travail chimique et le travail physiologique. — Agents chimiques et agents physiologiques. — Intervention de l'énergie vitale. — Nécessité de l'étude des conditions physiques et chimiques des milieux. — Définition des enzymes. — Leur rôle dans l'assimilation et la désassimilation. — Les enzymes comme producteurs de chaleur.

L'activité des cellules vivantes donne lieu à une série de réactions chimiques très complexes et différentes les unes des autres.

Si l'on pousse un peu plus loin l'observation des phénomènes, on remarque qu'à côté d'un travail purement synthétique, la cellule produit toujours un travail analytique : en d'autres termes, que la substance organique, en présence de la cellule vivante, se combine et se décompose. Le travail synthétique est plus apparent dans la transformation des substances peu compliquées, qui, soumises à l'action des cellules vivantes, s'hydratent, s'oxydent et se transforment en complexes chimiques. Dans la transformation des substances complexes, au contraire, c'est le travail analytique qui domine et la substance complexe se réduit en des corps de plus en plus simples.

Si l'on soumet par exemple un moût sucré, contenant des nitrates ou quelques sels ammoniacaux, à l'action des levures, on constate l'apparition de nouvelles cellules et par conséquent la formation de matières protoplasmiques qui sont, au point de vue chimique, des substances très complexes.

Lorsque, au contraire, on abandonne des matières albuminoïdes à l'action de certains ferments, elles subissent une fermentation putride, et l'on remarque qu'elles passent par une série de transformations.

Les matières albuminoïdes se changent d'abord en protéoses, puis en peptones, en amides, et enfin en ammoniaque, hydrogène sulfuré, acide oxalique et acide carbonique.

Dans le premier des deux exemples que nous venons de donner, on est tenté de voir un travail exclusivement synthétique, caractérisé par la formation de protoplasma au détriment des sucres et des nitrates. Dans le second exemple, on est tenté de voir un travail absolument opposé au précédent.

Cependant les phénomènes sont beaucoup plus complexes. Dans le premier exemple, la formation de nouvelles cellules de levure est accompagnée de celle d'une matière protéique, le protoplasma; mais cette substance ne persiste pas dans un état invariable : au contraire, elle est constamment détruite, hydratée et transformée par les cellules vivantes. Si donc on voit se former des cellules nouvelles, on voit aussi se décomposer des matières organisées.

Dans le second exemple, les ferments qui décomposent les matières albuminoïdes et les transforment en divers produits de dédoublement, se multiplient, s'accroissent et produisent ainsi un travail profond de synthèse accompagnant le travail analytique de décomposition.

Nous pouvons conclure de ces observations que la cellule vivante travaille constamment dans deux sens différents, dans le sens analytique et dans le sens synthétique, et, suivant les cas, l'une de ces actions est plus apparente que l'autre.

Depuis que Wöhler a réalisé la synthèse de l'urée, on a pu reproduire artificiellement toute une série de substances cellulaires.

Emile Fischer nous a montré la marche à suivre pour les hydrates de carbone, et presque tous les sucres naturels qui se trouvent dans les plantes ont pu être reproduits artificiellement, grâce aux méthodes qu'il a indiquées.

Si, actuellement, nous ne connaissons pas les moyens à employer pour reproduire par synthèse les matières albuminoïdes, du moins les travaux de Schützenberger ont-ils fait connaître le mode de décomposition de toutes ces substances ainsi que leurs produits de dédoublement.

Toutefois, quoique ces différents travaux aient permis de réaliser beaucoup de synthèses et indiqué la marche à suivre pour en réaliser d'autres, on doit constater qu'il existe une grande différence entre le travail chimique et le travail physiologique des cellules.

Pour favoriser les réactions chimiques, on emploie dans les laboratoires des moyens souvent très violents. On se sert d'un milieu, soit fortement alcalin, soit fortement acide, ou bien l'on emploie des pressions ou des températures très élevées.

Pour produire, par exemple, un phénomène d'oxydation, on se sert de réactifs tels que l'acide nitrique, l'acide chromique, le permanganate. Comme moyens déshydratants, on emploie l'acide sulfurique concentré, l'acide phosphorique anhydre, le chlorure de zinc, etc., substances qui désorganisent les cellules.

Quand il s'agit des cellules vivantes, au contraire, les réactions se font dans un milieu soit neutre, soit faiblement acide ou alcalin ; la température est toujours très modérée et presque constante.

La différence entre ces deux modes opératoires est frappante. Dans la cellule vivante on voit réagir des corps qui paraissent, d'après nos données, n'avoir que de très faibles affinités ; on constate en même temps que des substances qui, d'après nos connaissances, sont très stables, se décomposent à l'intérieur des cellules avec une très grande facilité. L'affinité des corps chimiques paraît donc plus forte lorsqu'ils se trouvent en présence de cellules vivantes, et cette affinité paraît diminuer lorsqu'on détruit les cellules.

L'augmentation du potentiel des molécules à l'intérieur des cellules vivantes est généralement expliquée par l'intervention de l'énergie vitale. Les réactions, dit-on, se produisent plus facilement grâce à l'intervention d'une force spéciale, l'énergie vitale, qui exalte l'énergie intérieure ainsi que l'aptitude aux combinaisons et dédoublements, comme le font l'électricité, le magnétisme, la lumière, etc....

L'explication des phénomènes par l'énergie vitale éclaire assez peu la question. En somme, elle se réduit à dire que les réactions sont favorisées dans les cellules vivantes par des conditions physiques et chimiques particulières au milieu.

Cette thèse ne peut être considérée comme une explication des phénomènes intracellulaires. Nous ne pourrons réellement les comprendre que par une étude très approfondie des milieux dans lesquels ils se produisent. Une étude attentive de ces conditions montre que la facilité de toutes les réactions intracellulaires ne tient pas à une cause unique; que l'affinité est tantôt favorisée par une circonstance purement physique et tantôt par une circonstance purement chimique.

Certes, on est loin de connaître toutes les conditions qui favorisent les réactions intracellulaires, mais quelques-unes d'entre elles ont pu être étudiées et, des connaissances acquises, on peut conclure que : chaque fois que l'on constate une exagération de l'énergie cellulaire, celle-ci est produite, non par une circonstance unique commune à tous les phénomènes, mais par une cause strictement déterminable et différente d'un cas à l'autre.

On connaît des réactions dans lesquelles l'affinité chimique augmente à cause de circonstances purement physiques, telle l'osmose qui se produit continuellement à travers la membrane cellulaire. Dans d'autres cas, on constate que les réactions sont favorisées dans les cellules par la présence de substances minérales.

La décomposition du chlorure de sodium, par exemple,

et la formation d'acide chlorhydrique dans certaines cellules, est un de ces phénomènes qui ne cadrent nullement avec les idées que nous nous faisons généralement sur la stabilité de certaines substances. Nous savons, en effet, que le chlorure de sodium est une substance très stable, et que la décomposition à froid de ce sel, dans un milieu faiblement acidifié par des acides peu énergiques, est impossible. Aussi la décomposition du chlorure de sodium dans les cellules s'expliquait-elle autrefois par l'intervention de l'énergie vitale, qui, disait-on, rendait le corps moins stable et plus apte à se décomposer.

Aujourd'hui, on donne au phénomène une explication plus rationnelle : on constate que la décomposition du chlorure de sodium se fait simplement par osmose et indépendamment de l'énergie vitale, parce que le sel, en solution très diluée, se dissocie. Dans les cellules, un phénomène de dissociation analogue doit se produire, et, par l'osmose, l'acide doit passer au travers de la membrane cellulaire et s'accumuler en certaine quantité. De cette façon, l'acidité devient une conséquence de la décomposition du sel très dilué et de son passage, par osmose, au travers de la membrane cellulaire.

C'est là un exemple très frappant d'une condition physique favorisant la réaction.

L'exemple le plus concluant de l'intervention des substances minérales est celui que fournissent les résultats obtenus en agriculture par l'emploi d'engrais chimiques. Quand on met à la disposition des cellules des quantités relativement faibles de phosphate, on constate que la quantité de matière protéique produite dans les plantes augmente considérablement.

Il faut donc à la cellule de la plante, pour faire un travail synthétique, la présence de substances minérales, qui forment des combinaisons organo-métalliques, combinaisons qui, ayant plus d'affinité que la substance organique non combinée à la substance minérale, entrent plus facilement en réaction.

Mais on connaît toute une autre série de réactions cellulaires, qui se produisent sans l'intervention de facteurs physiques ou de substances minérales et grâce à la présence de substances chimiques d'une nature particulière, que l'on appelle enzymes.

L'étude de ces substances, de leur mode de sécrétion et de leur mode d'action formera l'objet du présent travail.

Les enzymes, ferments solubles, zymases ou diastases, sont des substances organiques actives, sécrétées par les cellules, et qui ont la propriété, dans des conditions déterminées, de faciliter les réactions chimiques entre certains corps, sans entrer dans la composition des produits définitifs qui en résultent.

Ces substances jouent un rôle très important dans les phénomènes d'assimilation et de désassimilation des aliments. En effet, la plupart des aliments qui se trouvent dans la nature, à la disposition de l'homme, des animaux ou des végétaux, ne sont pas directement assimilables par leurs organismes; ils demandent l'intervention d'une diastase pour se transformer en substances assimilables et propres à la formation de nouveaux tissus.

L'amidon, qui sert à l'alimentation de presque tous les êtres vivants, n'est pas directement assimilable et, dans les organismes supérieurs, il subit, avant de pouvoir être absorbé, différentes transformations. Il rencontre tout d'abord des enzymes dans la salive, puis d'autres dans le suc pancréatique, et il se transforme ainsi en maltose et glucose, aliments immédiatement propres à la construction des tissus.

La viande, le lait, le blanc d'œuf doivent aussi se transformer sous l'influence des diastases, avant de devenir assimilables. Ces substances trouvent les enzymes qui leur conviennent dans le suc gastrique et dans le suc pancréatique.

Ces phénomènes que l'on observe dans les organismes supérieurs se rencontrent aussi dans le règne végétal.

Pendant la germination et la floraison, les substances de réserve, comme l'amidon, la cellulose, les matières grasses, les matières protéiques, sont en partie consommées par la plante en formation. Mais cette consommation des réserves ne se fait pas directement : ces substances doivent être préalablement transformées, par des diastases, en produits assimilables.

Examinons, par exemple, le phénomène de la germination. Un grain d'orge abandonné pendant 10 à 15 jours dans l'obscurité perd 30 à 40 pour 100 de son poids. Si l'on analyse, dans le grain, l'hydrogène et l'oxygène, avant et après la germination, on trouve que la perte de ces deux éléments est dans le rapport de 1 à 8. On peut en conclure que l'oxygène s'est fixé sur l'hydrogène pour former de l'eau. D'un autre côté, si l'on analyse la quantité d'acide carbonique formée, on constate qu'elle correspond presque exactement à la quantité de carbone disparu. Il y aurait donc combustion du carbone et formation d'acide carbonique d'une part, formation d'eau, d'autre part, et le phénomène apparaît comme étant une simple oxydation.

Si l'on analyse les réactions de plus près, on remarque que la germination n'est pas seulement un phénomène de simple oxydation, et que, pendant sa durée, il se passe une série de réactions secondaires. Avant tout, on voit apparaître dans le grain des diastases qui agissent sur l'amidon et la cellulose, de telle façon que peu à peu ces deux substances changent de nature ainsi que de composition chimique. La cellulose est dissoute, l'amidon est transformé en maltose, partiellement oxydé, et en partie changé en sucre de canne par le tissu du germe.

Toutes ces transformations, ainsi que l'oxydation elle-même, sont produites par les diastases sécrétées pendant la germination.

On peut suivre la marche de la plupart de ces transformations; par exemple, la dissolution et la transformation de l'amidon. A cet effet, on sépare un germe du grain et on le fait se développer sur un moût gélatinisé dans lequel on a mis de l'amidon en suspension.

En observant le phénomène de très près, et en examinant l'amidon au microscope, on peut constater que le grain d'amidon perd sa forme primitive, qu'il se corrode en plusieurs endroits, qu'il se liquéfie ensuite et disparaît. Dans le liquide de culture on retrouve une nouvelle substance qui n'y existait pas auparavant : un sucre et une substance azotée, soluble, précipitable par l'alcool, qui peut produire une nouvelle transformation de l'amidon, c'est la diastase.

Dans l'assimilation des matières albuminoïdes par les cellules, il se produit un phénomène absolument analogue à celui de l'assimilation des hydrates de carbone. Les substances albuminoïdes sont transformées graduellement par les substances actives des cellules en protéoses, en peptones et enfin en amides.

Nous avons dit plus haut que les diastases jouent un rôle excessivement important dans les phénomènes de désassimilation.

Les molécules des substances albuminoïdes, hydratées, dédoublées et transformées par les enzymes, se recomposent de nouveau en présence du protoplasma des cellules, par un phénomène de déshydratation et de condensation moléculaire. Les molécules reconstruites subissent de nouveaux changements; elles sont de nouveau hydratées, dédoublées, et, en même temps, graduellement oxydées. Dans cette phase de la transformation, la molécule albuminoïde est dédoublée en urée, en glycogène, en matières grasses, en amides. Ces transformations sont en grande partie dues, elles aussi, aux substances actives sécrétées par les cellules.

Enfin, les enzymes sont de puissants producteurs de chaleur; les réactions que provoquent les diastases sont des réactions exothermiques.

Ainsi une molécule d'urée transformée en carbonate d'ammonium donne 8 calories. Une molécule de glucose, en se transformant en acide carbonique et en alcool, dégage 71 calories. La tripalmitine, en se transformant en acide gras et en glycérine, donne 30 calories. Un gramme de matière albuminoïde transformé en urée fournit 4,6 calories.

On voit que le rôle des enzymes, comme producteurs de chaleur dans les organismes vivants, est d'une importance considérable.

Cette chaleur, dégagée par les réactions exothermiques, est utilisée ensuite par les cellules pour l'entretien, ainsi que pour la construction de leurs nouveaux tissus.

En plaçant de la levure dans un moût de saccharose, on la voit sécréter d'abord une diastase qui rend assimilable le milieu, parce que le saccharose ne peut être directement assimilé par la levure.

Il se produit dans la levure une sucrase qui transforme le sucre en sucre interverti, c'est-à-dire en glucose et en lévulose. La cellule se trouve alors dans un milieu favorable à son développement : elle peut en utiliser les substances nutritives et les transformer en tissus, mais cette transformation demande une absorption d'énergie.

D'un côté donc la levure a besoin d'énergie pour l'entretien de ses tissus, d'un autre côté la chaleur dégagée par la transformation du sucre de canne en sucre interverti est très peu considérable et tout à fait insuffisante pour produire la somme d'énergie nécessaire. La cellule de levure secrète alors une seconde diastase agissant sur le sucre interverti beaucoup plus énergiquement et le transformant en alcool et acide carbonique.

Ces deux substances, l'alcool et l'acide carbonique, ne sont pas utilisables pour la levure ; mais la transformation qui les a produites est une réaction exothermique qui fournit à la cellule l'énergie dont elle a besoin pour l'entretien de ses tissus.

Un exemple peut-être encore plus frappant, c'est la transformation de l'urée en carbonate d'ammonium par des ferments spéciaux.

Si l'on cultive ces ferments dans un milieu contenant de l'urée et des peptones, on constate que la cellule prend de préférence les peptones qui lui servent de matériaux de construction ; en même temps, on la voit s'attaquer à l'urée et la transformer en carbonate d'ammonium. Le but de cette seconde transformation est de fournir l'énergie nécessaire aux cellules pour la construction et l'entretien de leurs tissus.

Nous observons encore le même phénomène dans le règne végétal. Dans les parties vertes des plantes, sous l'influence des rayons solaires, l'acide carbonique est constamment décomposé ; il se forme de l'aldéhyde formique qui se polymérise et se transforme en différents hydrates de carbone. Grâce à un phénomène de diffusion, ces hydrates de carbone se localisent en différentes parties des plantes, où ils subissent l'action de diastases qui les hydratent et les dédoublent. Les hydrates de carbone sont donc de véritables réservoirs de chaleur, qu'ils fournissent en se décomposant en différents endroits. Les produits dédoublés ou hydratés sont, par la diffusion, réexpédiés de nouveau vers les parties vertes, où ils peuvent compliquer de nouveau leurs molécules et par conséquent accumuler de la chaleur.

L'émigration, les hydratations et déshydratations des hydrates de carbone que l'on observe dans ces végétaux, trouvent ainsi leur explication.

Nous pouvons conclure de tous ces faits que les diastases sont des substances absolument indispensables à la vie des organismes, car elles rendent possible la construction des tissus cellulaires, en rendant les matériaux assimilables et en leur fournissant l'énergie nécessaire.

BIBLIOGRAPHIE

Cl. Bernard. — Leçons sur les digestions. Paris.

V. Kuhne. — Erfahrungen und Bemerkungen über Ensyme und Fermente. Physiologisches Institut, Heidelberg, 1878.

Ad. Mayer. — Die Lehre von den chemischen Fermente, 1882.

Duclaux. — Microbiologie. Dunod, éditeur. Paris, 1883, p. 134.

Armand Gautier. — Leçons de chimie biologique. Paris, 1897.

J. Effront. — Action des substances minérales et des diastases sur les cellules. *Moniteur scientifique*, 1894, p. 562.

CHAPITRE II

PROPRIÉTÉS GÉNÉRALES

Historique de la connaissance des enzymes. — Travaux de Réaumur et de Spalanzani, de Kirchoff, de Dubrunfant et de Payen. — Propriétés générales des diastases. — Moyens de distinguer une action diastasique d'une action purement chimique. — Essai par la teinture de gaïac. — Loi de proportionnalité dans l'action diastasique. — Moyens de distinguer le travail des ferments figurés de l'action diastasique. — Moyen d'isoler la diastase du milieu qui la renferme. — Composition chimique des enzymes. — Zymogénèse. — Mode d'action des diastases.

Les premières notions sur l'existence, ainsi que sur l'action des enzymes, remontent à une époque fort lointaine.

Au commencement du xvie siècle déjà, les phénomènes de la digestion préoccupaient fortement le monde savant. Les opinions sur ce sujet étaient fort divisées; les uns prétendaient que la digestion est due à un travail purement mécanique, à une trituration des substances par les parois de l'estomac; les autres, au contraire, expliquaient la digestion par une activité dissolvante et transformatrice des sucs de l'estomac.

Réaumur et l'abbé Spalanzani défendirent la seconde hypothèse, et exécutèrent, pour expliquer leur théorie, des expériences très concluantes.

Réaumur, pour se rendre compte de l'influence des sécrétions de l'estomac, fit avaler par des faucons des petits tubes métalliques percés de trous et remplis de viande, de grains et d'albumine. Il examina le contenu des tubes après que ceux-ci eurent été rejetés, et constata que les substances albuminoïdes seules étaient liquéfiées et transformées par le suc gastrique, tandis que les substances féculentes n'avaient subi aucun changement.

L'abbé Spalanzani se livra à l'étude du suc gastrique et de son action. Pour se procurer des sécrétions actives, il faisait avaler à des oiseaux de proie des petites éponges attachées à des ficelles. Il retirait ensuite les éponges imprégnées de suc gastrique. Spalanzani parvint, le premier, à produire une digestion artificielle en mettant de la viande en contact avec le liquide exprimé des éponges. Il constata qu'elle se liquéfiait et se transformait.

Ces expériences concluantes qui jettent une lumière si nette sur les phénomènes de la digestion, ainsi que sur le rôle des diastases, ne furent malheureusement pas appréciées à leur juste valeur. Elle ne réussirent pas à convaincre le monde scientifique et, au commencement du xixᵉ siècle, les phénomènes de la digestion étaient encore interprétés de différentes façons. Certains savants prétendaient que le suc gastrique n'avait nullement un caractère constant, et que la nature et les propriétés de la sécrétion dépendaient surtout des aliments absorbés.

Ces différences dans l'interprétation des phénomènes de la digestion ont retardé l'étude des enzymes, quoiqu'elle fût déjà fort avancée par les travaux de Réaumur et de Spalanzani. Ce ne fut qu'environ deux siècles après leur publication que la question des substances actives sécrétées par les cellules revint à l'ordre du jour.

Il est très curieux de constater que c'est l'étude des procédés de la brasserie qui a provoqué les plus grandes découvertes de ce siècle.

C'est par l'étude des levures de bière que Pasteur est parvenu à trouver des arguments définitifs contre la théorie de la génération spontanée. C'est aussi par l'étude des matières premières de la brasserie, notamment du malt, que Dubrunfant est parvenu à donner une base solide à l'étude des enzymes.

Les travaux de Dubrunfant se rattachent à une observation faite par Kirchoff en 1814. Ce savant distingué, qui, le premier, a étudié la transformation de l'amidon par les acides, a constaté que le gluten frais peut agir dans certaines conditions sur l'amidon, le dissoudre et le transformer en substance sucrée.

Cette expérience fut reprise par Dubrunfant qui, dans une longue et magistrale étude, démontra que l'activité du gluten est due à la présence d'une faible quantité de substance active provenant des grains crus. Il démontra que cette diastase est soluble dans l'eau, que le grain cru en contient fort peu et que la germination la développe. Il expliqua le mode d'action de cette substance et les conditions dans lesquelles le maximum d'effet est produit ; il prouva enfin que le sucre extrait de l'amidon à l'aide de cette substance n'est pas identique au glucose que Kirchoff obtenait par l'action de l'acide.

C'est dans les travaux de Dubrunfant, publiés en 1822, qu'on trouve pour la première fois une étude scientifique des diastases ainsi que des données précises sur leur mode d'action.

Payen a repris les travaux de Dubrunfant à qui il a injustement refusé la paternité de la découverte des diastases du malt.

En étudiant les propriétés d'une infusion de malt, Payen a reconnu que la substance active peut être précipitée de sa solution par l'alcool et que le précipité ainsi obtenu conserve toutes les propriétés que possédait le liquide lui-même.

Cette expérience a joué un rôle considérable dans la découverte des enzymes, parce que Payen avait trouvé de cette façon, en même temps qu'une propriété générale des diastases, un moyen général de les isoler.

C'est grâce à cette méthode qu'on est parvenu à isoler les substances actives, du suc gastrique, du suc pancréatique, ainsi que les substances actives agissant sur les matières grasses et les glucosides.

Propriétés générales des diastases.

Nous venons de voir que les enzymes sont précipités de leurs solutions par l'alcool, mais il est nécessaire d'ajouter immédiatement que, si tous les enzymes sont précipités par l'alcool très concentré, ils sont plus ou moins solubles dans l'alcool étendu.

Depuis les découvertes de Payen, on a pu constater un certain nombre d'autres propriétés plus ou moins caractéristiques des enzymes.

Les enzymes sont solubles dans l'eau, sont précipités de leurs solutions par entraînement, se fixent sur différentes substances comme la soie et la fibrine et résistent aux substances qui s'opposent à l'activité vitale. Les enzymes perdent leur activité sous l'influence d'une température voisine de 100°.

La plupart d'entre eux décomposent l'eau oxygénée.

Ils sont caractérisés aussi par le fait que, dans des conditions déterminées, l'action qu'ils produisent est proportionnelle à leur quantité.

Toutes ces propriétés sont cependant loin d'être absolues : beaucoup de substances autres que les diastases possèdent l'une ou l'autre d'entre elles. La propriété la plus caractéristique des diastases c'est le travail qu'elles sont capables de produire.

Arrêtons-nous quelques moments sur chacune des propriétés que nous venons de citer.

Nous avons vu, tout d'abord, que les enzymes sont précipités par l'alcool ; comme ils sont plus ou moins solubles dans l'alcool étendu, la quantité d'alcool qu'il faudra pour précipiter les enzymes d'une solution aqueuse ne sera pas toujours la même. Pour certaines diastases, le ferment du sang par exemple, il suffira de mettre dans la solution 10 à 15 pour 100 d'alcool, ce qui constitue une proportion minime.

Pour d'autres, comme le ferment coagulant le lait, il faudra
ajouter des quantités très fortes d'alcool, de façon à avoir un
liquide en contenant de 80 à 90 pour 100.

Mais, si tous les enzymes sont précipités par l'alcool, ils
sont aussi tous détruits par ce même agent. Par un contact
prolongé de la diastase avec l'alcool, la substance active se
transforme, devient insoluble et inactive. Il faut donc, si
l'on précipite un enzyme par l'alcool concentré, faire cesser
l'action le plus vite possible.

Les enzymes, au point de vue de la solubilité dans l'eau,
présentent des différences notables. On connaît des diastases
qui se dissolvent très facilement et d'autres, au contraire, qui
demandent une quantité d'eau beaucoup plus considérable
pour entrer en solution.

Du reste, si l'on considère que les substances actives se
fixent avec facilité sur différents corps, il sera facile de
comprendre que la même substance peut se présenter sous
forme soluble ou insoluble.

La précipitation des enzymes par entraînement peut être
facilement effectuée. On ajoute à une infusion filtrée et claire
de malt une solution très diluée de phosphate de sodium puis
une dissolution d'un sel de calcium ; il se produit dans le
liquide un précipité de phosphate de calcium qui finit par se
déposer au fond du vase ; on décante le liquide clair, on
met le précipité sur le filtre, on le lave avec un peu d'eau,
et on obtient une poudre qui possède toutes les propriétés
de l'infusion de malt. Cette poudre, par exemple, empèse
l'amidon et produit le maltose tout comme le malt d'où
on l'a extraite.

Cette méthode permet d'obtenir toutes les diastases contenues dans une infusion. Une seule condition est nécessaire :
c'est que les substances qu'on emploie pour la précipitation
soient inoffensives pour la diastase. On obtient, par exemple,
de bons résultats en se servant de carbonate de magnésie ou
d'hydrate d'aluminium.

Nous avons vu que les diastases se fixent sur différentes substances.

Ainsi un morceau de fibrine mis dans une solution de suc gastrique s'imprègne de la substance active de telle façon que la diastase ne peut plus en être enlevée par le lavage.

Si, après avoir retiré cette fibrine de l'infusion et l'avoir lavée pour chercher à enlever toute trace de substance active, on la met dans de l'eau à une température convenable, on voit le morceau de fibrine se dissoudre. Il est évident que cette transformation de la matière protéique est due à ce que la substance active s'est fixée sur la fibrine comme une teinture.

Il n'est d'ailleurs pas nécessaire que la diastase puisse agir sur une substance pour qu'elle s'y fixe. Par exemple, si l'on met quelques morceaux de soie dans du suc gastrique, ils s'imprègnent de substance active, quoique la diastase n'agisse nullement sur la soie.

La plupart des diastases sont insensibles à l'action de certaines substances, telles que l'acide cyanhydrique et le chloroforme, qui paralysent l'activité vitale des cellules.

Si l'on met, par exemple, des levures en présence de chloroforme dans une solution de sucre de canne, on constate que ces levures restent stationnaires, qu'elles ne se reproduisent plus ; cependant, on voit le sucre de canne se transformer en sucre interverti. La diastase continue donc à être sécrétée par les cellules et à produire un travail chimique, tandis que le travail cellulaire proprement dit est paralysé par le chloroforme.

On a conclu de ces expériences que les enzymes ne sont sensibles, ni à l'action des antiseptiques, ni à celle des substances qui s'opposent au fonctionnement vital. Mais le fait n'est pas général. On connaît en effet aujourd'hui une série d'enzymes qui sont excessivement sensibles au chloroforme, à l'éther, au thymol, ainsi qu'à l'acide cyanhydrique.

En réalité, les diverses diastases diffèrent considérablement entre elles quant à leur nature et quant à leur sensibilité vis-à-vis des différents réactifs.

Les diastases du malt ainsi que les substances actives des levures transformant le sucre de canne en sucre interverti, sont des diastases très résistantes et bien moins sensibles que les cellules qui les élaborent.

Ces mêmes diastases se retrouvent parfois dans d'autres cellules vivantes plus résistantes parce qu'il existe entre les cellules, comme entre ces diastases, des différences considérables de sensibilité aux réactifs.

Il y a donc des cas où les antiseptiques attaquent les substances actives avant d'agir sur les cellules elles-mêmes et d'autres cas où c'est le contraire qui se produit.

Les levures que nous venons de citer fournissent un exemple de la sensibilité relative des diastases aux antiseptiques. On sait en effet, aujourd'hui, que les levures de bière contiennent, en plus de la diastase changeant le sucre de canne en sucre interverti, un second enzyme qui transforme le sucre interverti en alcool.

L'absence de fermentation en présence du chloroforme prouve déjà que, des deux diastases contenues dans la levure, l'une est détruite par l'antiseptique tandis que l'autre lui résiste.

La plus ou moins grande sensibilité des diastases à l'action des antiseptiques et à celle des substances paralysant l'activité vitale peut être utilisée pour éviter l'intervention des ferments pendant l'action diastasique.

Quand on étudie, par exemple, la saccharification de l'amidon ou la transformation des viandes par la diastase, on peut être souvent induit en erreur par l'intervention des ferments qui produisent le même effet que la diastase dont on étudie l'action. On met dans ce cas un peu d'antiseptique, quelques gouttes de chloroforme par exemple, dans le liquide qui est soumis à l'essai et l'on empêche l'intervention des ferments.

Seulement, pour certaines diastases plus sensibles que les autres, on doit recourir à d'autres moyens pour empêcher l'action des ferments figurés, parce que la diastase elle-même serait détruite par l'antiseptique. Cette réserve est surtout nécessaire lorsqu'on étudie l'action d'enzymes encore inconnus ; dans ce cas un résultat négatif peut provenir de la présence d'un antiseptique.

L'action de la chaleur sur les enzymes est une propriété extrêmement importante et qui, mieux que tout autre, peut servir à caractériser une action diastasique.

En général, et à un certain nombre d'exceptions près, les enzymes exercent lentement leur action à la température de 0°, souvent même, à cette température. l'effet qu'ils produisent est complètement nul. Si l'on élève graduellement la température jusqu'à 40°, on constate que la réaction devient plus intense ; de 40° à 50° on remarque une augmentation d'intensité très considérable — c'est généralement à cette température que la diastase atteint son maximum d'activité, — au delà de 50° l'activité diminue ; à 80° un affaiblissement considérable se produit, et enfin, au delà de 90° la diastase est définitivement détruite.

Les différentes diastases sont caractérisées par leur tempéture optima, c'est-à-dire par la température à laquelle elles donnent leur maximum d'action. Cette température optima varie assez considérablement d'une diastase à l'autre, et cette variation constitue une propriété qui permet de les distinguer entre elles.

Mais la propriété des enzymes la plus utile à leur étude c'est la facilité avec laquelle ils se détruisent de 90 à 100°, en présence de l'eau.

Quelques diastases, lorsqu'elles sont à l'état complètement sec, peuvent supporter une température de 90° et même davantage ; mais tous les enzymes, sans aucune exception, perdent leur activité quand on porte leur solution aqueuse au voisinage de 100°.

Cette propriété est utilisée pour distinguer l'action diastasique d'une action purement chimique.

Lorsqu'on met une infusion de levure dans une solution de saccharose, on constate la transformation du saccharose en sucre interverti. Mais il n'est pas pour cela permis de conclure qu'on est en présence d'un travail diastasique ; car la transformation pourrait être due, soit à l'acidité du moût, soit à tout autre agent chimique.

Pour pouvoir affirmer qu'il existe dans une levure une substance active, on doit pratiquer une double expérience. On doit faire agir sur des quantité égales de sucre également dilué, pendant le même laps de temps et à la même température : d'une part une certaine quantité d'infusion de levure et d'autre part une quantité égale de cette même infusion, préalablement chauffée à 100° pendant quelques minutes, puis refroidie.

Si l'on obtient le même résultat dans les deux essais on peut conclure que la transformation n'est pas due à une substance active contenue dans l'infusion que l'on étudie. Au contraire l'intervention d'une diastase devient évidente, si dans l'essai avec l'infusion chauffée on n'obtient pas d'inversion, tandis que par l'action de l'infusion non chauffée on constate une transformation.

La propriété des diastases d'être détruites à 100° les rapproche d'une façon frappante de la matière organisée vivante.

Nous avons dit plus haut que, lorsqu'on met une diastase en solution en présence d'eau oxygénée, celle-ci est décomposée. Pour produire cette réaction, on se sert d'une solution alcoolique de résine de gaïac. On prend généralement 2 ou 3 centimètres cubes de teinture de gaïac ; on y verse quelques gouttes d'eau oxygénée et on y ajoute ensuite, goutte par goutte, le liquide dans lequel on suppose qu'il existe un enzyme. En présence d'une substance active le liquide rouge prend une coloration bleue très intense.

Cette coloration est due à la transformation des acides gaïaconiques en gaïacosonide, substance colorante. La réaction par la teinture de gaïac est excessivement sensible : on peut la provoquer avec des quantités infiniment petites de substance active.

Il ne faut pas oublier que la teinture de gaïac perd avec le temps la propriété de donner une coloration, et qu'il est préférable de faire la teinture avant l'essai, en triturant de la poudre de résine de gaïac avec de l'alcool; du reste, l'emploi de ce réactif offre toujours certaines difficultés : il faut remarquer que la matière colorante formée est très peu stable, qu'elle est décomposée par la chaleur, ainsi que par différents réactifs chimiques. Il suffit d'une faible alcalinité ou même d'une faible acidité pour empêcher la coloration de se produire, et il s'ensuit qu'il est nécessaire de prendre quelques précautions quand on se sert de ce réactif. Il est bon de neutraliser d'abord exactement l'eau oxygénée qu'on emploie, car cette eau est généralement très acide; il est utile aussi de doser le degré d'acidité ou d'alcalinité du liquide contenant la diastase que l'on étudie, puis de le neutraliser lorsqu'il est franchement alcalin ou franchement acide.

La coloration produite par l'acide gaïaconique n'est pas détruite par l'acide acétique, et il est souvent avantageux, lorsqu'on travaille avec un liquide complètement neutre, d'acidifier le liquide à essayer avec une goutte d'acide acétique dilué.

La réaction de la teinture de gaïac rend de grands services dans la recherche des enzymes. Cependant ce réactif n'est pas d'une sûreté absolue, car la coloration observée dans un liquide peut être due à d'autres corps que les enzymes. De plus, si l'on n'obtient pas de réaction, il n'est pas permis de conclure que le liquide ne contient pas de substance active, car la coloration peut être empêchée par différentes substances qui peuvent coexister avec les enzymes dans le liquide analysé.

On connaît du reste des enzymes qui ne donnent pas de coloration avec le gaïac et, d'autre part, des diastases qui, après avoir été soumises à certaines influences, perdent cette propriété sans toutefois perdre leur activité.

Ainsi, à une température élevée, certains enzymes ne

donnent plus de coloration avec le gaïac, alors que la substance active n'est pas encore détruite. Pour d'autres diastases la propriété de colorer la teinture de gaïac disparaît par un contact prolongé avec l'eau oxygénée, contact qui n'influe pas sur l'activité de la diastase. Cependant on ne connaît pas d'enzymes qui après avoir perdu leur activité par l'action des agents chimiques ou physiques donnent encore une coloration avec la teinture de gaïac.

Il s'ensuit que, pour utiliser la réaction du gaïac, il faut, comme lorsqu'il s'agit de la chaleur, faire de doubles essais avec de l'infusion fraîche, d'une part, et avec de l'infusion chauffée à 100°, d'autre part. Quand l'infusion fraîche produit une coloration et que l'infusion après avoir été chauffée n'en produit plus, on peut admettre qu'on se trouve en présence d'une diastase.

En outre, la teinture de gaïac donne, avec toute une classe de diastases et sans eau oxygénée, une coloration bleue. Dans ce cas, le gaïac permet non seulement de conclure à la présence d'une diastase dans un liquide, mais donne encore une autre indication, la réaction du gaïac sans eau oxygénée n'étant possible qu'avec une diastase oxydante.

La teinture de gaïac peut aussi rendre de grands services quand on recherche les diastases dans les plantes.

Il arrive souvent que les diastases contenues dans les cellules végétales sont altérées ou détruites à la suite d'une macération dans l'eau, et cela, à cause de la dissolution des substances extractives des cellules, qui détruisent les substances actives. Dans ce cas on a intérêt à chercher la diastase, non pas dans la solution, mais dans les cellules même.

A cet effet, on fait des coupes très fines que l'on introduit, soit dans de la teinture de gaïac pure, soit dans une solution de gaïac additionnée d'eau oxygénée.

Les cellules contenant la substance active se colorent en bleu.

Il est souvent fort difficile de distinguer un travail diastasique d'un travail cellulaire proprement dit. Si l'on constate
qu'un liquide quelconque est capable de provoquer des changements chimiques dans certaines substances, on est porté
à admettre, si le même liquide, après ébullition, n'a plus le
même pouvoir, qu'on est en présence d'un enzyme. Mais en
réalité, rien ne prouve, dans ce cas, que l'action constatée
soit bien un phénomène diastasique proprement dit, car certains ferments figurés peuvent l'avoir provoquée.

Pour déterminer exactement si l'on se trouve en présence
de ferments figurés ou de ferments solubles on peut recourir,
dans certains cas, à une filtration à l'aide d'un filtre poreux
qui a le pouvoir de retenir les ferments. Si le liquide filtré
est encore actif, on peut en conclure que les transformations
constatées sont bien des phénomènes diastasiques. Mais le
contraire ne prouve pas l'absence de diastase dans le liquide
essayé, car tous les enzymes sont plus ou moins retenus par
la substance poreuse du filtre, et certains d'entre eux ne la
traversent pas du tout.

C'est dans la proportionnalité qui existe entre la quantité de diastase employée et la quantité de substance
transformée par ces diastases, que l'on trouve une preuve
certaine de l'existence d'une diastase.

La loi de proportionnalité n'est cependant pas une loi
absolue. Avec une quantité infiniment petite d'enzyme
on peut transformer une quantité très considérable de
substance, à condition qu'on laisse l'action se prolonger
pendant longtemps dans des conditions telles que l'enzyme
ne soit pas détruit par les agents physiques et chimiques du
milieu.

Cependant, au début de l'action, surtout si l'on emploie
une très petite quantité de substance active et une grande
quantité de substance passive, on constate l'existence d'une
proportionnalité entre les quantités d'enzyme employée et de
substance transformée.

C'est dans ces conditions seulement que la loi de proportionnalité peut être vérifiée.

Si l'on additionne, par exemple, 100 centimètres cubes d'une solution de sucre à 10 pour 100 d'une faible quantité de sucrase, par exemple, 1 centimètre cube d'une infusion de levure, et si l'on arrête l'action après une heure, on constate qu'une partie du sucre a été transformée. Si, dans un liquide identique, on ajoute, dans les mêmes conditions de dilution et de température, 1/2 centimètre cube de la même solution de sucrase, on constate que la quantité de sucre interverti est à peu près la moitié de la quantité transformée dans l'expérience précédente.

Si au lieu de diastase on emploie des ferments figurés capables d'effectuer la même transformation on n'observe jamais de proportionnalité entre la quantité employée et l'effet obtenu. Une quantité double de ferments figurés ne transforme pas deux fois plus de sucre. Il y a, évidemment, dans le second cas, une quantité plus grande de sucre interverti, mais cette quantité n'est pas double.

La proportionnalité entre les quantités de diastase employée et de substance transformée est d'une grande utilité, surtout lorsqu'on peut croire à la présence de ferments figurés dans un liquide actif.

Composition chimique des enzymes. — Maintenant que nous connaissons les moyens de reconnaître la présence de diastases dans un liquide, étudions de près la composition chimique des enzymes.

L'analyse élémentaire des enzymes donne des chiffres très peu concordants pour les différentes espèces connues, et parfois même, pour une même diastase, divers auteurs ont trouvé des résultats très différents. Ce fait peut provenir de ce que les matériaux soumis à l'analyse ne sont nullement des substances pures, mais des mélanges de différentes substances. Il se peut aussi que les enzymes diffèrent réellement

dans leur composition, et ceci ne devrait pas nous étonner
beaucoup, puisque ce sont des corps qui produisent des
actions très variées et dont l'action s'exerce sur des substances très diverses.

Voici la composition de quelques enzymes.

	CARBONE	HYDROGÈNE	AZOTE	SOUFRE	DRES	EXPÉRIMEN-TATEURS
Diastase du malt..	45,68	6,9	4,57	0	6,08	Krauch.
	47,57	6,49	5,14	»	3,16	Zulkowski.
	46,66	7,35	10,41	»	4,79	Lintner.
	»	»	16,53	»	»	Wrablewski.
Ptyaline. .	43,1	7,8	11,86	»	6,1	Hüfner.
	»	»	4,30	»	»	Mayer.
Invertine. .	43,90	8,4	6	0,63	»	Brauth.
	40,50	6,9	9,30	»	»	Donath.
Emulsine. .	43,06	7,2	11,52	1,25	»	Brucklau.
	48,80	7,10	14,20	1,3	»	Schmid.
Pancréatine.	43,6	6,5	13,81	0,88	7,04	Hüfner.
Trypsine. .	52,75	7,5	16,55	»	17,7	Loenid.
Pepsine . .	53,2	6,7	17,8	»	»	Schmid.
Substances albuminoïdes.						
Blanc d'œuf non coagulé.	53,7	7,1	15,8	1,8	»	Dumas.

En examinant la teneur en azote des quelques enzymes
dont nous donnons la composition dans le tableau ci-dessus,
on remarque que certaines diastases, comme la pepsine, en
contiennent de grandes quantités et se rapprochent par leur
composition des matières albuminoïdes. On voit, au contraire,
que d'autres enzymes comme l'invertine ont une teneur en
azote beaucoup moins grande.

Dans la série des oxydases il y a même des enzymes, dé-
couverts tout récemment, qui paraissent être absolument

dépourvus d'azote. Ces dernières matières sont plutôt analogues aux gommes.

Nous venons de dire que la non-concordance des résultats pouvait tenir à l'impureté des substances soumises à l'analyse. En réalité, les méthodes que l'on suit pour séparer les enzymes des milieux qui les contiennent ne peuvent pas fournir des substances pures.

Le plus souvent on extrait la diastase des cellules, en les mettant en contact avec de l'eau, et en précipitant ensuite l'infusion obtenue par l'alcool. Dans les liquides qui ont été en présence de substances protoplasmiques, il y a toujours une grande quantité de substances précipitables par l'alcool, et les produits qu'on obtient sont forcément des mélanges de ces différentes substances.

Quand on se propose de purifier les précipités en les dissolvant et en les reprécipitant de nouveau, on aboutit bien à des substances d'une composition stable, mais dénuées presque entièrement de tout pouvoir actif.

Dans les enzymes on retrouve toujours une grande quantité de sels inorganiques, en particulier de phosphate de calcium, dans des proportions très variées.

Quand on emploie la méthode par entraînement pour isoler la diastase, on aboutit au même résultat : on trouve après la précipitation des corps contenant beaucoup d'impuretés.

En outre, en précipitant une diastase dans un liquide actif, on est toujours exposé à obtenir un mélange de différentes diastases et non pas une seule.

Leur séparation les unes des autres devient alors absolument impossible, parce que leur insolubilité dans l'alcool n'est pas telle qu'on puisse les séparer par précipitation.

Ainsi, quand on fait macérer un malt d'orge dans l'eau, on obtient dans le liquide toute une série de substances actives, qui sont précipitées ensemble par l'alcool ou par les substances entraînantes.

Les diastases qui se rapprochent le plus, d'après les analyses, des matières protéiques, présentent toutefois avec ces
substances des différences assez notables.

Les enzymes ne donnent pas toutes les réactions de coloration qu'offrent les matières albuminoïdes. Les corps de cette
classe ne peuvent diffuser à travers la membrane de parchemin, tandis que les diastases sont susceptibles de le faire,
quoique avec une certaine difficulté.

Les diastases se comportent autrement que les protéoses.
Ces derniers corps sont assimilables par les cellules, tandis
que les diastases ne le sont pas. Les diastases salivaires et
pancréatiques ne servent jamais comme substances de réserve.
Tout en étant fixées à l'intérieur des cellules pendant la
période de nutrition normale, ces substances se trouvent
rejetées au moment de la dénutrition.

D'après Beijerick, l'amylase ne peut remplacer dans un
milieu nutritif ni les hydrates de carbone, ni les matières
azotées, les levures et les bactéries refusant complètement
de s'en nourrir.

Zymogénèse. — Les enzymes sont produits par certaines
cellules spéciales. D'après Hüfner, ils seraient formés par
l'oxydation des matières albuminoïdes. Cette manière de voir
est combattue par Wroblewsky, qui considère les diastases
comme des protéoses.

On possède encore fort peu de données sur le mode de
formation des enzymes. Dans la plupart des cas, on peut
seulement constater leur présence quand ils ont acquis
toutes leurs propriétés ; c'est dans quelques observations isolées que l'on est parvenu à constater la présence d'une substance non active, capable de devenir ferment par un traitement
convenable.

Ainsi la muqueuse gastrique fournit par macération avec
l'eau un liquide qui ne coagule pas le lait ; mais ce liquide
acquiert cette propriété lorsqu'on l'additionne de 1 pour 100

d'acide chlorhydrique, et conserve son activité même après neutralisation.

Le tissu pancréatique frais peut céder à l'eau une substance agissant très lentement en présence d'une faible quantité d'acide.

L'activité de ce liquide peut être accélérée en y faisant passer un courant d'oxygène, ou en y introduisant de l'eau oxygénée.

Ces substances susceptibles de devenir actives sont appelées proferments, proensymases, substances zymogènes ; et la transformation de la substance zymogène en ferment s'appelle d'après Arthus : zymogénèse.

Il est très probable que la plupart des enzymes proviennent des substances zymogènes, et que les phénomènes de zymogénèse sont aussi fréquents que les phénomènes de destruction de la diastase, appelés zymolyses.

Mode d'action des diastases. — L'analyse chimique d'un enzyme n'est pas suffisante pour le caractériser. Pour déterminer exactement les caractères propres d'une diastase, on doit observer son mode d'action, les réactions chimiques qu'elle peut produire et surtout les substances sur lesquelles elle peut agir.

Les diastases peuvent provoquer, suivant leur nature, des réactions chimiques très différentes. Les unes ont une action hydratante, c'est-à-dire qu'elles peuvent fixer une ou plusieurs molécules d'eau sur les substances sur lesquelles elles agissent.

Nous pouvons citer par exemple la transformation du saccharose en glucose et en lévulose.

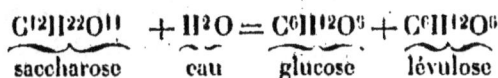

$$\underset{\text{saccharose}}{C^{12}H^{22}O^{11}} + \underset{\text{eau}}{H^2O} = \underset{\text{glucose}}{C^6H^{12}O^6} + \underset{\text{lévulose}}{C^6H^{12}O^6}$$

Une autre série de diastases agissent, au contraire, comme oxydants.

Nous pouvons citer par exemple la transformation de l'hydroquinone en quinone.

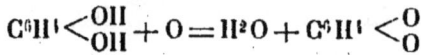

$$C^6H^4 < {OH \atop OH} + O = H^2O + C^6H^4 < {O \atop O}$$

Enfin, d'autres enzymes agissent seulement sur les molécules en les dédoublant, sans produire d'hydratation ni d'oxydation, et en provoquant seulement un changement moléculaire de la substance. C'est ainsi que la diastase des levures qui provoque la fermentation alcoolique donne naissance à un simple dédoublement moléculaire sans hydratation.

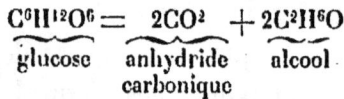

$$\underbrace{C^6H^{12}O^6}_{\text{glucose}} = \underbrace{2CO^2}_{\substack{\text{anhydride} \\ \text{carbonique}}} + \underbrace{2C^2H^6O}_{\text{alcool}}$$

Ainsi, dans l'exemple que nous avons cité de la transformation du saccharose en glucose et en lévulose, la molécule de sucre de canne se trouve dédoublée et hydratée.

Ce dédoublement des molécules suivi d'hydratation a également lieu dans la transformation des glucosides par les diastases.

La molécule complexe des glucosides, en s'hydratant, se scinde en deux parties, donne du glucose et le corps avec lequel il était combiné.

On constate le même phénomène dans l'action des diastases sur les matières grasses. Les diastases agissant sur les matières protéiques produisent aussi un dédoublement en même temps qu'une hydratation, quoique dans ce cas il soit difficile de rendre la réaction évidente.

Les molécules des matières albuminoïdes sont excessivement complexes ; on admet généralement qu'elles ont un poids moléculaire d'environ 5500, et comme certains produits de dédoublement ont des poids moléculaires de 2800, de 1400 et de 400, on voit que l'action diastasique provoque une diminution du poids moléculaire.

Les enzymes hydratant ou dédoublant les molécules peuvent fournir deux substances différentes, de même que le saccharose donne naissance au glucose et au lévulose.

Dans la transformation du sucre de lait, on observe le même phénomène ; les deux portions en lesquelles la molécule s'est décomposée sont différentes : il se forme du glucose et du galactose.

Il arrive aussi que, par le dédoublement, on produit deux molécules de configuration chimique identique. Ainsi la diastase trouvée par Cusenier, la glucase, agit sur le maltose en donnant deux molécules de glucose.

BIBLIOGRAPHIE

KIRCHOFF. — Formation du sucre dans les céréales. *Journal de pharmacie*, 1816, p. 250. *Acad. de St-Pétersbourg*, 1814.

DUBRUNFAUT. — Mémoire sur la saccharification. *Société d'agriculture de Paris*, 1823.

PAYEN et PERSOZ. — Mémoire sur les diastases et les principaux produits de leur action. *Ann. de chimie et de phys.*, 1833 p. 73.

RÉAUMUR. — Mémoire sur la digestion des oiseaux. Histoire de l'Acad. des sciences, 1752, p. 266-461.

SPALANZANI. — Expériences sur la digestion. Genève, 1783.

SCHWANN. — Essence de la digestion. *Müllers Archiv*, 1836.

SCHAER. — Uber die Gajaktinktur-Reagentz. *Apoth. Zeitung*. Berlin, 1894.

JACOBSON. — Untersuchungen uber die lösliche Fermente. *Zeitschrift für phys. Chemie*, 1892, 16, p. 340-369.

DASTRE. — Solubilité et activité des ferments solubles en liquide alcoolique. *Bull. de l'Acad. des sciences*, 1895, 24, p. 899.

Nikita CHODSCHAJEW. — Dialyse des enzymes. *Archiv physiolog.*, 1898.

BOUCHARDOT. — Sur le ferment saccharifiant ou glucosique. *Ann. de chimie et phys.*, 1845.

MUNTZ — Sur le ferment chimique et physiologique. *Comptes Rendus*, 1875. *Ann. de chimie et de physique*, 5, p. 428.

NASSE und FRAMM. — Glycolyse. *Pflugers Archiv*, 63, p. 203-208.

J. RAULIN. — Recherches sur le développement d'une mucédinée dans un milieu artificiel. *Ann. des sciences naturelles*, 1890.

SCHIFF. — Leçons sur la digestion stomacale, 1872-73. Traduct. franç. Paris, 1868.

EFFRONT. — Sur les conditions chimiques de l'action des diastases, 1892. *Comptes Rendus de l'Ac. des sciences*, p. 1324.

BEIJERINK. — *Centralblatt für Bacteriologie*, II, 1898.

Wroblewsky. — Uber die chemische Beschaffenheit der amylilytischen Fermente. *Berichte der deut. Chem. Gesellschaft*, 1898.

Bourquelot. — Sur les caractères pouvant servir à distinguer la pepsine de la trypsine. *Jour. de Pharmacie et Chimie*, 1884.

Würtz. — Sur le ferment digestif du Caria papaya. *Comptes Rendus*, 1879, t. XXXIX, p. 425.

Gautier. — Sur les modifications solubles et insolubles du ferment de la digestion gastrique. *Comptes Rendus*, 1892, p. 682.

— Sur la modification insoluble de la pepsine. *Comptes Rendus*, 1892, p. 1192, t. XCIV.

A. Wroblewsky. — Natur der Enzyme Classification. *Berichte der deustchen chem. Gesellschaft*, 1897, 3, 30408.

R. Pawlewsky. — Unsicherheit der Guajakreaction. *Berichte der deutschen chem. Gesellschaft*, 1897, 2, 1313.

CHAPITRE III

MODE D'ACTION DES DIASTASES

Mode d'action des diastases. — Différentes opinions émises à ce sujet. — La diastase propriété et la diastase substance. — Travaux de Bunzen. Hüfner, Naegeli, Willich et Fick, de Jäger, Arthus. — Analogie entre les ferments figurés et les ferments solubles. — Hypothèse d'Armand Gautier sur la nature des enzymes.

Nous avons vu, plus haut, que les diastases peuvent provoquer, suivant leur nature, un changement moléculaire, une hydratation ou une oxydation. Nous avons vu aussi que les actions diastasiques sont caractérisées par la disproportion qui existe entre les effets produits et le poids de l'élément actif. Cette disproportion entre la cause et l'effet prouve que les substances actives n'entrent pas dans la composition définitive des produits dont elles provoquent la formation.

Les enzymes nous paraissent jouer, dans ces transformations, le rôle d'intermédiaires pourvus de la propriété d'exalter l'énergie intérieure des substances sur lesquelles ils agissent et de les rendre plus aptes à des dédoublements ou à des combinaisons.

Berzelius a comparé les réactions diastasiques aux phénomènes dits catalytiques, phénomènes qui jadis s'expliquaient uniquement par l'effet du contact ou de la présence d'un corps.

Ce savant avait remarqué une analogie entre l'action produite par un enzyme et la décomposition de l'eau oxygénée par la mousse de platine.

La comparaison de Berzelius n'est pas heureuse. L'eau
oxygénée est une substance très facilement décomposable et
les corps poreux, comme la poudre de charbon et beaucoup
de métaux pulvérulents, provoquent la décomposition de certains corps par suite de leur extrême porosité. Or, il est
évident que les enzymes n'agissent pas de cette façon, et le
rapprochement imaginé par Berzelius est d'autant plus étrange,
qu'il y a d'un côté une réaction entre un liquide et un solide,
et de l'autre une action qui a lieu exclusivement entre des
corps en solution.

Mais, si l'exemple cité par Berzelius est mal choisi, il faut
toutefois convenir que les enzymes paraissent, à première
vue, agir par simple contact et qu'il existe, en effet, une
analogie frappante entre les réactions catalytiques et les actions diastasiques. Dans les deux cas on retrouve, à la fin de
la réaction, le corps agissant dans le même état qu'au début, et
on constate que la quantité du corps agissant mise en action
n'a pas d'influence sur les résultats obtenus.

On connaît, dans la chimie minérale et dans la chimie
organique, toute une série de réactions de cette nature : la
décomposition de l'hypochlorite de calcium par l'oxyde de
cobalt, de l'eau oxygénée par le bichromate de potassium, la
combinaison du benzène avec le chlorure de méthyle en présence de chlorure d'aluminium, etc. Dans toutes ces
réactions, la substance agissante se retrouve à la fin de la
réaction. Ce sont des phénomènes de ce genre qu'on consi-
dérait autrefois comme des réactions catalytiques, mais dont
on connaît à présent le véritable mécanisme.

C'est ainsi que la décomposition de l'hypochlorite de calcium par certains oxydes métalliques, par l'oxyde de cobalt
par exemple, paraît être provoquée par la simple présence
de l'oxyde de cobalt, puisque ce corps se retrouve intact
et semble n'avoir subi aucun changement pendant la réaction. Mais, en réalité, son rôle n'est pas complètement indifférent : il se forme pendant la réaction un oxydule de cobalt,

qui est ensuite oxydé, et qui peut agir sur de nouvelles
parties du composé oxy-chloruré.

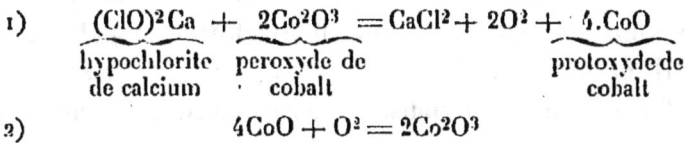

1) $(ClO)^2Ca + 2Co^2O^3 = CaCl^2 + 2O^2 + 4.CoO$

        hypochlorite   peroxyde de   protoxyde de
        de calcium   cobalt   cobalt

2) $4CoO + O^2 = 2Co^2O^3$

Lorsque l'on décompose l'eau oxygénée par le bichromate
de potassium, on constate dans la réaction un mécanisme
analogue. Le bichromate de potassium possède la propriété
de décomposer peu à peu une dose illimitée d'eau oxygénée, tout en se retrouvant inaltéré à la fin de la réaction.

Berthelot explique ce phénomène par la formation d'un
composé intermédiaire, sans cesse détruit et recomposé, et
dont la destruction et la recomposition se poursuivent jusqu'au
moment où toute l'eau oxygénée est complètement décomposée.

Berthelot, en ajoutant de l'ammoniaque à un mélange
d'eau oxygénée et de bichromate dissous, a obtenu, au moment où l'oxygène se dégageait, un précipité composé d'eau
oxygénée, de sesquioxyde de chrome et de chromate d'ammonium.

C'est la combinaison de l'eau oxygénée avec le sesquioxyde de chrome qui, pendant la réaction, est transformée
de nouveau en acide chromique et en eau. La réaction se
passe probablement suivant la formule :

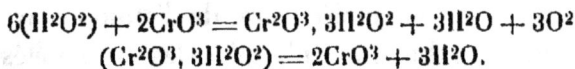

$$6(H^2O^2) + 2CrO^3 = Cr^2O^3, 3H^2O^2 + 3H^2O + 3O^2$$
$$(Cr^2O^3, 3H^2O^2) = 2CrO^3 + 3H^2O.$$

En chimie organique on peut obtenir des réactions tout à
fait analogues. C'est ainsi que, dans la réaction de Friedel
et Kraft, les sels métalliques favorisent, dans la série du
benzène, la substitution de groupements monoatomiques à
des atomes d'hydrogène.

Le benzène C^6H^6 et le chlorure de méthyle CH^3Cl

n'agissent pas l'un sur l'autre dans les conditions ordinaires ; mais, si l'action a lieu en présence d'un sel métallique tel que le chlorure d'aluminium, il se forme du toluène C^6H^5,CH^3 et de l'acide chlorhydrique HCl. Le rôle du sel consiste à former une combinaison intermédiaire qui facilite la réaction.

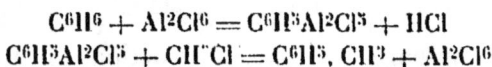

$$C^6H^6 + Al^2Cl^6 = C^6H^5Al^2Cl^5 + HCl$$
$$C^6H^5Al^2Cl^5 + CH''Cl = C^6H^5, CH^3 + Al^2Cl^6$$

En somme, toutes ces réactions se ressemblent par leur mécanisme, et la formation de l'éther par le contact de l'acide sulfurique avec l'alcool peut servir d'exemple caractéristique de ce genre de réaction.

La transformation de l'alcool se produit en deux phases : dans le premier stade l'alcool se combine avec l'acide sulfurique pour former l'acide sulfovinique, dans le second stade le produit formé agit de nouveau sur l'alcool : il se forme de l'éther et l'acide sulfurique est régénéré.

Il est très probable que les molécules des enzymes forment avec les substances à transformer des combinaisons passagères, fort peu stables, qui sont facilement décomposées, soit par l'eau, soit par l'oxygène.

On peut présenter cette théorie de la manière suivante : On fait réagir deux corps ayant de faibles affinités, comme, par exemple, l'amidon et l'eau, à l'aide d'une troisième substance, par exemple la diastase du malt. On provoque ainsi une combinaison moléculaire de l'amidon avec la diastase. Cette combinaison n'a plus les propriétés des corps qui sont entrés dans sa composition ; c'est déjà une substance beaucoup moins stable, qui se décompose en présence de l'eau. A la suite de cette décomposition la diastase réapparaît dans l'état où elle était auparavant, l'eau reste fixée sur la molécule d'amidon, et cette hydratation transforme l'amidon en sucre.

Cette théorie, due à Bunzen et à Hüfner, est malheureusement basée, non sur des faits précis, mais sur des analogies, et cette circonstance rend cette théorie discutable.

Würtz crut apporter une preuve expérimentale à cette hypothèse, en étudiant la papaïne, qui est, comme on le sait, un enzyme agissant sur les matières albuminoïdes. Il constata que la fibrine plongée dans une solution de cette diastase fixe la substance active de telle sorte qu'on peut laver la fibrine sans qu'elle s'en puisse débarrasser.

La substance albuminoïde ainsi imprégnée se transforme, se liquéfie et se peptonise aussitôt qu'on la porte à une température propice à l'action diastasique.

Comme le même phénomène s'observe avec la pepsine, Wurtz admettait que les substances albuminoïdes donnent avec les diastases une combinaison insoluble, et que cette combinaison est le terme intermédiaire analogue à celui qu'on trouve dans toutes les réactions catalytiques.

Malheureusement, cette explication est loin d'être juste, car les diastases se fixent non seulement sur les corps qu'elles sont susceptibles de transformer, mais aussi sur des corps sur lesquels elles n'ont aucune action, comme la soie. D'un autre côté, les matières albuminoïdes forment des combinaisons analogues à celles qu'on vient de citer, non seulement avec les diastases agissant sur elles, mais aussi avec d'autres enzymes incapables de les transformer.

Ainsi, les expériences de Wurtz ne prouvent nullement la la formation de corps intermédiaires. Toutefois sa théorie sur le mode d'action des diastases trouve un appui dans les expériences de Schoenbein, Schaer et Büchner, relatives à l'action de l'acide cyanhydrique sur la substance active.

L'acide cyanhydrique additionné à une solution aqueuse de diastase empêche celle-ci de décomposer l'eau oxygénée et de transformer les corps sur lesquels la diastase peut produire une action. Toutefois, l'acide cyanhydrique ne détruit pas la diastase ; en effet, lorsque l'on fait passer un courant d'air dans la solution inactive, l'activité de l'enzyme réapparaît.

On peut en conclure que les enzymes forment avec l'acide cyanhydrique une combinaison instable, qui est détruite par le passage du courant d'air.

Ces vues sont très favorables à la théorie de Bunsen. Une fois établi que les enzymes peuvent former des combinaisons intermédiaires avec l'acide cyanhydrique on peut aussi admettre qu'ils réagissent sur les substances sur lesquelles ils agissent et forment avec ces substances des combinaisons de même nature.

Ces substances intermédiaires fournies par l'acide cyanhydrique n'ont malheureusement pas pu être isolées à l'état pur, et l'hypothèse de Wurtz, quoique très admissible, n'est cependant pas basée sur des faits rigoureusement démontrés.

Il est donc tout naturel de chercher à expliquer le mode d'action des enzymes par d'autres hypothèses.

Naegeli explique l'action des enzymes d'une façon toute différente ; il ne considère pas l'action des diastases comme un phénomène purement chimique, mais comme étant, au moins partiellement, d'ordre physique.

Ce savant admet que les molécules des enzymes sont animées de vibrations particulières capables de déterminer dans la substance fermentescible des vibrations moléculaires pouvant détruire les molécules.

Comme on le voit, cette théorie ressemble beaucoup à l'ancienne théorie des fermentations de Liebig, d'après laquelle les phénomènes de la fermentation en général sont provoqués par des substances en voie de décomposition et qui communiquent aux corps en présence le même mouvement moléculaire.

Cette hypothèse basée sur des considérations très spéculatives fut reprise ensuite par de Jager. Ce savant poussa encore les conclusions beaucoup plus loin et crut apporter des faits concluants démontrant que les enzymes agissent, non comme des substances, mais bien comme des forces.

Les expériences sur lesquelles se basa de Jaeger sont dues à Wittich et Fick.

Fick mit dans un long tube une dissolution de présure dans la glycérine, puis il le remplit, avec le plus grand soin, de lait. Il laissa quelque temps les deux liquides à la température de 40°, en ayant soin de ne pas mélanger les deux couches, après quoi il constata, dans toute la longueur du cylindre, une coagulation du lait. Comme la présure ne diffuse pas, de Jaeger conclut que la coagulation était produite, non par la présure, mais par une propriété inhérente à cette substance.

Wittich mit dans un dialyseur muni à sa base inférieure d'une membrane de parchemin, de la pepsine dissoute dans une certaine quantité d'eau.

Il introduisit ensuite ce dialyseur dans un bassin plus grand contenant de l'eau et des flocons de fibrine. Il n'aperçut aucune dialysation de la pepsine et cependant les flocons de fibrine se liquéfièrent et se peptonisèrent comme s'ils avaient été en contact avec la diastase.

Il est bien évident que, si ces expériences étaient rigoureusement exactes, l'intervention des enzymes comme substances chimiques devrait être définitivement écartée, et qu'on devrait admettre que l'action des enzymes doit être considérée comme une action purement physique.

Mais, d'autres savants qui ont voulu répéter ces expériences n'ont jamais pu arriver aux résultats annoncés.

La manière de voir de Jaeger a été tout récemment reprise par M. Arthus, qui, tout en reconnaissant la non-exactitude des expériences de Fick et Wittich, reste, malgré cela, partisan de la théorie des enzymes-propriétés.

Pas plus que ses prédécesseurs dans cette manière de voir, M. Arthus n'a apporté d'expériences décisives en faveur de sa thèse, mais il expose fort bien les côtés faibles de la théorie qui considère les enzymes comme des substances.

Il constate tout d'abord que l'analyse centésimale ne suffit pas pour caractériser les enzymes. Il appuie, ainsi que nous l'avons fait plus haut, sur le désaccord existant entre les analyses des enzymes faites par différents auteurs ; il montre aussi que les diastases ne peuvent être classées dans aucune catégorie chimique déterminée, car elles ne sont ni matières albuminoïdes, ni gommes.

Il est frappé surtout de ce que chaque auteur prétend avoir préparé un enzyme pur par des précipitations successives, sans qu'aucun puisse dire à quels caractères on reconnaît un enzyme pur.

Il a remarqué aussi que les enzymes paraissent avoir une composition et des propriétés différentes, suivant la manière dont on les a préparés.

Il cite ensuite les opinions de divers auteurs sur l'impureté des précipités diastasiques et il en conclut que toutes les diastases qu'on a analysées jusqu'à présent étaient fortement mélangées de substances étrangères.

Il se montre également adversaire de la thèse qui voit une analogie entre le mode de formation de l'éther par l'acide sulfurique et l'action des enzymes. Il se base en cela sur la différence entre la quantité d'acide sulfurique nécessaire pour transformer l'alcool en éther et la quantité d'enzyme qu'il faut employer pour opérer une transformation diastasique. En effet, l'acide sulfurique éthérifie seulement 25 à 30 fois son poids d'alcool, tandis qu'une certaine quantité de diastase transforme des quantités de substance infiniment grandes par rapport à elle. La présure, par exemple, peut coaguler 250000 fois son poids de caséine.

Il montre enfin que les propriétés des enzymes n'exigent nullement que ceux-ci soient des substances chimiques, mais qu'ils peuvent être des agents impondérables, comme la chaleur, l'électricité, etc.

Pour le démontrer, M. Arthus prend une à une les propriétés des diastases, et essaye de leur opposer des phénomènes lumineux, calorifiques, électriques, analogues.

Les enzymes provoquent des transformations chimiques ; mais la lumière, la chaleur et l'électricité en provoquent également : les phénomènes d'électrolyse en sont un frappant exemple.

Les enzymes sont détruits par la chaleur ; mais une barre aimantée perd sa propriété magnétique lorsqu'elle est chauffée au rouge,

Les enzymes sont solubles dans l'eau et la glycérine ; mais lorsqu'on plonge un corps chaud dans un liquide quelconque, ce dernier s'échauffe sans que le corps se dissolve.

Les enzymes sont précipités de leurs solutions par l'alcool ou par des matières entraînantes ; mais le chlorure de sodium précipité par l'alcool emmagasine aussi une certaine quantité de chaleur, qu'on voit réapparaître lorsqu'on le redissout dans l'eau. De même, les précipités diastasiques déterminés dans l'alcool entraînent une certaine quantité de l'enzyme et cet enzyme réapparaît lorsqu'on le place dans un milieu approprié.

Les enzymes sont fixés par la fibrine fraîc'> ; mais les accumulateurs électriques fixent de l'électricité, et certains corps, comme le sulfure de baryum, absorbent les rayons lumineux.

Certaines substances, sous l'action d'agents chimiques, acquièrent un pouvoir diastasique ; mais la combinaison du phosphore et de l'oxygène, comme on le sait, dégage de la lumière.

Les enzymes sont détruits par certains agents ; mais l'aimantation d'un barreau aimanté disparaît quand on dissout celui-ci dans l'acide chlorhydrique.

L'action des diastases est entravée par certains corps et facilitée par d'autres ; mais, si, dans un courant électrique, on place une résistance, le courant diminue d'intensité, et si, au contraire, on enlève cette résistance, le courant augmente d'intensité.

L'action diastasique se produit généralement sur certains

corps à l'exclusion des autres; mais le fer et l'acier seuls peuvent fixer la propriété magnétique.

M. Arthus conclut de toutes ces comparaisons que les enzymes sont, non des substances, mais des propriétés de substances. Il admet bien que sa théorie n'est pas démontrée, mais il objecte que la théorie des enzymes-substances n'a pas reçu non plus de démonstration.

En somme, nous nous trouvons en présence de deux théories. L'une enseigne que les enzymes agissent chimiquement et qu'ils ont une composition chimique déterminée, l'autre considère les enzymes comme une propriété et non comme une substance.

Les arguments que M. Arthus apporte contre la thèse des enzymes-substances ne sont pas de nature à renverser cette théorie.

Le désaccord entre les analyses d'une même diastase peut très bien être dû au mode de purification et de préparation de cette substance. S'il pouvait être prouvé, d'autre part, que les diastases ne peuvent être rangées dans aucun groupe chimique actuellement connu, cela n'établirait nullement la non existence matérielle des diastases.

En effet, nous sommes encore loin, à l'heure actuelle, de connaître toutes les combinaisons chimiques, et il est plus que probable qu'il existe toute une série de corps que nous ne connaissons pas. Le fait que les enzymes agissent à des doses infiniment petites n'est nullement de nature à infirmer l'hypothèse des enzymes-substances. Dans l'action de la strychnine, de l'aconitine et d'un grand nombre d'autres alcaloïdes, on constate aussi une disproportion prodigieuse entre l'effet produit et le poids de la substance agissante.

L'action du musc est indiscutablement beaucoup plus sensible que l'action des enzymes: on obtient des réactions sur les muqueuses avec des doses d'une petitesse infinie, et cette propriété remarquable est due entièrement, comme on le sait, à la constitution chimique de ces corps.

Le parallèle entre le phénomène de la fermentation et les phénomènes physiques est très séduisant; mais, somme toute, l'hypothèse des enzymes-propriétés est beaucoup moins vraisemblable que celle des enzymes-substances.

On trouve toujours la substance active incorporée dans une substance matérielle et l'on n'est jamais parvenu à séparer la propriété de la substance. Rien ne nous autorise donc à croire que la substance matérielle ne joue aucun rôle dans le phénomène diastasique.

Les enzymes offrent, à différents points de vue, des ressemblances avec le protoplasma vivant.

La diastase, ainsi que la substance organisée vivante, est excessivement sensible aux agents chimiques tels que les acides et les alcalis. Ces deux catégories de substances sont détruites à la température de 100°; et elles ont la propriété de provoquer des réactions chimiques dans le milieu ambiant.

La plupart des enzymes ont une composition chimique très analogue à celle du protoplasma, et ces deux matières fournissent quelques réactions générales des matières albuminoïdes. L'analogie devient encore plus frappante quand on étudie la composition des substances minérales qui entrent évidemment dans la composition chimique du protoplasma et des ferments solubles. On se trouve, dans l'un et l'autre cas, en présence de phosphates de calcium, de potassium, de magnésium, de chlorures et de sulfures alcalins.

Les éléments minéraux et organiques qui sont favorables à la cellule vivante sont aussi, ainsi que nous l'avons démontré pour l'asparagine et les phosphates, des agents excitants pour certaines diastases.

Les enzymes, comme la substance protoplasmique, sont peu dialysables, et dans beaucoup de cas ne passent même pas à travers un filtre biscuit.

On peut donc admettre que les diastases ne sont pas même des corps solubles à proprement parler, et qu'elles entrent seulement, lorsqu'elles sont en contact avec l'eau, dans un état de ténuité extrême, ainsi que le font les corps colloïdaux tels que l'empois d'amidon.

Cette analogie entre la substance organisée et les enzymes a conduit Armand Gautier à supposer que les ferments chimiques se rapprochent, par leur constitution, des cellules dont ils dérivent.

Il admet de plus que les enzymes ont une organisation analogue ou très rapprochée de celle du protoplasma, et il leur reconnaît les propriétés fondamentales de la cellule vivante, qui sont l'assimilation et la reproduction.

D'après ce savant, les enzymes peuvent transformer certains principes en substances semblables à celles qui les composent. A l'appui de cette hypothèse si hardie, il cite une expérience unique, faite avec des pepsines, et sur laquelle nous aurons l'occasion de revenir quand nous étudierons l'action des enzymes sur les matières protéiques.

Dès à présent, nous pouvons dire que l'expérience citée par M. Gautier ne confirme nullement sa thèse, et nous sommes plutôt inclinés à voir dans les enzymes des corps chimiques d'une nature particulière et d'une constitution déterminée.

Et, en réalité, au fur et à mesure que s'élargissent nos connaissances sur les diastases, la théorie des enzymes-substances gagne de plus en plus en probabilité. Nous possédons à présent tout un ensemble de faits qui nous indiquent que nous nous trouvons réellement en présence de corps et non pas de propriétés.

Nous savons, par exemple, que l'amylase retirée des divers milieux, des grains crus, des grains maltés, de la salive, du suc pancréatique, des bactéries et des moisissures, offre toujours la même composition chimique et donne toujours la réaction de la protéose.

La nature chimique des enzymes se trouve encore confirmée par les réactions colorées qu'ils fournissent avec certains réactifs. Ainsi que l'a montré Guignard, l'émulsine fournit une coloration violette avec l'orcine et une coloration rouge avec le réactif de Millon.

Un autre enzyme, la myrosine, prend une teinte violette en présence d'acide chlorhydrique.

Dans certains cas déterminés on a pu provoquer l'action d'une diastase sur un autre enzyme. Cette action est très caractéristique et fournit des données sur les caractères chimiques des enzymes. D'après Nægeli et Kuhne, la pepsine, par exemple, agit sur la trypsine comme sur une matière albuminoïde. Schittenden et Griswald ont observé le même phénomène avec la ptyaline : cet enzyme est aussi modifié par la pepsine. La zymase, ou diastase provoquant la fermentation alcoolique, se détruit, d'après Büchner, en présence de trypsine.

Dans l'action d'un enzyme sur l'autre, nous voyons toujours une des substances actives se transformer par hydratation et le changement chimique de la matière entraîne la suppression complète de son activité.

Comme la pepsine et la trypsine agissent exclusivement sur des matières albuminoïdes, on peut conclure que la ptyaline, la trypsine, ainsi que la zymase appartiennent à cette classe de corps.

L'existence d'enzymes contenant peu ou point d'azote ne peut pas non plus constituer un argument à l'appui de la théorie des enzymes-propriétés. Les différentes diastases agissent sur des corps divers en provoquant des réactions très variées. Il est donc évident que toutes les substances actives ne peuvent pas appartenir à la même classe de corps, et qu'on doit se trouver, selon toutes les probabilités, en présence de corps de compositions et de structures différentes.

BIBLIOGRAPHIE

LIEBIG. — Sur les phénomènes de la fermentation et de la putréfaction et sur les causes qui les provoquent. *Ann. de chimie et de physique*, 1839, t. LXXI, p. 147.

WÜRTZ. — Sur la papaïne, contribution à l'histoire des ferments solubles. *Comptes Rendus*, 1880, p. 1379.

— Sur la papaïne, nouvelle contribution à l'histoire des ferments solubles, *Comptes Rendus*, 1880, p. 787.

WÜRTZ et BOUCHUT. — Sur le ferment digestif du carica papaya. *Comptes Rendus*, 1889, p. 425.

O. LOEW. — Ueber die Natur der ungeformten Fermente. *Pflügers Archiv für die gesammte Physiol.*, 1885, Band 36, p. 170.

— *Pflügers Archiv*, 1881, p. 205.

C. J. LINTNER. — Ueber die chemische Natur der vegetabilischen Diastase, Bemerkungen zu der Arbeit Herschlegers. *Pflügers Arch.*, 1887, Band 49, p. 311.

E. HIRSCHFELD. — Ueber die chemische Natur der vegetabilischen Diastase. *Pflügers Archiv für die gesammte physiologie*, 1886, Band 39, p. 499.

LATSCHENBERGER. — Ueber die Wirkungsweise der Gährungs-fermente. *Centralblat. für physiol.*, 1891, Band IV, p. 3.

HUEFNER. — Untersuchungen uber den ungeformter Fermente. *Jour. für prakt. Chimie*, t. V. p. 372.

— Recherche sur le ferment non organisé. *Bull. de la Soc. chim.* Paris, 1877.

JACOBSON. — Untersuchungen über lösliche Fermente. *Zeit. für physiol. chem.*, XVI. p. 340.

L. de JAGER. — Erklarungsversuch ueber die Wirkungsart der ungeformten Fermente. *Wirchow's Archiv*, Band 121, 1890, p. 182.

V. WITTICH. —, Weitere Mittheilungen ueber Verdaunsfermente des Pepsines und seine Wirkung auf Brutfibrin. *Pflügers Arch.*, Band 5, p. 435, 1872.

A. FICK. — Ueber die Wirkungsart der Gerinungsfermente. *Pflügers Arch.*, Band 45, sect. 293, 1889.

EFFRONT. — Comparaison entre le rôle des Diastases et celui de la nutrition minérale. *Moniteur scientifique*, 1891.

Maurice ARTHUS. — Nature des enzymes. Thèse pour le doct. en médec. Paris, 1896.

SCHOENBEINE. — Ueber das Verhalten der Blausaure zu den Blutkörperchen und den übrigen organischen das $H_2 O_2$ katolysirenden Materien. *Zeit. für Biologie*, Band III, p. 140.

Ed. SCHAER. — Der Thätige Sauerstoff und seine physiologische Bedentung. Wittsteins. *J. für practische Pharmacie*, 1869, III et IV.

— Beitrage zur Chemie des Blutes und der Fermente. *Zeit. für Biologie*, 1870, p. 467.

— Ueber dem Einfluss des Cyonnwasserstoffs und Phenols auf gewisse Eigenschaften der Blutkörperchen und Fermente.

Büchner. — T. *Berichte der deutschen chemisch. Gesellschaft,* 1897, n⁰ˢ 2668.

Kahn. — *Berichte der deutschen chemischen Gesellschaft,* 1898.

A. Gautier. — Les toxines microbiennes et animales, Paris. Soc. d'éditions scientifiques.

G. Tammann. — *Zur wirkung ungeförmter Elements. Zeitschrift für phys. Chemie,* p. 421, 442.

CHAPITRE IV

INDIVIDUALITÉ DES ENZYMES

Difficultés qu'on éprouve lorsqu'on veut donner des preuves directes de l'individualité des enzymes. — Influence du mode de nutrition des cellules sur la nature des enzymes qu'elles sécrètent. — Preuves directes de l'individualité des enzymes. — Relation entre les diastases, la constitution chimique et la structure des corps sur lesquels elles agissent. — Nomenclature des enzymes. — Classification.

Quand on examine au point de vue de leur action chimique les substances actives sécrétées par les cellules vivantes, on constate, la plupart du temps, que cette action est très complexe, qu'elle se manifeste sur des substances différentes et qu'elle donne lieu à des produits très variés.

Ainsi, une infusion de malt agit sur l'amidon, sur la cellulose, sur la pectine, sur le tréhalose et sur la caroubine.

En outre, les produits obtenus avec ces diverses substances sont très différents : la diastase en agissant sur l'amidon donne du maltose et des dextrines, elle liquéfie la cellulose, transforme les matières pectiques en une substance gélatineuse, fait passer le tréhalose à l'état de glucose et change la caroubine en un glucose différent du précédent.

On observe le même phénomène en étudiant les propriétés d'une eau dans laquelle on a fait macérer de la levure de bière. Cette infusion agit sur le sucre de canne, sur le maltose, sur les glucosides, et donne dans chaque cas un produit particulier.

Ces faits nous conduisent à nous demander si les cellules vivantes sécrètent une substance active unique ayant le pouvoir d'agir sur différentes combinaisons chimiques, ou si, au contraire, elles donnent naissance à un mélange de plusieurs enzymes, dont chacun est apte à produire une action spéciale.

La même question se pose pour les enzymes précipités de leurs solutions, car eux aussi, la plupart du temps, conduisent à des résultats très variés.

Il est difficile de résoudre cette question avec netteté, dans chaque cas particulier; mais, en général, l'individualité des enzymes ne peut être niée.

Cette individualité devient évidente dans beaucoup de cas, lorsqu'on compare les actions des produits sécrétés par des cellules d'une espèce déterminée qu'on place dans des conditions différentes de nutrition.

M. Duclaux a constaté qu'en cultivant le penicillum glaucum sur des substances amylacées on retrouve, dans le milieu de culture, une substance active complexe agissant sur le sucre de canne ainsi que sur l'amidon. Il est fort difficile de donner une preuve directe de l'existence dans ce milieu de deux enzymes différents, agissant l'un sur le saccharose, l'autre sur l'amidon car, en isolant les substances actives de ce milieu, soit par entraînement, soit par l'alcool, on obtient encore une substance agissant sur différents hydrates de carbone et donnant des produits différents.

Mais la question peut être résolue en faisant une seconde culture de penicillum glaucum et en remplaçant dans le milieu de culture l'amidon par le lactate de calcium. La substance active qui se forme agit cette fois très activement sur le sucre de canne, mais ne produit plus d'effet sur l'amidon. Nous pouvons donc conclure que dans le premier milieu de culture on était en présence de deux enzymes, tandis qu'en cultivant la moisissure sur du lactate de calcium on n'a obtenu qu'un seul d'entre eux.

Notre conclusion sera renforcée si nous pouvons trouver d'autres exemples dans lesquels une substance active produira une action exclusivement sur le saccharose, ou sur l'amidon. Ces exemples sont très nombreux. C'est ainsi qu'une infusion d'orge agit sur l'amidon sans agir sur le sucre et que l'amylase recueillie dans la caillette de mouton agit sur l'amidon et reste sans action sur le saccharose. On peut aussi constater la présence dans la salive d'un ferment agissant sur l'amidon sans donner lieu à aucune transformation du saccharose, surtout si la salive ne contient pas de ferments figurés. Une infusion de levure peut agir sur le sucre et laisser l'amidon absolument intact.

Dans certains cas l'individualité des enzymes peut être contrôlée par des moyens différents de ceux que nous venons d'exposer. Si l'on abandonne, par exemple, de la levure de bière au contact prolongé d'eau additionnée d'éther ou de thymol, on constate que la liqueur agit à la fois sur le sucre de canne et sur le maltose. Nous pouvons donc nous demander si la diastase transformant le maltose n'a pas en même temps une action sur le sucre de canne. L'existence de deux ferments est ici facile à démontrer. Il suffit de laisser la même levure en contact avec de l'eau, mais pendant un temps très court : on constate alors que le liquide contient une substance agissant sur le sucre de canne sans avoir la moindre action sur le maltose. Dans le cas actuel on parvient à séparer les deux enzymes grâce à cette circonstance que l'un d'eux est retenu très faiblement par les cellules qui le sécrètent, tandis que l'autre traverse très difficilement la membrane cellulaire.

Nous avons vu que la diastase du malt agit sur l'amidon en donnant du maltose et de la dextrine ; elle agit aussi sur le tréhalose qu'elle transforme en glucose. Quelques auteurs en ont conclu qu'on se trouve en présence d'une seule et unique substance. Mais l'amylase qu'on retire de la salive agit sur l'amidon absolument de la même manière que l'amylase du malt, tandis qu'elle n'agit nullement sur le tréhalose.

Nous croyons donc que, dans ce cas aussi, il est plus logique d'admettre la présence de deux enzymes différents dans l'infusion de malt, que d'expliquer le phénomène en supposant qu'il existe dans la salive et dans l'infusion de malt deux diastases différentes agissant toutes deux de la même manière sur l'amidon et se différenciant par leur action sur le tréhalose.

L'émulsine agit sur les glucosides, mais, en même temps, cette substance active peut transformer le sucre de lait en glucose et galactose.

Dans l'émulsine la présence de deux diastases devient évidente, à notre avis, si l'on considère que les substances actives sécrétées par certaines levures ont la faculté de transformer le sucre de lait sans agir en aucune façon sur les glucosides.

C'est par une série importante de faits de cette nature qu'on est parvenu à constater que, dans un grand nombre de cas, les sécrétions cellulaires sont composées de différentes substances actives et que l'action chimique de chacun de ces enzymes est limitée à un certain nombre de corps.

Ces faits sont assez nombreux pour qu'on puisse en tirer une conclusion générale en faveur de l'individualité des enzymes. Et, en réalité, il est difficile d'admettre que la même substance active puisse, dans un cas déterminé, produire une action sur deux ou trois substances chimiques, tandis que dans un autre cas son action serait limitée à une seule de ces substances.

Comme nous venons de le voir, une diastase ayant une action hydratante ou oxydante n'agit pas sur toutes les substances susceptibles de s'hydrater ou de s'oxyder ; l'agent diastasique diffère complètement d'un agent chimique ayant une fonction déterminée et l'exerçant indépendamment de la constitution des corps sur lesquels il agit. Par l'action d'un acide minéral, par exemple, on obtient le dédoublement du saccharose, la saponification des matières grasses, la décom-

position des glucosides, la peptonisation des matières albuminoïdes, en un mot tous les phénomènes que nous ren-
controns dans le travail diastasique hydratant. Les diastases,
au contraire, produisent les dédoublements et les hydratations par des agents nombreux capables chacun d'un travail
diastasique déterminé et ne pouvant s'exercer que sur un
nombre très limité de substances.

L'action des acides est donc jusqu'à un certain point
indépendante de la constitution des corps sur lesquels ils
agissent, tandis que les diastases n'exercent leur action hydratante ou oxydante que sur des corps d'une structure strictement déterminée.

Un enzyme hydratant peut quelquefois exercer son action
sur différents corps, mais à condition que la constitution
chimique de ces corps soit très voisine de celle de la diastase et qu'ils puissent fournir les mêmes produits de dédoublement.

C'est ainsi que nous voyons l'amylase exercer son action
sur l'amidon, sur le glycogène, sur la dextrine, et donner
toujours le même produit final : le maltose.

La pepsine agit sur un grand nombre de corps, par exemple, sur toutes les substances albuminoïdes.

Or, tous ces corps se ressemblent et ont une structure très
analogue puisque leurs produits de dédoublement par la
diastase sont toujours les mêmes : le protéose et la peptone.

Les enzymes des glucosides paraissent capables, à première vue, d'une action plus énergique et s'étendant à des
corps chimiquement différents, mais cette anomalie n'est
qu'apparente : l'émulsine qui agit sur des corps très complexes n'a d'action que sur la partie commune à toutes les
molécules de glucosides.

L'action de l'émulsine est due à l'affinité qu'elle a pour le
glucose, et, comme l'a démontré Émile Fischer, cette affinité
se trouve liée à la structure géométrique des hydrates de
carbone.

L'émulsine agit non seulement sur les glucosides naturels, mais aussi sur les éthers artificiels qu'on obtient avec le glucose.

En étudiant l'action des enzymes sur les éthers artificiels, Émile Fischer a constaté ce fait très intéressant que l'action ou l'inaction d'un enzyme dépend, non seulement de la composition de la substance sur laquelle on le fait agir, mais aussi de sa configuration. En traitant le glucose par l'alcool méthylique en présence d'acide chlorhydrique on obtient deux éthers isomériques différant par leur structure géométrique à cause des carbones asymétriques de la chaîne glucoside.

La formation de deux éthers isomériques est facile à expliquer : le groupe aldéhydique du glucose disparaît par l'action de l'alcool en présence de l'acide chlorhydrique et la déshydratation se produit dans la chaîne des glucoses même en donnant naissance à un groupe éthérique intermoléculaire. Le carbone du groupe aldéhydique devient ainsi asymétrique et en conséquence l'apparition de deux stéréisomères devient compréhensible.

Les deux glucosides isomériques :

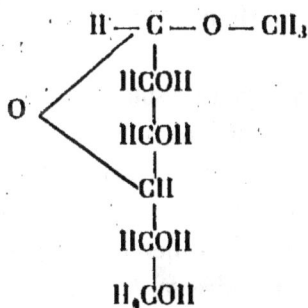

α. Méthyl-dextroglucoside.   β. Méthyl-dextroglucoside.

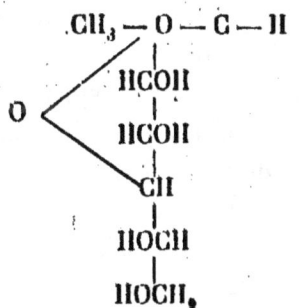

se comportent différemment sous l'action des enzymes.

L'émulsine, qui agit sur certains dérivés du glucose et du galactose, agit aussi sur le β-méthylglucoside, mais elle n'a pas d'action sur l'isomère α.

Dans les levures de bière, on trouve un autre ferment so-

luble qui agit sur les glucosides naturels, mais ce ferment
est absolument sans action sur le β-méthylglucoside, tandis
qu'il agit sur l'isomère α.

Cet exemple est une nouvelle preuve de l'individualité des
enzymes et montre d'une façon frappante l'influence que
peut avoir sur l'action diastasique la structure des corps chimiques sur lesquels elle s'exerce.

Émile Fischer a émis l'hypothèse qu'une action diastasique
ne peut se produire qu'à la condition qu'il y ait une relation
stéréochimique entre la substance agissante et le corps sur
lequel y agit.

D'après lui, il faut que les ferments et les substances sur
lesquels ils agissent aient une structure géométrique sem-
blable, ou tout au moins certains rapports de structure.

Nous croyons que cette hypothèse peut expliquer d'une
façon toute particulière l'apparition de différentes diastases
dans une cellule soumise à différents modes de nutrition.

Une cellule nourrie avec de l'amidon sécrétera une substance active ayant la structure stéréo-chimique de l'amidon,
tandis que si la cellule se nourrit avec du sucre de canne, la
diastase qu'elle formera aura la constitution géométrique du
sucre de canne.

Nos connaissances sur les enzymes oxydants sont beaucoup
moins étendues que celles que nous possédons sur les enzymes hydratants. Mais les faits observés jusqu'ici démontrent
indiscutablement que dans ce cas comme dans le précédent
on se trouve en présence d'individualités différentes, agissant toutes comme oxydants, mais en s'adressant à des matériaux différents.

Pour cette classe de corps on a pu également constater
que la place des divers groupements chimiques dans les
molécules des substances oxydables influe considérablement
sur l'activité des enzymes.

On connaît des exemples d'enzymes oxydants agissant sur
toute une série de corps homologues, et dont l'action se pro-

-duit, même si l'on substitue un groupe à un autre tandis
que l'action de ces mêmes enzymes cesse lorsqu'on change la
disposition des groupements.

C'est ainsi que la laccase qui oxyde le diphénol, ses homologues et les produits de substitution de ces substances,
exerce son action sur tous ces dérivés quand les deux groupements oxydriles se trouvent dans la position ortho, tandis
que la même diastase n'agit pas sur les produits isomériques
dans lesquels ces mêmes groupements occupent la position
méta.

Classification' des enzymes. — Maintenant que nous
avons acquis quelques connaissances générales sur les enzymes et sur leur mode d'action, nous pouvons nous occuper
des propriétés individuelles de chaque enzyme connu. Mais
avant d'aborder cette description, il est nécessaire de nous
mettre d'accord sur la nomenclature et sur la classification
des diastases.

Les chimistes qui ont découvert les premières diastases les
ont désignées, en se plaçant à différents points de vue, sous
des noms fort divers.

Tant que l'étude des enzymes n'a porté que sur un petit
nombre de substances, les inconvénients de cette nomenclature n'ont pas été très grands. Mais, à l'heure présente, on
connaît déjà un nombre respectable de diastases, et ce nombre tend indiscutablement à s'accroître encore.

Dans ces conditions, il serait désirable d'avoir une nomenclature logique, permettant de désigner un ferment par un
nom donnant une idée nette de ses caractères propres.

S'inspirant de cette nécessité, M. Duclaux a cherché à
créer une nomenclature rationnelle, en désignant un enzyme
par le nom du corps sur lequel on a observé pour la première
fois son action ; et, afin de distinguer la substance sur laquelle
la diastase exerce son action de l'enzyme lui-même, il a
proposé d'ajouter au radical du nom la terminaison *ase.*

C'est ainsi que la diastase agissant sur la caséine fut appelée *caséase*, et que la diastase qui transforme l'amidon (*amylum*) devient l'*amylase*.

Malheureusement, la nomenclature de M. Duclaux n'a pas été adoptée par tous les savants, et un certain nombre de diastases nouvelles ont reçu des auteurs qui les ont découvertes un nom ayant bien la terminaison *ase*, mais dont le radical, au lieu d'être celui du nom de la substance sur laquelle la diastase agit, est celui du nom de la substance produite par la réaction.

Ainsi la glucase de Cusenier n'est pas une diastase agissant sur le glucose, mais une substance active transformant l'amidon et le maltose en glucose.

Cette nouvelle nomenclature présente le grand désavantage d'amener des confusions et il eût été préférable d'en rester à la nomenclature de M. Duclaux, quoiqu'elle ne réponde pas non plus à tous les desiderata.

Il est mauvais de prendre comme radical du nom celui du produit formé, car les différentes diastases peuvent, à la fin de la réaction, donner des produits identiques, tout en agissant sur des corps très différents. Ainsi, nous connaissons, en dehors de la glucase, toute une série d'autres ferments qui transforment certains hydrates de carbone en glucose.

Il est vrai que la nomenclature de M. Duclaux donne lieu, elle aussi, à des confusions. Ainsi, l'action de la glucase a été constatée la première fois sur l'amidon; on devrait donc désigner cet enzyme par le nom d'amylase, nom appliqué à la diastase du malt.

Il est donc nécessaire de tenir compte, non pas seulement de la substance sur laquelle agit la diastase, mais encore de la substance produite par la diastase. En se plaçant à ce point de vue, on devrait nommer la glucase de Cusenier l'amylo-glucase, c'est-à-dire indiquer que c'est une diastase agissant sur l'amidon et produisant du glucose. La diastase du malt, au contraire, devrait s'appeler l'amylo-maltase, puisque le produit final résultant de l'action de cette diastase sur l'amidon est le maltose.

Cependant, dans le présent travail, nous nous en tiendrons à l'ancienne nomenclature et nous donnerons aux diastases les noms que l'on rencontre généralement dans la littérature. La raison de cette façon d'agir est que nous savons très bien que tout changement de nomenclature, tout en ayant pour but de simplifier les choses, ne fait qu'apporter une complication de plus, et aboutit, en somme, au résultat contraire à celui qu'on s'était proposé.

La classification la plus rationnelle des enzymes consiste à les distinguer d'après le travail chimique qu'ils produisent.

Nous savons déjà que les diastases peuvent produire une hydratation, une oxydation ou une transformation moléculaire.

Nous décrirons donc les diastases en les rangeant d'après le caractère chimique de leur action.

L'étude des diastases des matières protéiques fera l'objet du second volume du présent ouvrage. Nous ne nous occuperons dans le premier que des diastases produisant, soit une hydratation, soit une oxydation, soit un changement moléculaire.

Les diastases hydratantes agissent sur les hydrates de carbones, les matières grasses, les glucosides, les matières protéiques et l'urée.

Les oxydases agissent sur des corps de natures très différentes : les alcools, les phénols, les amides, les matières grasses, etc.

Les enzymes déterminant les transformations moléculaires sont trop peu nombreux pour qu'on puisse désigner beaucoup de corps susceptibles de subir leur action.

Classification des ferments solubles.

A. FERMENTS SOLUBLES HYDRATANTS.

1° *Ferments solubles des hydrates de carbone.*

NOMS DES ENZYMES	SUBSTANCES SUR LESQUELLES L'ENZYME AGIT	PRODUITS DE LA RÉACTION
Invertine ou sucrase.	Sucre de canne.	Sucre interverti.
Amylase ou diastase.	Amidon et dextrine.	Maltose.
Glucase ou maltase.	Dextrine et maltose.	Glucose.
Lactase.	Sucre de lait.	Glucose et galactose.
Tréhalase.	Tréhalose.	Glucose.
Inulase.	Inuline.	Levulose.
Cytase.	Cellulose.	Sucres.
Pectase.	Pectine.	Pectates et sucres.
Caroubinase.	Caroubine.	Caroubinose.

2° *Ferments solubles des glucosides.*

NOMS DES ENZYMES	SUBSTANCES SUR LESQUELLES ILS AGISSENT	PRODUITS DE LA RÉACTION
Emulsine.	Amygdaline et autres glucosides.	Glucose. Essence d'amandes amères et acide cyanhydrique.
Myrosine.	Myronate de potassium	Glucose et isosulfocyanate d'allyle.
Bétulase.	Gaulthérine.	Essence de gaultheria, glucose.
Rhamnase.	Xanthoramine.	Rhamnetine, isodulcite.

3° *Ferments solubles des matières grasses.*

NOMS DES ENZYMES	SUBSTANCES	PRODUITS DE LA RÉACTION
Stéapsine. Lipase.	Matières grasses.	Glycérine et acides gras.

4° *Ferments solubles des matières protéiques.*

NOMS DES ENZYMES	SUBSTANCES	PRODUITS DE LA RÉACTION
Présure.	Caséine.	Caséium.
Plasmase.	Fibrinogène.	Fibrine.
Caséase.	Caséine.	
Pepsine.	Matières albuminoïdes	Protéoses, peptones.
Trypsine.	Id.	Protéoses, peptones, amides.
Papaïne.		

5° Ferments de l'urée.

Uréase.	Urée.	Carbonate d'ammo-nium.

B. FERMENTS SOLUBLES OXYDANTS.

Laccase.	Acide uruschique.	Acide oxyuruschique.
	Tannin, aniline, etc.	Produits d'oxydation.
Oxydine.	Matières colorantes des céréales.	»
Malase.	Matières colorantes des fruits.	»
Oléase.	Huile d'olive.	Produits d'oxydation.
Tyrosinase.	Tyrosine.	»
Oenoxydase.	Matière colorante du vin.	»

C. FERMENT PROVOQUANT LE DÉDOUBLEMENT MOLÉCULAIRE.

Zymase ou diastase alcoolique.	Divers sucres.	Alcool et acide carbonique.

BIBLIOGRAPHIE

Em. BOURQUELOT. — Sur l'identité de la diastase chez les êtres vivants. *Comptes Rendus des séances de la Soc. de Biologie*, 1885, p. 73.

DUCLAUX. — Individualité des diverses diastases. Microbiologie, 1883, p. 141.

Em. FISCHER. — Einfluss der Configuration auf die Wirkung des Ensymes. *Berichte der deutsche chemischen Gesellschaft*, 1894, p. 2071, 2985, 1429, 3479.

— Ueber die Verbindungen des Zuckers mit den Alkohol und Ketonen. *Berichte der deut. chemischen Gesellschaft*, 1895, p. 1145, 1429.

CHAPITRE V

SUCRASE

Extraction de la sucrase des levures. — Sécrétion par l'aspergillus niger. — Préparation de la sucrase à l'état sec. — Influence de la quantité et du temps. — Influence de la température. — Différence entre les propriétés des sucrases d'origines différentes. — Rôle de l'acidité et de l'alcalinité du milieu. — Action de l'oxygène et de la lumière. — Action des substances chimiques. — Mode de sécrétion de la sucrase dans les cellules. — Dosage de la sucrase. — Méthode de Fernbach. — Méthode d'Effront.

La sucrase est une diastase capable de transformer le sucre de canne en sucre interverti. Le saccharose, sous l'action de la sucrase, se dédouble en fixant une molécule d'eau et en donnant deux monosaccharides : le glucose et le lévulose

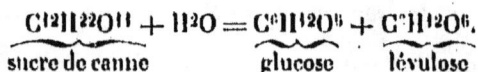

$$C^{12}H^{22}O^{11} + H^2O = C^6H^{12}O^6 + C^6H^{12}O^6.$$
$$\underbrace{\hphantom{C^{12}H^{22}O^{11}}}_{\text{sucre de canne}} \qquad \underbrace{\hphantom{C^6H^{12}O^6}}_{\text{glucose}} \quad \underbrace{\hphantom{C^6H^{12}O^6}}_{\text{lévulose}}$$

La sucrase est très répandue dans la nature. On constate, par exemple, sa présence dans la salive, dans le suc gastrique et dans l'intestin grêle.

Le sucre de canne, conservé pendant quelque temps dans la bouche, est transformé, sous l'action de la salive, en sucre interverti. Cependant, cette transformation n'est pas due à l'action d'une sécrétion des glandes salivaires, mais bien à la sucrase élaborée par les nombreuses bactéries qui se trouvent dans la salive. Au surplus, la substance active dont on constate l'apparition dans la bouche, ne transforme que des quantités fort limitées de sucre de canne.

Les diastases du suc gastrique sont douées d'un pouvoir intervertisseur beaucoup plus énergique. Cependant, malgré cette énergie, l'inversion du saccharose ne s'achève pas encore dans l'estomac. Une partie notable du sucre de canne absorbé pénètre dans la circulation sans avoir préalablement subi l'action des diastases et c'est seulement dans l'intestin grêle que la transformation devient complète.

On ne constate pas la présence dans le sang de substances actives capables de transformer le saccharose.

Le suc injecté dans les veines ou dans le tissu cellulaire d'un animal, se retrouve éliminé dans l'urine ; mais cette élimination ne se produit pas lorsque le sucre est injecté dans la veine-porte. Il traverse alors le foie et subit, en passant par cet organe, une action diastasique énergique qui l'intervertit complètement.

La sucrase est aussi très répandue dans le règne végétal : on la trouve dans les bourgeons, dans les fleurs ainsi que dans les feuilles d'un très grand nombre de plantes. En outre, de nombreuses moisissures, telles que l'*aspergillus niger*, le *mucor racemosus*, le *penicillum glaucum*, le *penicillum Duclauxi*, l'*aspergillus orizae*, les levures et tout une série d'autres ferments, produisent aussi l'inversion du saccharose.

En règle générale, une cellule se nourrissant de sucre doit nécessairement contenir une sucrase.

Cette règle a été cependant combattue par Hansen qui a fait remarquer que la moisissure appelée *monilia candida*, tout en se nourrissant de saccharose, ne sécrète pas de sucrase. Cette assertion a été victorieusement réfutée par E. Fischer, qui, dans une étude plus approfondie de cette moisissure, a constaté qu'elle contenait en réalité une sucrase, mais que l'enzyme était retenu dans les cellules et n'apparaissait que difficilement au dehors.

Dans la littérature, la sucrase est désignée sous différents noms : on l'appelle ferment glucosique, cytozymase, zymase et invertine.

La découverte de cet enzyme est due à Dobereiner et à Mitscherlich. Ces savants ont constaté les premiers que la levure de bière intervertissait le saccharose. Ils ont encore remarqué que cette substance active peut être extraite des levures par un lavage à l'eau. Berthelot parvint le premier à isoler la diastase à l'état solide en la précipitant de l'eau des levures par l'alcool.

Mode de préparation. — Il existe différents modes de préparation de la sucrase.

On peut facilement obtenir la substance active en mettant de la levure de bière en contact avec de l'eau additionnée de quelques gouttes de chloroforme; au bout d'un certain temps, la substance active se dissout dans l'eau. On filtre ensuite le liquide pour le séparer des cellules de levure qui y sont en suspension.

Il va de soi que la solution qu'on obtient ainsi est loin d'être composée uniquement de sucrase, la levure contenant, outre la sucrase, d'autres matières extractives qui entrent en solution en même temps que celle-ci. Malgré cela, l'infusion est très active et peut très bien servir à l'étude de la sucrase.

Un mode de préparation plus rationnel de cet enzyme consiste à l'extraire d'une culture d'aspergillus niger sur liquide Raulin. Toutefois l'extraction de la diastase de l'aspergillus niger exige, pour donner des quantités suffisantes d'enzyme, l'observation de certaines conditions sans lesquelles les résultats ne seraient pas satisfaisants.

La meilleure façon de procéder a été indiquée par Duclaux. Il conseille de laisser une culture d'aspergillus niger se développer sur une grande surface de liquide Raulin, pendant environ quatre jours, et, au moment où les moisissures formées ont pris une couleur verte ou brun clair, de soutirer le liquide et de le remplacer par de l'eau pure ou de l'eau sucrée. Sur ce nouveau liquide on laisse croître de nouveau l'aspergillus pendant 2 ou 3 jours jusqu'à épuisement

complet du milieu nutritif. A ce moment, les enzymes sécrétés
par les plantes entrent en solution, et il ne reste plus qu'à
filtrer le liquide pour le débarrasser des débris de moisissures
qui peuvent s'y trouver en suspension. La solution de sucrase
préparée de cette façon est très active et contient relativement
peu d'impuretés.

Pour empêcher le liquide de s'altérer pendant la croissance
de la plante, on peut l'additionner de quelques gouttes d'essence de moutarde qui, agissant comme antiseptique, préserve
le milieu de l'invasion des ferments figurés sans nuire à la
diastase. Cependant, il est préférable de cultiver la moisissure
dans le liquide stérilisé, et d'ensemencer ce liquide avec une
culture pure d'aspergillus niger. Lorsque la plante s'est suffisamment développée sur le liquide Raulin, on remplace cette
solution par de l'eau distillée que l'on a eu soin de stériliser au
préalable.

Pour obtenir la sucrase à l'état sec, Ed. Denathe indique
le procédé suivant : on fait macérer pendant quelques temps
de la levure de bière dans de l'alcool absolu ; on décante ensuite l'alcool, on filtre et on sèche en exposant à l'air. On
obtient ainsi une masse cassante, que l'on pulvérise et que
l'on fait de nouveau infuser dans de l'eau distillée. On filtre
cette infusion pour retenir les cellules de levure qui s'y trouvent. Cependant, comme les cellules passent facilement au
travers du filtre, il faut encore s'assurer par un examen microscopique qu'elles ont toutes disparu du liquide. Dans le cas
contraire, il faut filtrer à plusieurs reprises sur double filtre.
Lorsque le liquide est exempt de cellules, on l'additionne
d'éther et on agite. On voit alors apparaître une substance
visqueuse qui reste en suspension dans la partie supérieure
du liquide et qu'on sépare du reste de l'infusion. Cette substance est ensuite traitée par de l'eau distillée et versée goutte
à goutte dans de l'alcool absolu, où il se produit un précipité
pulvérulent. Ce précipité, séparé du liquide, est lavé à l'alcool
et séché dans le vide.

Ce procédé permet d'obtenir une poudre blanche, gonflant dans l'eau et s'y dissolvant très difficilement. Elle se conserve pendant très longtemps et possède un grand pouvoir diastasique. Il semble hors de doute, cependant, qu'une notable partie de la substance active doit se coaguler par le fait des traitements à l'alcool et à l'éther et, par conséquent, devenir inactive.

La marche de l'inversion du saccharose par la sucrase dépend de la quantité de substance active mise en œuvre, ainsi que des conditions physiques et chimiques du milieu dans lequel s'opère la transformation. L'étude des conditions spéciales qui favorisent ou retardent l'action diastasique est d'autant plus intéressante qu'elle fournit des données très précieuses, aussi bien au point de vue théorique qu'au point de vue pratique. Nous accorderons donc à cette question tout le développement qu'elle mérite.

Nous étudierons d'abord l'influence qu'exercent sur la vitesse de l'inversion la quantité de sucrase et la température à laquelle on opère. Nous déterminerons ensuite le rôle du temps dans l'inversion, ainsi que l'influence de l'acidité et de l'alcalinité du milieu. Nous verrons enfin, comment la lumière, l'oxygène et un certain nombre d'autres substances chimiques, influent sur la vitesse de la transformation.

Influence de la quantité et du temps. — Lorsqu'on fait agir la sucrase sur une solution de saccharose, les résultats qu'on obtient sont fort différents suivant la quantité de substance active employée.

Si l'on se place dans des conditions déterminées on peut constater un rapport presque constant entre la quantité de sucrase employée et la quantité de sucre interverti. Cette proportion est, jusqu'à un certain point, indépendante de la richesse en sucre du liquide dans lequel travaille la diastase.

Si, par exemple, on fait agir 1 et 2 centimètres cubes de

sucrase pendant le même temps et à la même température, sur des quantités égales de saccharose, on constate qu'avec 2 centimètres cubes de sucrase on obtient deux fois plus de sucre interverti qu'avec 1 centimètre cube de substance active.

Toutefois, il faut remarquer que cette proportionnalité entre la quantité de substance agissante et la quantité du produit formé n'est pas toujours constante. M. Duclaux a observé que la loi de proportionnalité ne se vérifie que si l'on emploie la sucrase à très faible dose, et que si l'on arrête l'inversion à son début. La proportionnalité subsiste jusqu'au moment où 10 à 20 pour 100 du sucre est interverti, après quoi elle cesse.

Lorsqu'on étudie l'influence du temps sur l'action de la sucrase, on constate des phénomènes absolument analogues.

L'invertine est un enzyme excessivement énergique. D'après M. Duclaux, 1 gramme de substance active transforme jusqu'à 4000 fois son poids de sucre. Cependant, tout en étant très énergique, l'action de cette diastase est relativement lente.

En abandonnant à la température de 50° une solution de 10 pour 100 de saccharose avec 1 centimètre cube de sucrase nous avons obtenu les résultats suivants :

Après 1 heure.	. . .	0,20 de sucre interverti.	
— 2 heures..	. . .	0,41	—
— 3 —	. . .	0,60	—
— 4 —	. . .	0,80	—
— 5 —	. . .	0,97	—

Cette expérience permet de constater la grande lenteur avec laquelle se produit l'inversion. Remarquons, en outre, que la quantité de sucre interverti augmente proportionnellement à la durée de l'action.

Ainsi, après 2 heures, nous trouvons à peu près deux fois

plus de sucre interverti qu'après une heure et, après 5 heures, presque cinq fois plus.

Mais à partir de ce moment la proportionnalité cesse d'exister. Si nous continuons, en effet, à suivre l'action de la sucrase dans l'essai précédent, nous obtenons :

Après 10 heures. . . 1,72 de sucre interverti.
  — 20 — . . . 3,12   —

Si la transformation s'était continuée avec la même vitesse qu'au commencement de l'action, on aurait obtenu :

Après 10 heures. . . 2,00 de sucre interverti.
  — 20 — . . . 4,00   —

Le ralentissement que nous constatons commence au moment où environ 20 pour 100 du sucre a été transformé et, au fur et à mesure que l'inversion se poursuit, le ralentissement continue à s'accentuer.

La marche irrégulière que nous observons dans l'action de la sucrase a fait le sujet de différentes études et occupé beaucoup de savants. Elle a donné naissance à diverses hypothèses que nous examinerons dans la suite de cette étude. Contentons-nous maintenant d'enregistrer le fait et passons à l'action de la température.

Influence de la température. — La température joue, dans l'inversion du saccharose, un rôle très important et exerce une influence considérable sur le degré d'activité de la sucrase.

A 0° l'invertine n'exerce qu'une action très faible, qui s'accroît considérablement avec la température. Cet accroissement se produit avec une certaine lenteur entre 5° et 30°. Au contraire, au delà de cette température, de 30° à 50°, l'activité diastasique augmente d'une façon très rapide.

En laissant agir pendant une heure l'invertine des levures

sur une solution de sucre à 20 pour 100, nous avons obtenu, avec la même quantité de sucrase, à des températures différentes, les chiffres suivants :

TEMPÉRATURE DEGRÉS CENTIGRADES	SUCRE INTERVERTI FORMÉ
0°	0
5°	0,05
10°	0,11
15°	0,18
20°	0,35
30°	0,4
40°	1,65
50°	2,2
60°	2,1

La température à laquelle l'inversion marche avec la plus grande rapidité serait, d'après Kjeldahl, 52°,5 ; au delà, la diastase commencerait à s'altérer de plus en plus.

Quand on cherche à déterminer la température de destruction de la sucrase, il importe de se placer dans des conditions absolument invariables, parce que la concentration du liquide, l'acidité, ainsi que les autres particularités du milieu, ont une influence considérable sur l'activité de la diastase.

La sucrase des levures, fortement diluée, peut être maintenue pendant une heure à 52°, sans perdre de son pouvoir inversif ; au contraire, des solutions plus concentrées de sucrase s'affaiblissent très sensiblement lorsqu'on les maintient, même pendant peu de temps, à cette température.

Lorsqu'on place pendant une heure des levures dans de l'eau à 65°, la diastase de ces levures se détruit complètement ; tandis qu'à cette même température une partie de la substance active reste inaltérée, lorsqu'on opère avec une solution très diluée de sucrase.

La cause de cette différence de résistance tient à ce que

dans la substance extractive des levures se trouvent, en plus
de la sucrase, d'autres corps qui influent défavorablement
sur la diastase, et à ce que l'action retardatrice de ces substances diminue évidemment avec le degré de dilution de
la solution.

La présence de sucre dans le liquide contenant de la sucrase
augmente sensiblement la force de résistance de l'enzyme à
la chaleur.

En somme, les variations qu'on observe entre la température optima et la température de destruction, sont assez
notables. La température optima se trouve, d'après différents
auteurs, entre 50° et 56° et la température de destruction,
entre 65° et 70°. Mais l'activité de la sucrase est déjà considérablement affaiblie dans le voisinage de la température de
destruction.

Sucrases d'origines différentes. — Kjeldahl a observé
que la sucrase extraite des levures basses possède une température optima différente de celle de la substance active des
levures hautes. Pour ces dernières il a constaté que la température optima est de 3°,5 plus élevée que celle des levures basses.

Il n'y a pas que la température optima qui varie avec
l'origine de la sucrase : la plupart des propriétés de l'enzyme
dépendent de cette origine ainsi que du mode de préparation.

Ainsi la sucrase extraite des levures peut être filtrée par le
filtre Chamberland, tandis que la substance active de l'aspergillus niger est complètement retenue par le filtre.

Dans la levure de bière, la sucrase se trouve à l'état non
combiné et peut facilement être extraite par l'eau ; dans la
manilia candida, au contraire, l'invertine est retenue dans
les cellules où elle se trouve combinée à d'autres substances
qui la rendent insoluble.

Les sucrases provenant de levures différentes peuvent encore
différer par leur plus ou moins grande sensibilité vis-à-vis
des réactifs chimiques. Fernbach a constaté, par exemple,

que l'enzyme de la levure de Tantonville est 5o fois plus sensible que la sucrase extraite des autres espèces qu'il lui a été donné d'étudier.

Ces différences de propriétés, constatées pour la sucrase, ne lui sont pas particulières. Nous rencontrerons des faits analogues quand nous étudierons la pepsine, ainsi que beaucoup d'autres ferments solubles.

On peut expliquer ces différences par la présence de substances étrangères diverses, ayant la propriété d'abaisser la température optima et la température de destruction, de changer la solubilité des enzymes, et d'influer sur leur sensibilité vis-à-vis des agents physiques et chimiques.

Cette explication revient à admettre que l'enzyme a, par lui-même, des propriétés constantes, et que si deux sucrases, par exemple, offrent des caractères différents et se comportent de façons différentes, il en faut uniquement chercher la cause dans les conditions du milieu : dans la présence de substances douées d'un pouvoir accélérateur ou retardateur.

Mais cette manière de voir est loin d'être admise par tous les auteurs. La différence qui existe entre les propriétés de deux enzymes de même nature, mais de provenances différentes, a été parfois interprétée tout autrement. On peut admettre, par exemple, que le milieu dans lequel l'enzyme est secrété influe non seulement sur le mode d'action mais encore sur la substance même de la diastase.

Dans cette hypothèse, la différence constatée entre les modes d'action des divers enzymes doit être envisagée comme résultant d'une suite de changements dans la composition ou dans la structure chimiques de la diastase et l'on se trouve simplement en présence de modifications diverses d'un même enzyme.

Nous venons de dire que la sucrase des levures hautes produit son maximum d'effet à une température supérieure à la température optima des levures basses. Cette différence peut être attribuée à un phénomène d'adaptation de la levure au

milieu dans lequel elle travaille, adaptation ayant pour conséquence la formation de diastases différentes aux différentes
températures.

Cette adaptation au milieu se manifeste encore plus clai-
rement lorsqu'on étudie l'action du suc gastrique. La pepsine des animaux à sang chaud n'agit pas à 0° et son maximum d'effet se produit à 50°, tandis que le suc gastrique
des animaux à sang froid produit une action manifeste à 0°
et possède une température optima de 40°.

On connaît tout une série de faits analogues au précédent qui peuvent justifier l'hypothèse de l'adaptation des
diastases au milieu.

Mais l'existence de différentes variétés d'un même enzyme
est fort difficile à démontrer rigoureusement, car on se trouve
toujours en présence de mélanges d'enzymes et de substances
étrangères plus ou moins bien déterminées. Cependant nous
sommes plus portés à ne pas admettre l'existence de différentes
variétés d'un même enzyme, parce que les variations des
propriétés d'un même enzyme sont généralement peu pronon-
cées et susceptibles d'être reproduites artificiellement, en
partant d'une diastase déterminée et en changeant simplement
les conditions du milieu. Nous croyons plus logique d'admettre,
jusqu'à preuve du contraire, que les variations observées avec
des enzymes de provenances différentes sont dues à la présence de substances étrangères.

Nous aurons d'ailleurs plusieurs fois l'occasion, en étudiant individuellement chaque enzyme, de revenir sur cette
question.

Rôle de l'acidité et de l'alcalinité du milieu. —

L'acidité et l'alcalinité du milieu influent considérablement
sur la sucrase. Kjeldahl a démontré qu'une faible acidité est
favorable à son action, tandis que de fortes doses d'acide ou
d'alcali diminuent son pouvoir diastasique.

Dans un travail très complet, Fernbach a étudié la sucrase

de l'aspergillus niger et a examiné avec beaucoup de soins
l'influence du milieu. Son étude a fourni sur la question de
précieuses indications que nous allons résumer.

Fernbach a constaté que la solution de sucrase extraite de
l'aspergillus niger possède toujours une réaction acide due
à l'acide oxalique élaboré, en quantité plus ou moins grande,
par la moisissure. Cette réaction acide est, à la vérité, très
faible; cependant la solution diastasique peut être additionnée
de soude diluée, à un degré encore très appréciable, avant
qu'elle bleuisse le papier de tournesol.

La sucrase se montre encore très sensible à l'action de
quantités d'alcali assez faibles pour ne plus être décélées par
le papier de tournesol et les autres indicateurs de l'alcalinité.
Fernbach a fait, pour démontrer cette sensibilité aux acides
et aux alcalis du milieu, l'expérience suivante :

Il verse, dans 8 tubes à essai, 2 centimètres cubes d'une
infusion de sucrase, ajoute dans chacun d'eux des doses
croissantes d'une solution de soude au 1/15000ᵉ, puis
amène, dans chaque tube, le volume du liquide à 10 centimètres cubes par addition d'eau sucrée. Au bout d'une
heure d'action à 56°, il détermine la quantité de sucre
interverti formé dans chacun des tubes et obtient les résultats suivants :

NUMÉROS DES TUBES	QUANTITÉ DE SOUDE AJOUTÉE	SUCRE INTERVERTI FORMÉ
1	0ᶜᶜ	35ᵐᵍʳ
2	0,5	31
3	1	25
4	1,5	17
5	2	12
6	2,5	7
7	3	5
8	3,4	3

Le liquide accuse dans les tubes 1, 2, 3, 4, une réaction

acide; depuis le tube 4 jusqu'au tube 7 la solution est neutre; elle devient faiblement alcaline dans les tubes 7 et 8.

On remarquera dans ce tableau que le sucre interverti formé diminue au fur et à mesure que la quantité de soude augmente dans la solution. Lorsqu'on n'ajoute pas de soude on obtient 35 milligrammes de sucre interverti, tandis que la simple addition de 1,5 centimètres cubes de soude au 1/15000°, quantité à peine suffisante pour neutraliser la solution, fait tomber la quantité de sucre interverti à 17 milligrammes. Cette diminution d'environ 50 pour 100 est produite ici par l'action d'une dose de soude équivalente à environ 1 gramme par hectolitre.

Cette sensibilité extrême de la diastase à l'alcalinité et à l'acidité du milieu nous permet de découvrir une des causes de la non-proportionnalité entre la quantité de substance active employée dans une inversion, et la quantité de sucre interverti qui en résulte.

En effet, lorsque la sucrase est neutre et employée à faible dose, la quantité de matière transformée est, nous l'avons vu, proportionnelle à la quantité de substance active mise en œuvre, mais cette proportionnalité cesse d'exister lorsque les essais sont effectués avec une solution de sucrase acide ou faiblement alcaline. Il est évident qu'en employant des quantités croissantes de sucrase, on introduit en même temps des quantités croissantes d'acide ou d'alcali, qui influent de plus en plus énergiquement sur la marche de l'inversion et font cesser la proportionnalité.

M. Fernbach a déterminé, dans son ouvrage, la dose à laquelle les différents acides donnent à la diastase son activité maxima. Pour cela, il a neutralisé tout d'abord, aussi exactement que possible, un liquide à sucrase et l'a acidifié ensuite à l'aide de doses croissantes de différents acides. Il a obtenu ainsi les résultats indiqués dans le tableau suivant:

NOMS DES ACIDES	DOSE FAVORABLE (Nombre de grammes par litre)	DOSE NUISIBLE (Nombre de grammes par litre)
Acide sulfurique.. . .	0,025	0,2
— tartrique. . . .	1	2
— oxalique. . . .	0,066	0,1
— succinique . . .	2	4
— lactique. . . .	5	10
— acétique. . . .	10	50

On voit que la dose favorable dépend de la nature de l'acide employé.

L'activité de l'enzyme augmente en présence de quantités minimes d'acide jusqu'au moment où la dose maxima est atteinte; mais, une fois que celle-ci est dépassée, la présence de l'acide devient nuisible à l'action diastasique qui s'affaiblit sensiblement.

La dose d'acide oxalique produisant le maximum d'effet sur la marche de l'inversion ne possède pas, par elle-même, de pouvoir inversif à 56°; mais les autres acides intervertissent déjà, par leur action propre, une certaine quantité de sucre. Le sucre interverti formé en présence d'acides résulte donc des actions combinées, de l'acide et de la diastase.

Il résulte de là qu'en employant différents acides, chacun à sa dose maxima propre, on obtiendra forcément avec une même quantité de sucrase des quantités différentes de sucre interverti. Cette différence est due à l'action de l'acide seul et non à celle de la sucrase, car cette dernière est toujours influencée au même degré par les différents acides.

Fernbach a fait une série d'essais comparatifs pour étudier les actions combinées de l'acide et de la sucrase. Il a pratiqué, sur diverses solutions sucrées, deux essais A et B, pour chaque acide. Dans l'essai A il a fait agir la dose maxima de

l'acide, additionnée d'une certaine quantité de sucrase; dans
l'essai B, il a fait agir l'acide seul. En déterminant ensuite la
quantité de sucre interverti formé dans chaque essai, il a pu,
par soustraction, déterminer la quantité de sucre interverti
qui pouvait être attribuée à l'action spéciale de la diastase.

Ces essais, pratiqués avec différents acides, lui ont donné
les résultats suivants :

DOSES D'ACIDE PAR LITRE	SUCRE INTERVERTI par l'acide et la diastase	SUCRE INTERVERTI par l'acide	DIFFÉRENCE ou SUCRE INTERVERTI par la diastase
Acide sulfurique. 0,05	31,3	0,7	30,5
— oxalique. . 0,066	30	0	30
— tartrique. . 1	40	8,6	31,4
— succinique. 2	34,2	3,7	30,5
— lactique. . 5	41,5	12,2	29,3
— acétique. . 10	37,9	7,2	30,7

On voit que les chiffres de la dernière colonne, qui dési-
gnent les résultats de l'action diastasique proprement dite,
sont identiques pour tous les acides, les petites différences
que l'on observe pouvant être attribuées à des erreurs de
dosage.

Cette expérience démontre donc le fait que nous avons
énoncé plus haut, à savoir que la diastase est toujours influencée au même degré par les différents acides.

Cependant les données fournies par Fernbach sur l'influence du milieu s'appliquent exclusivement à la sucrase
sécrétée par l'aspergillus niger cultivé sur liquide Raulin. Il
est probable que la même moisissure, cultivée sur d'autres
milieux, fournirait des liquides à sucrase n'accusant pas la
même sensibilité aux réactifs.

En outre, la détermination des doses d'acide, paralysant

ou favorisant l'action diastasique, a toujours été faite par lui
à la température de 56°; il est donc présumable que les chiffres
qu'il a trouvés ne sont vrais que pour cette température.

En réalité, à 30° et à 40° les quantités d'acide qui correspondent au maximum d'effet sont tout à fait différentes
des doses nécessaires à la température de 56°. A ces températures, les doses d'acide doivent être multipliées par 5
pour produire le même effet qu'à 65°.

D'après O. Sullivan et Thompson, la dose maxima
d'acide dépend encore de la quantité d'invertine employée,
car ils ont constaté qu'en augmentant la quantité de sucrase,
on doit aussi employer des doses croissantes d'acide.

En somme, les influences que peuvent avoir les réactions
du milieu sur la marche de l'inversion ont un caractère très
complexe.

La sucrase retirée des levures offre une résistance à l'action des acides toute différente de la résistance que présente
l'invertine de l'aspergillus niger.

La dissolution de sucrase que l'on obtient en faisant macérer la levure dans l'eau froide est généralement plus sensible
aux diverses réactions du milieu que la solution diastasique
extraite de l'aspergillus niger. La sensibilité de la sucrase des
levures varie, en outre, avec la nature de la levure employée,
et, pour une même levure, avec le mode de nutrition auquel
elle a été soumise.

Fernbach a déterminé la dose d'acide qui se montre la
plus favorable à l'action de la sucrase dans 3 espèces de
levures (voir le tableau p. 81).

On voit, par l'inspection de ce tableau, que la dose maxima
d'acide est de 0,2 centimètres cubes pour la levure de
champagne, de 0,05 centimètres cubes pour le saccharomyces
Pastorianus et la levure de Pale ale, tandis que la sucrase
extraite de l'aspergillus niger ne donne un effet maximum
qu'en présence de quantités d'acide beaucoup plus grandes.

DOSE D'ACIDE ACÉTIQUE par litre	LEVURE DE CHAMPAGNE	SACCHAROMYCES PASTORIANUS	LEVURE DE PALE-ALE
0	38,3	29,7	18,8
0,02	38,7	31,9	19,8
0,05	63,9	32,4	22,3
0,1	74,3	32,4	25,5
0,2	79,4	32,9	28,3
0,5	78,4	33	29,4
1	7,5	31,3	28,9
2	71,9	29,6	27,6
5	»	»	»
10	50,4	»	»

L'influence considérable qu'exerce la teneur en alcali du milieu sur la marche de la transformation a conduit à supposer que l'action accélératrice de l'acide provient d'une modification apportée à la nature de l'enzyme par l'action de cet agent chimique.

Mais cette transformation dans la nature de la diastase est fort difficile à prouver, et semble être, en tout cas, peu profonde.

La dose d'alcali paralysant franchement l'inversion ne provoque pas, en réalité, de changement appréciable dans la substance active. La diminution d'activité est due aux conditions anormales du milieu, rendu réfractaire à l'action des enzymes par l'addition d'alcali. Mais la substance active reste évidemment inaltérée, puisqu'il suffit de neutraliser de nouveau le liquide, pour que le travail diastasique reprenne avec toute l'énergie initiale.

C'est seulement en augmentant la dose d'alcali dans de très fortes proportions qu'on détruit la diastase, tout comme on arrive à détruire les matières albuminoïdes avec les mêmes doses des mêmes agents.

Action de l'oxygène et de la lumière. — M. Duclaux a, le premier, constaté que l'air exerçait une action très appréciable sur la sucrase. Il a observé qu'une solution de sucrase dans de l'eau ordinaire changeait de couleur au contact de l'air et devenait inactive à la suite de l'oxydation.

Cette oxydation de la sucrase est influencée à un très haut degré par la présence ou l'absence de la lumière, ainsi que par l'acidité ou l'alcalinité du milieu.

A l'abri de la lumière et dans un milieu faiblement alcalin, l'altération par l'oxygène de l'air se produit très rapidement ; elle est moins prononcée dans un milieu neutre et se manifeste lentement en présence d'un acide. En exposant une solution de sucrase à l'action de l'air à 35°, on détruit, en 48 heures environ, 50 pour 100 de substance active ; à la température de 50° l'oxydation est plus rapide et on arrive au même degré d'altération après 4 ou 5 heures d'action de l'oxygène sur la diastase.

La lumière seule, en l'absence d'oxygène, est sans action sur la sucrase. Fernbach l'a montré en exposant à la lumière solaire des tubes contenant de la sucrase et dans lesquels il avait fait le vide. La sucrase est restée inaltérée pendant plusieurs mois.

Nous venons de voir que dans l'obscurité les acides conféraient à la diastase une résistance considérable à l'action de l'air. Lorsque la sucrase n'est pas à l'abri de la lumière, il cesse d'en être ainsi et ce sont les alcalis qui deviennent capables de protéger l'enzyme contre l'oxydation.

En laissant au contact de l'air et de la lumière deux solutions de sucrase, l'une faiblement acide, et l'autre faiblement alcaline, on trouve que le liquide acide subit une altération très rapide, tandis que la solution alcaline se conserve plus longtemps. Ce fait a été observé par Fernbach qui, en exposant à l'action de l'air et des rayons solaires, pendant 48 heures, 3 solutions sucrées différemment acidifiées, a

trouvé qu'elles possédaient au bout de ce temps les pouvoirs
diastasiques suivants :

Liquide faiblement acide..	3,7
neutre..	6,6
faiblement alcalin.	7,4

L'influence favorable ou défavorable de l'acidité et de l'alcalinité du milieu sur l'oxydation de la sucrase a été fort
bien mise en évidence par l'expérience suivante :

5 solutions de sucrase accusant un pouvoir diastasique
de 18, les unes acides, les autres alcalinisées à différents degrés,
furent soumises, dans l'obscurité, à l'action de l'air, à la
température de 35° pendant 48 heures.

L'analyse des pouvoirs diastasiques à la fin de l'expérience
donna les résultats suivants :

NUMÉROS DES ESSAIS	QUANTITÉ D'ACIDE EN MILLIONIÈMES	POUVOIR DIASTASIQUE
1	420	18
2	270	18
3	Neutre.	17
4	75 soude.	14,6
5	150 soude.	10,6

On voit nettement, sur ce tableau, l'action préservatrice
qu'exercent les acides en même temps que l'influence nuisible
des alcalis.

L'étude des effets de la lumière et de l'oxygène sur l'inversion du saccharose, nous conduit à une conclusion pratique relative à la conservation de la diastase.

Pour conserver une solution de sucrase, il faudra, avant
tout, éviter l'oxydation et par conséquent le contact de l'air.
A cet effet, on fera le vide dans le flacon incomplètement
rempli, ou bien on recouvrira la solution diastasique d'une
couche d'huile. J'ai pu constater dans mes essais qu'une

solution d'invertine préparée de cette façon possédait encore
toute son énergie après 3 mois de conservation.

Action des substances chimiques. — La sucrase est
très sensible aux différents réactifs chimiques. M. Duclaux a
complètement élucidé cette question et donné des chiffres qui,
sans être absolus, sont pourtant suffisamment approchés.

Le chlorure de calcium paralyse d'une façon très énergique l'action de la sucrase, et son influence retardatrice augmente avec la dose.

Les chlorures de sodium et de potassium, après avoir produit un effet favorable lorsqu'ils sont à doses faibles, telles
que 0,4 pour 100, deviennent, lorsque la quantité employée
augmente, des paralysants de l'action diastasique.

Le chlorhydrate d'ammonium, d'après Nasse, agirait
très favorablement à la dose de 10 pour 100 et ne produirait
pas de retard à dose faible.

L'action des sels alcalins et des bases est, d'après M. Duclaux, retardatrice et destructive aux doses suivantes :

SELS	QUANTITÉ POUR 100				
	0,1 %	0,2 %	0,4 %	0,5 %	0,8 %
Arséniate de soude. . . .	4	»	»	7,2	»
Borate de soude.	1,4	2,5	5,6	»	9,3
Salicylate de soude. . . .	»	1	1,3	»	»

Le salicylate de sodium à la dose de 0,2 pour 100 paraît
être sans effet ; en présence d'une dose de 0,4 pour 100 de
ce sel, la force diastasique est diminuée, car il faut employer
1,3 de diastase au lieu de 1, pour obtenir le même effet.
Le borate et l'arséniate de soude produisent un ralentissement
très sensible de l'hydratation. En présence de 0,1 pour 100

d'arséniate de sodium la diastase se montre 4 fois moins active qu'en l'absence de cet agent.

Les antiseptiques agissent très différemment sur le pouvoir diastasique de la sucrase.

Le chloroforme, l'éther, l'essence de Wintergreen, employés en grand excès, diminuent d'environ 1/10 l'activité de la sucrase.

Les substances toxiques ont aussi une action retardatrice, ainsi que le montre le tableau suivant dressé par M. Duclaux :

SELS	QUANTITÉ POUR 100				
	0,01 %	0,02 %	0,04 %	0,1 %	0,2 %
Bichlorure de mercure. . .	»	1,03	1,04	1,25	1,40
Nitrate d'argent.	1,26	1,30	1,25	0,70	»
Cyanure de potassium. . .	»	16,30	44	62	»

Le bichlorure de mercure a donc une influence retardatrice très faible; en présence de 0,1 pour 100 la diastase est très peu affaiblie. Le cyanure de potassium est un paralysant très énergique; en présence de 0,02 pour 100 le pouvoir ferment devient 16 fois moindre. Le nitrate d'argent retarde d'abord, puis accélère la transformation, grâce, d'après M. Duclaux, à l'acidité qu'il produit dans la solution sucrée.

Enfin l'alcool à 10 pour 100 produit un retard exprimé par le chiffre : 1,3. L'essence d'ail et d'autres essences ne produisent sur la marche de l'inversion que des effets presque inappréciables.

Formation de sucrase dans les cellules vivantes. — Nous avons vu plus haut que toutes les cellules qui se nourrissent de sucre de canne sécrètent de la sucrase. Nous allons maintenant déterminer quelles sont les conditions les plus favorables à la sécrétion de l'invertine par les cellules vivantes.

Dans les cellules de levure de bière, cultivées dans un moût nutritif contenant du saccharose, on voit apparaître de la sucrase. Pour expliquer ce phénomène on peut admettre que les cellules se trouvant en présence de substances non assimilables, produisent une sécrétion capable de transformer ces substances en matières assimilables. Mais en étudiant le phénomène de plus près, on constate que la sécrétion de sucrase n'est pas précisément provoquée par le mode de nutrition de la cellule; qu'elle semble être plutôt intimement liée à la nature de l'organisme et qu'elle se produit indépendamment des besoins réels de la cellule.

Si, par exemple, on remplace dans le moût nutritif le sucre de canne par un hydrate de carbone directement assimilable, on voit, malgré ce changement, la sécrétion de sucrase se continuer. Dans ce cas, cependant, la nutrition de la levure ne nécessite nullement la présence de cet enzyme.

Si la nature du sucre ne possède aucune influence sur la sécrétion de la sucrase, on n'en doit pas conclure que, d'une façon générale, la sécrétion de la diastase est indépendante du mode de nutrition de la cellule. L'expérience a montré, au contraire, que la sécrétion diastasique est directement liée au mode d'alimentation, tout en étant indépendante de l'hydrate de carbone employé. Les levures cultivées dans un moût de bière sécrètent des quantités bien plus considérables d'invertine que les levures cultivées en solution simplement sucrée; la sécrétion de la sucrase est favorisée, dans ce cas, par les matières azotées du malt. L'expérience a démontré par exemple que l'addition de peptones augmente la quantité de sucrase dans le milieu de culture.

Les substances les plus favorables à la culture de la levure ne sont pas toujours celles qui favorisent le plus la formation de la sucrase.

C'est ainsi que les phosphates, par exemple, qui influent très favorablement sur la levure, sont au contraire nuisibles à la formation de la sucrase.

Les matières azotées ne sont donc pas les seules ayant une influence sur la sécrétion de la sucrase. Malheureusement, on connaît fort peu les conditions qui favorisent la formation de la diastase, conditions dignes cependant d'une étude approfondie, car elles sont de nature à nous fournir des renseignements très intéressants au point de vue théorique.

Si les données nous manquent sur les conditions favorables à la formation de l'invertine, nous sommes beaucoup mieux renseignés sur le mode de diffusion de la sucrase au travers des cellules.

Pour étudier le mode de formation de la sucrase dans l'aspergillus niger, Fernbach a procédé de la manière suivante : il a ensemencé un certain nombre de cuvettes renfermant des volumes égaux de liquide Raulin, avec un nombre déterminé de spores provenant toutes de la même culture d'aspergillus. Il soumit ensuite le liquide ensemencé à une température constante de 35°.

Il détermina chaque jour dans un des essais le poids des plantes produites, le sucre restant, l'acidité, ainsi que la dose de sucrase fournie.

Chaque cuvette renfermait 400 centimètres cubes de liquide Raulin, 17^{gr},6 de saccharose, et 0^{gr},72 d'acide tartrique libre.

Les résultats qu'il a obtenus sont consignés dans le tableau suivant :

	SACCHAROSE RESTANT	SUCRE INTERVERTI	SUCRE ASSIMILÉ	ACIDITÉ — GRAMMES	SUCRASE	POIDS DE LA PLANTE	CENDRES
Après 2 jours	4,4	8,3	4,9	1,16	0	3,105	0,116
— 3 —	0,3	4,5	12,8	0,74	50	6,200	0,171
— 4 —	0	0	17,6	0,076	67	7,835	0,191
— 6 —	0	0	»	0,038	104	6,870	0,200
— 8 —	0	0	»	traces	285	5,580	0,198

En suivant sur ce tableau les chiffres placés sous la rubrique sucrase, on voit qu'au début du développement de la jeune plante, alors qu'elle dispose de grandes quantités de sucre, la sucrase n'apparaît pas dans le liquide de culture et que l'on ne peut constater son apparition qu'au moment où, le milieu étant privé de sucre, l'inversion ne se produit plus.

Ce fait présente un grand intérêt; il nous montre que l'inversion ne se produit pas dans le liquide qui entoure la moisissure. La présence dans le liquide de 8,3 grammes de sucre interverti au bout de deux jours, tend à confirmer que la transformation se fait à l'intérieur de la cellule.

Si nous acceptons cette hypothèse, nous devons en même temps admettre que la sucrase existe dans la cellule depuis le début et que la diffusion constatée se produit par suite d'une modification du contenu cellulaire.

En réalité, Fernbach en recherchant la sucrase dans la plante a constaté que la quantité maxima de diastase sécrétée par les cellules apparaît dès le début de son développement et que le moment de son apparition à l'extérieur coïncide avec l'instant où la plante a déjà fait disparaître la plus grande quantité de sucrase.

	SACCHAROSE RESTANT	SUCRE INTERVERTI	SUCRE CONSOMMÉ	ACIDITÉ	SUCRASE DU LIQUIDE	SUCRASE DES CELLULES	POIDS DE LA PLANTE
Après 1 jour	1,36	2,36	0,92	0,293	2	58	0,65
— 2 —	0,22	1,65	2,57	0,368	3	47	1,265
— 3 —	0	0,7	3,74	0,267	5	45	1,78
— 4 —	0	0	4,44	0,143	10	44	1,65
— 5 —	0	0	»	0,135	13	35	1,61

La diffusion de la sucrase au moment de la disparition du sucre peut donc être considérée comme une conséquence de la dénutrition de la plante. Pour peu qu'on y réfléchisse, on conçoit en effet que, dans des cellules bien nourries et munies de réserves alimentaires, la diffusion doit se faire très difficilement.

Au moment de la disparition du sucre interverti dans le liquide, les cellules commencent à consommer leurs réserves; il se produit donc des vides cellulaires qui se remplissent d'eau, laquelle facilite certainement la diffusion.

Du reste, voici des expériences très concluantes qui prouvent que la diffusion des diastases caractérise un état pathologique des cellules :

On plonge deux cultures jeunes et identiques d'aspergillus niger, l'une dans l'eau, l'autre dans un milieu nutritif assez riche. Après 48 heures on analyse les deux liquides et on trouve que le premier milieu contient une grande quantité de matières actives, tandis que le second n'en contient nulle trace. La dénutrition favorise donc la secrétion de la sucrase.

On peut, d'autre part, prendre une culture d'aspergillus niger et la mettre à l'abri de l'action de l'air. On empêche ainsi la fructification et cette circonstance anormale amène, tout comme la non-nutrition, une abondante diffusion de diastase dans le milieu de culture.

On peut enfin chauffer, pendant quelques secondes à 100°, de la levure de bière en suspension dans l'eau. On détruit ainsi complètement la substance active ainsi qu'une grande partie des cellules de levure. En laissant refroidir le liquide on constate cependant, au bout d'un certain temps, l'apparition de sucrase. La sécrétion de l'enzyme peut être attribuée à des cellules qui ont échappé à l'action destructive de la chaleur tout en étant fortement endommagées par la haute température à laquelle elles ont été portées. Elles se trouvent alors dans un certain état pathologique, et diffusent avec facilité la substance active qu'elles contiennent.

Comme nous le voyons par ces expériences, le manque de

sucre ou d'oxygène, l'élévation de la température, etc., peuvent également favoriser la diffusion de la sucrase sécrétée par les cellules.

Dosage de la sucrase. — On peut facilement constater la transformation du saccharose en sucre interverti à l'aide de la liqueur de Fehling. Le sucre de canne ne réduit pas cette solution, tandis que $0^{gr},4941$ de sucre interverti réduisent 100 centimètres cubes de liqueur de Fehling,

La transformation du saccharose en sucre interverti peut se constater également par le changement de rotation qui accompagne la transformation. Le sucre de canne est dextrogyre et le mélange, produit par l'hydrolyse, est au contraire lévogyre. Le saccharose donne une rotation à droite de α j $+ 73.8.$, et le sucre interverti une rotation à gauche de $— 44$. Le dosage de la sucrase a, comme point de départ, la détermination de la quantité de sucre interverti. Or, une même quantité de sucrase peut fournir des quantités plus ou moins grandes de sucre interverti. Ces variations sont dues aux différents facteurs que nous avons indiqués : l'acidité du milieu, la température, la durée de l'action, etc. Il ne faut pas oublier non plus que la proportionnalité entre les quantités de ferment employé et de sucre interverti obtenu, n'existe qu'au début de l'action, et avant qu'il se soit transformé 20 pour 100 du sucre total soumis à l'action.

Il résulte de tout ceci qu'il est absolument indispensable, pour pouvoir comparer deux produits diastasiques, de se placer dans des conditions identiques. Pour éviter des erreurs provenant de l'acidité, on a soin de neutraliser le liquide aussi exactement que possible, puis de l'aciduler avec 1 pour 100 d'acide acétique.

Le choix de l'acide acétique n'est pas arbitraire, il est dû aux raisons suivantes : l'acide acétique peut être employé en quantités assez grandes, et par conséquent facilement déterminables. Il a la propriété de ne point déplacer les autres acides organiques de la solution, et, enfin, d'influer peu sur la sucrase.

Il faut encore, dans le dosage, ne pas négliger tout ce qui est nécessaire pour éviter l'oxydation de la sucrase et, dans ce but, faire l'analyse le plus rapidement possible. On laisse généralement la sucrase agir seulement pendant une heure.

Pour éviter les erreurs qui pourraient naître de la cessation de la proportionnalité entre la quantité d'enzyme employée et la quantité de sucre interverti, on recherche la quantité de sucrase susceptible de transformer une quantité déterminée de sucre de canne, et non la dose de sucre que peut intervertir une quantité donnée de sucrase.

Dans le mode de dosage créé par Fernbach, on prend comme unité la quantité de sucrase susceptible d'intervertir 20 centigrammes de saccharose en une heure, à la température de 56° en présence de 1 pour 100 d'acide acétique.

Pour opérer ce dosage, on neutralise préalablement la solution de sucrase, puis, dans une série de tubes à réaction contenant chacun 4 centimètres cubes d'une solution de saccharose à 50 pour 100, on ajoute 1, 2, 3, 4, 5 centimètres cubes de la solution de sucrase qu'on veut analyser; on additionne le mélange de 1 centimètre cube d'acide acétique au 1/10; on amène le volume dans tous les tubes à 10 centimètres cubes; on laisse 1 heure à la température de 56°; on refroidit rapidement; on ajoute quelques gouttes d'une solution de soude pour arrêter l'inversion, et on cherche dans chacun de ces échantillons la quantité de sucre interverti formé à l'aide de la liqueur de Fehling. On peut ainsi voir dans quel tube les 20 centimètres cubes de sucre ont été intervertis.

Admettons que ce soit dans l'essai contenant 5 centimètres cubes de sucrase: on se trouve alors en présence d'une solution ne contenant que des traces de sucrase. La dose d'acide acétique qu'on a employée dans l'essai donnant déjà par elle-même quelques centigrammes de sucre interverti, il se peut que ce soient des substances étrangères et non la diastase qui aient produit le reste de l'inversion.

Pour avoir la certitude que la transformation du saccharose est due à l'effet d'une diastase, il faut faire l'essai une fois à froid, puis une fois avec une solution chauffée à 100° et voir si les résultats sont identiques.

Dans le cas où il suffit de 1, de 2 ou même de 3 centimètres cubes de solution pour obtenir la transformation des 20 centigrammes de sucre, on se trouve en présence d'un liquide assez énergique et, en répétant l'expérience avec 1 1/2, 1 3/4, 2, 2 1/4, etc... centimètres cubes de la solution à essayer, on peut arriver à un dosage très précis de l'activité diastasique.

Dans le cas où il faudrait, par exemple, 1 1/2 centimètre cube de solution pour obtenir 20 centigrammes de sucre interverti, on dira que la dose unité de sucrase se trouve dans 1 1/2 centimètre cube et, en conséquence, que la solution possède les 2/3 du pouvoir diastasique pris pour unité.

La méthode de Fernbach donne des résultats assez précis, mais elle demande beaucoup de tâtonnements et une longue série de dosages qui prennent beaucoup de temps.

Quand il s'agit d'une appréciation plutôt qualitative que quantitative, on peut supprimer complètement le dosage du sucre.

Pour rechercher la sucrase dans les liquides nous employons une méthode très expéditive demandant seulement 1/2 heure et dans laquelle l'inversion est constatée par la coloration que prend le liquide interverti sous l'action de la soude.

Nous nous servons pour ces sortes d'essais d'une solution de sucre à 10 pour 100. Le liquide dans lequel on dose la sucrase est neutralisé le plus exactement possible avec de la soude à 1/1000. Dans deux tubes à réaction, A et B, on verse 10 centimètres cubes de solution sucrée ; on ajoute en A 1 centimètre cube de la solution diastasique et en B, 1 centimètre cube de la même solution préalablement chauffée pendant quelques minutes à 100°. On laisse les deux tubes 1/2 heure à 50°. On ajoute 1 centimètre cube de soude normale dans chacun des tubes et on chauffe 5 minutes à 98°. Si l'on se trouve en présence d'une solution de sucrase, le tube A prend une coloration beaucoup plus foncée que le tube B.

Il est possible, d'ailleurs, de transformer ce procédé en une méthode colorimétrique.

BIBLIOGRAPHIE

A. FERNBACH. — Recherches sur la sucrase, diastase inversive du sucro de canne. Thèse, Paris, 1890.
J. KJELDAHL. — Recherches sur les ferments producteurs de sucre, *Maddelelser fra Carlsberg Laboratoriet*. Copenhague, 1879.
DUCLAUX. — Microbiologie, 1883.

CHAPITRE VI

Force retardatrice et son explication. — Usure et altération de la sucrase. — Expériences d'Effront sur l'influence qu'exerce le sucre interverti qui se trouve dans le milieu où se produit l'inversion. — Hypothèse de O. Sullivan et Thompson. — Argument pour et contre cette
hypothèse. — Théorie d'Effront sur le dédoublement du sucre de canne
et expériences sur le mode d'action des acides dans l'inversion de saccharose.

**Force retardatrice dans l'inversion et son explica-
tion.** — Lorsque nous avons examiné plus haut la marche
de la transformation du saccharose par la sucrase, nous
avons constaté que la quantité de sucre interverti formé pendant un temps donné diminue constamment au cours de
l'inversion.

Cette diminution se produit de telle manière que les dernières portions de saccharose qui restent dans la solution se
transforment avec une extrême lenteur, tandis qu'au début
de la transformation l'inversion se fait beaucoup plus
rapidement.

Diverses hypothèses ont été émises pour expliquer les
irrégularités que l'on observe dans l'hydratation du sucre de
canne.

Certains auteurs attribuent le retard observé à une usure
ou à une altération de l'invertine, altération se produisant au
fur et à mesure que le travail d'hydratation se poursuit.

Pour d'autres savants le retard dans l'inversion provient
de la disparition du sucre de canne, dont la présence favo-
riserait l'action diastasique.

Enfin, l'hypothèse que les produits de transformation accumulés dans le liquide, paralysent l'action diastasique, peut encore donner une explication vraisemblable de l'irrégularité avec laquelle la transformation se poursuit. Dans cette dernière hypothèse, l'action de l'enzyme serait entravée par le sucre interverti formé pendant l'action.

Examinons sur quels faits reposent ces différentes hypothèses, et cherchons une interprétation rationnelle de la marche irrégulière de l'inversion.

Usure et altération de la diastase. — L'hypothèse

expliquant le retard de l'inversion par une usure de la substance active pendant le travail ne nous paraît pas mériter une discussion sérieuse.

La proportionnalité observée au début entre la durée de l'action et la quantité de sucre transformé fournit une preuve concluante de la non-usure de la diastase.

En effet, si après la seconde heure de l'action nous pouvons constater que la quantité de sucre transformé est double de celle que nous avions trouvée après la première heure, il est bien évident que la diastase a agi pendant la seconde période du travail avec la même activité que pendant la première.

Le travail produit pendant la première heure n'a donc amené aucune destruction de la substance active, et il nous paraît difficile d'admettre que l'usure, qui ne se constate pas au début, puisse se produire pendant la suite du travail.

Du reste, le mode d'action des enzymes exclut toute idée d'usure de la substance active au cours de la transformation.

En étudiant le mode d'action de l'amylase, nous avons eu l'occasion de mettre en évidence par des expériences directes la non-usure de la diastase pendant le travail, et nous croyons que l'explication que nous avons donnée de ce phénomène peut être généralisée et étendue à tous les phénomêmes analogues, car le ralentissement a des caractères identiques dans un grand nombre d'actions diastasiques.

L'hypothèse de l'altération de la diastase pendant le travail semble être plus vraisemblable. En effet, une foule d'agents chimiques, ainsi que diverses conditions physiques, influent diversement et à un très haut degré sur la sucrase. Dans les expériences que nous avons citées dans le chapitre précédent, par exemple, le retard dans la transformation doit être indiscutablement attribué aux actions combinées de l'oxygène et de la lumière.

Toutefois, nous ne pouvons pas complètement attribuer l'irrégularité dans l'inversion à des causes physiques ou chimiques, car, même en évitant l'action de la lumière et de l'oxygène, on constate que l'irrégularité se produit encore.

En outre, l'altération que l'oxygène fait subir à la sucrase ne devient appréciable qu'après un contact assez prolongé avec l'air, tandis que la loi de proportionnalité cesse très rapidement de se manifester quand l'action diastasique a lieu dans une solution de sucre très diluée, ou bien lorsqu'on met en action de fortes quantités de sucrase.

Nous avons vu qu'en mettant, dans des conditions déterminées, un volume de sucrase en présence d'une quantité quelconque de sucre, on peut constater qu'il se forme juste autant de sucre interverti pendant la seconde heure que pendant la première.

En employant, dans les mêmes conditions, une quantité 10 fois plus forte de sucrase, on ne retrouve plus cette égalité de travail pendant les deux premières heures de l'action ; mais la proportionnalité pourra s'observer de nouveau si l'on compare les quantités de sucre interverti après 10 et 20 minutes de travail.

Si l'on renforce encore la dose de sucrase, on voit la proportionnalité s'établir au début de l'action, mais cesser après une dizaine de minutes.

Comme nous le voyons, la force retardatrice peut apparaître

dans le liquide à différents moments suivant la quantité de sucrase employée. Si donc nous acceptons l'hypothèse attribuant le retard à une altération de la substance active, nous devrons admettre, en même temps, qu'une même sucrase peut s'altérer soit très rapidement, soit très lentement, suivant qu'elle est employée à forte ou à faible dose.

Enfin, comme la proportionnalité cesse de s'observer à des moments différents pour une même quantité de sucrase mise en présence de solutions sucrées de différentes densités, il sera nécessaire d'admettre que la vitesse de l'altération dépend, non seulement de la dose d'enzyme employé, mais encore de la concentration de la solution sucrée. On voit l'invraisemblance de cette théorie.

Il résulte des faits que nous venons d'exposer que ni l'usure par le travail, ni l'altération par les agents physiques ou chimiques, ne peuvent être les véritables causes du ralentissement de l'action diastasique.

Expériences sur l'influence du sucre interverti. — La plupart des auteurs ont attribué la cessation de la proportionnalité dans la marche de la transformation au sucre interverti formé, qui, d'après eux, paralyserait l'action diastasique.

Nous avons cherché à vérifier par une expérience directe cette action retardatrice du sucre interverti.

Nous avons fait, à cette fin, deux solutions A et B, contenant l'une et l'autre 100 centimètres cubes d'eau, 5 grammes de saccharose, 1 centimètre cube d'acide acétique et 10 centimètres cubes de sucrase de levure. Dans la solution B, nous avons ajouté 2 grammes de sucre interverti. Nous avons abandonné ces solutions au bain-marie et prélevé de temps en temps des échantillons dans lesquels nous avons déterminé la quantité de sucre réducteur formé.

7

MINUTES	SOLUTION A	SOLUTION B
—	SUCRE RÉDUCTEUR FORMÉ	SUCRE RÉDUCTEUR FORMÉ
15	0,26	0,25
30	0,51	0,52
45	0,79	0,74
60	0,9	1,11
90	1,2	1,2
120	1,4	1,32
180	1,75	1,89

On voit, d'après ce tableau, que la proportionnalité cesse après 45 minutes d'action dans la solution A, qui ne contient que le sucre de canne et que l'affaiblissement du pouvoir diastasique commence au moment où le $\frac{1}{20}$ environ du sucre total contenu dans la solution a été transformé. Dans la solution B, qui contenait déjà 40 pour 100 de sucre interverti au début de l'action, l'inversion n'est nullement retardée pendant les 45 premières minutes. Au contraire, la transformation paraît se conformer de plus près à la loi de proportionnalité, et le ralentissement dans la transformation ne se manifeste qu'après une heure d'action.

En comparant les quantités de sucre interverti pendant la première heure dans les essais A et B, nous constatons que seulement 18 pour 100 de saccharose ont été transformés dans l'essai pratiqué avec du sucre pur, et 22 pour 100 dans l'essai opéré avec un mélange de saccharose et de sucre interverti.

Le ralentissement dans l'action des diastases ne doit donc pas être attribué à la présence des produits de transformation dans le milieu où se fait le travail diastasique.

Hypothèse de O. Sullivan et Thompson. — O. Sullivan et Thompson ont émis l'hypothèse que l'effet produit

par la sucrase est constamment proportionnel au poids du
sucre de canne présent dans le liquide au moment de l'action. Partant de là, ils attribuent le retard qui se produit
dans la transformation, à la diminution de la quantité de
saccharose au fur et à mesure de l'inversion.

D'après cette manière de voir, la sucrase agirait de la
même façon, et avec la même énergie, depuis le commencement jusqu'à la fin de l'action et le ralentissement serait
exclusivement dû à la dilution de la solution.

Donc, si nous intervertissons une solution contenant
10 grammes de sucre à l'aide d'une quantité de sucrase
pouvant produire un gramme de sucre interverti dans les
10 premières minutes, nous pouvons nous attendre à voir se
produire, pendant chacune des 10 minutes suivantes, une
hydratation correspondante au $\frac{1}{10}$ de la quantité totale du
sucre de canne contenu à ce moment dans la solution.

D'après cette théorie, le mode d'action de la sucrase ne
changerait pas pendant le travail; la marche de l'inversion
serait, en somme, régulière et le ralentissement qu'on observe serait la conséquence directe et inévitable de la régularité même du phénomène. Car, si après les 10 premières
minutes de l'action, nous avons constaté la production de
1 gramme de sucre interverti, après les 10 minutes suivantes, nous n'en obtiendrons que 0,9 grammes vu que
l'action se produit dans ce cas, non plus sur 10 grammes,
mais seulement sur 9 grammes de sucre de canne. Après
20 minutes, il restera dans la solution 8,1 grammes de saccharose et, en agissant toujours dans les mêmes conditions,
la sucrase intervertira pendant les 10 minutes suivantes
10 pour 100 de sucre restant, ou 0,81 grammes.

Cette hypothèse est, au dire de ses auteurs, pleinement
confirmée par le dosage des quantités de sucre interverti
au bout de temps variant en progression arithmétique.

Arguments pour et contre cette hypothèse. — La théorie de O. Sullivan et Thompson est très séduisante ; elle n'a cependant pas trouvé beaucoup d'adhérents et on soulève contre elle différentes objections.

On objecte tout d'abord que les preuves expérimentales qu'ils apportent en faveur de leur théorie ne prouvent nullement que le retard provienne de la diminution de la quantité de sucre de canne. En effet, les résultats de leurs expériences peuvent également être expliqués par l'augmentation graduelle, pendant l'action de la sucrase, de la quantité de sucre interverti.

Nos expériences, citées plus haut, sur l'influence du sucre interverti, montrent la non-valeur de cet argument.

Mais, on peut encore soulever une autre objection contre la théorie de O. Sullivan et Thompson. Si la disparition graduelle du sucre de canne est réellement la cause retardatrice, la quantité de sucre interverti par une dose quelconque de sucrase sera en relation directe avec le poids de sucre de canne présent dans le liquide. L'augmentation de la dose de sucre de canne amènerait donc une augmentation correspondante de la dose de sucre interverti.

Nous savons déjà que ces prévisions ne se réalisent pas toujours et que la même quantité de sucrase produit la même dose de sucre interverti, indépendamment de la concentration de la solution sucrée.

Voilà donc un sérieux argument contre l'hypothèse que nous étudions ; mais il n'en est pas moins vrai que la quantité de sucre contenu dans le milieu n'est pas sans influence sur le ralentissement.

En étudiant le phénomène de plus près, nous constatons que la marche de l'hydratation dépend de deux facteurs.

Au début de l'action, c'est seulement la quantité de sucrase employée qui joue un rôle prépondérant et la quantité de sucre interverti formé est proportionnel à la quantité de substance active employée.

Quand l'inversion se trouve déjà plus avancée, l'influence de la quantité de sucrase devient moins considérable. La transformation entre alors en relation directe avec la teneur en sucre de la solution.

L'influence successive de ces deux facteurs peut être mise en évidence par l'expérience suivante :

Dans 100 centimètres cubes de trois liquides A, B, C, contenant respectivement 5, 10, 20 grammes de sucre, on ajoute la même quantité de sucrase. On abandonne ensuite ces essais au bain-marie à la température de 50°. De temps en temps, on prélève des échantillons dans lesquels on analyse le sucre restant et, au moment où dans le liquide A 15 pour 100 de sucre a été transformé, on commence à doser le sucre interverti dans les deux autres essais. On obtient ainsi les chiffres suivants :

SUCRE INTERVERTI AU BOUT DE :

	A	B	C
2 heures	0,75	0,74	0,78
4 —	1,1	1,4	1,6

On trouve donc au commencement de l'action, à peu près les mêmes quantités de sucre transformé dans les trois liquides A, B et C, mais au bout de quatre heures les conditions changent et on trouve dans l'essai contenant 20 pour 100 de sucre 1,6 gr. de sucre transformé, tandis que le liquide à 5 pour 100 ne fournit que 1,1 gr. de sucre interverti.

La concentration de la solution sucrée influe donc, jusqu'à un certain point, sur l'action de la sucrase. La marche de l'hydratation du sucre dans des moûts de concentrations différentes se montre plutôt favorable à la théorie de O. Sullivan et Thompson, surtout si l'on fait abstraction du début de la transformation.

Toutefois cette théorie ne nous paraît pas être basée sur des données bien solides.

En suivant la transformation du sucre à différents mo-

ments nous avons, en effet, constaté que le retard dans
l'inversion augmente au fur et à mesure que l'action avance,
mais nous n'avons jamais pu observer la régularité que les
auteurs de l'hypothèse annoncent et qui est la base même
de leur théorie.

En admettant même qu'on puisse démontrer expérimen-
talement que la décroissance dans l'inversion varie en progression géométrique, cette démonstration montrerait bien
le mécanisme de la force retardatrice, mais elle n'en révèle-
rait nullement la cause réelle.

En faisant agir la même quantité de sucrase sur des solutions sucrées de différentes densités, on remarque que la
force retardatrice s'y manifeste très différemment.

Dans une solution diluée, la proportionnalité entre la durée
de l'action et la quantité de sucre formé cesse d'exister au
bout d'un temps relativement court. Dans une solution concentrée, au contraire, elle persiste beaucoup plus longtemps.

La quantité de sucre interverti formé dans la solution
diluée au moment où commence le ralentissement est assez
faible; dans la solution concentrée, au contraire, on constate
la présence d'une quantité beaucoup plus grande de sucre
interverti.

Ces différences profondes dans l'action de la sucrase s'ex-
pliquent facilement si l'on détermine dans des liquides de
différentes densités le rapport quantitatif qui existe entre le
sucre interverti et celui qui ne l'est pas encore.

En étudiant les variations de ce rapport pour une solution
diluée et une solution concentrée on constate que le ralentissement de l'hydratation ne devient réellement appréciable
qu'au moment où les solutions sucrées contiennent environ 15
de sucre interverti pour 85 de sucre non transformé.

Étant donné que la sucrase produit, au début de la transformation, un effet hydratant proportionnel à sa quantité, il
est bien évident que, dans la solution diluée, le rapport $\dfrac{15}{85}$

sera beaucoup plus vite obtenu que dans la solution concentrée.

En d'autres termes, au moment où on commence à constater le ralentissement de l'hydratation la solution concentrée contient plus de sucre interverti que la solution diluée,
quoique la quantité de sucrase mise en action soit la même
dans les 2 solutions.

Le retard dans l'inversion est donc en relation directe avec
la composition du liquide dans lequel agit la diastase. Il n'est
pas provoqué par la diminution de la quantité de sucre de
canne contenu dans la solution et ne provient pas non plus
de l'augmentation de la quantité de sucre interverti : il
est plutôt causé par la réunion de ces deux circonstances.

***Hypothèse sur la marche du dédoublement du
sucre de canne.*** — Il faut, croyons-nous, chercher dans
la structure intime des molécules de saccharose la véritable
origine de la force retardatrice.

On admet généralement que l'action de la sucrase se manifeste par l'hydratation successive des molécules de sucre
avec lesquelles elle se trouve en présence. Il est cependant
probable que le mécanisme de l'inversion ne présente pas ce
caractère de simplicité.

Il est plus vraisemblable d'admettre que la sucrase agit
dès le début de l'action sur toute la masse de sucre avec
laquelle elle se trouve en contact, et que, parallèlement à la
transformation du sucre en sucre interverti, il se produit
une série de modifications dans la portion de sucre qui n'a
pas encore subi d'hydratation. On conçoit facilement que,
par l'hydratation successive, il puisse se former à côté du
sucre interverti une série de substances très voisines du saccharose, mais qui peuvent avoir une sensibilité différente
vis-à-vis de la sucrase.

Ce sont ces substances intermédiaires produites par l'hydratation qui se montrent ensuite plus ou moins aptes à la trans-

formation et c'est de cette aptitude plus ou moins grande à s'hydrater que provient le ralentissement de l'inversion.

Il se peut aussi que les changements subis par le saccharose consistent en transformations de la structure géométrique des molécules, et qu'il se forme dans la solution des isoméries stéréochimiques.

Il nous est toutefois impossible d'apporter des faits probants en faveur de notre hypothèse. Lorsque nous avons prévu la formation, au cours de l'inversion, de produits intermédiaires entre le saccharose et le sucre interverti, nous avons cherché à isoler ces produits, ou du moins à les caractériser. Mais les divers essais tentés dans cette voie sont restés sans résultats. Toutefois l'hypothèse, ainsi qu'on va le voir, trouve un argument dans la marche de l'hydratation par les acides.

Expériences sur la transformation par les acides. — En étudiant l'inversion du sucre en présence de doses croissantes d'acide, nous avons pu constater qu'il se produisait, à certains moments, un affaiblissement notable dans la marche de l'hydratation. Le ralentissement avait lieu à des instants qui coïncidaient toujours avec un degré déterminé d'hydratation du saccharose.

Il y a donc ainsi une analogie frappante entre l'action des acides et celle de la sucrase. La force retardatrice se retrouve dans les deux cas, dans l'action des acides aussi bien que dans l'action diastasique et le moment où le ralentissement commence correspond à l'instant où le rapport entre les quantités de sucre interverti et de sucre non transformé atteint une valeur déterminée.

Cette ressemblance dans le mode d'action des agents chimiques et physiologiques prouve que la force retardatrice n'émane pas de la sucrase et que l'origine du retard doit être forcément attribuée au mode de dédoublement du sucre de canne et à la formation de produits passagers qui résistent différemment aux agents de transformation.

Voici quelques détails sur les expériences que nous avons faites :

On dissout un gramme de sucre de canne dans de l'eau distillée, on ajoute 2 centimètres cubes d'acide sulfurique normal au 10ᵉ et on amène le volume à 100 centimètres cubes. On abandonne au bain-marie à 60°, pendant 1 heure, puis on neutralise exactement avec de la soude normale et on détermine ensuite la quantité de sucre interverti formé par l'action de l'acide. Cette expérience est répétée ensuite avec 4, 6, 8, 10, etc., centimètres cubes d'acide sulfurique au 10ᵉ et on arrive aux résultats suivants :

CENTIMÈTRES CUBES D'ACIDE	SUCRE INTERVERTI POUR 100	ACCROISSEMENTS
2	5,71	5,71
4	11,36	5,65
6	15,29	3,93
8	22,12	6,83
10	26,34	4,22
12	32	5,16
14	37,14	5,14
16	46,76	9,62
18	51,36	4,60
20	53,33	1,97
22	52	1,33
44	65,2	1,20

La rubrique « Sucre interverti pour 100 » indique la quantité de sucre transformée pendant l'expérience.

Sous la rubrique « accroissements » nous avons inscrit l'accroissement de la quantité de sucre transformé à chaque addition de 2 centimètres cubes d'acide.

En suivant, sur le tableau, la marche de l'hydratation en présence de doses croissantes d'acide on constate que le rapport entre les quantités d'acide et de sucre interverti formé n'est nullement constant.

Cette proportionnalité existe dans les premières expériences et disparaît complètement dans celles où 50 pour 100 du sucre de canne est transformé. Ainsi 2 centimètres cubes d'acide ont formé 5,71 centigrammes de sucre interverti; avec une dose double il se forme 11,36 de sucre interverti, soit donc une quantité sensiblement double de la précédente. Si nous augmentons la dose d'acide et si nous employons 20 centimètres cubes nous déterminons une hydratation de 53 pour 100 de sucre; mais à partir de cette dose d'acide l'hydratation se ralentit et 44 centimètres cubes d'acide hydratent seulement 65 pour 100 du sucre de canne présent dans le liquide. Si la proportionnalité existait réellement on obtiendrait, avec cette dose d'acide, une inversion complète de tout le saccharose contenu dans le liquide.

L'action des doses croissantes d'acide est encore mieux mise en évidence lorsqu'on suit la rubrique « accroissements ». Dans les premières expériences l'accroissement descend graduellement de 5,71 à 3,93, mais dans les suivantes, quand un quart environ de la quantité totale du sucre de canne se trouve transformé, on constate un changement complet dans la marche de l'inversion. L'accroissement remonte jusqu'à 6,83 pour retomber ensuite à 5,14.

L'accroissement augmente de nouveau lorsque la moitié du sucre de canne a été transformée, puis il subit une nouvelle baisse, qui se traduit par le nombre 1,2 en présence de 65 pour 100 de sucre interverti.

La marche de l'hydratation par les acides est donc loin d'être régulière. Un grand nombre d'essais analogues, pratiqués dans les mêmes conditions, nous ont toujours confirmé la non-existence d'une proportionnalité entre les quantités d'acide employé et de sucre interverti formé.

Nous avons toujours constaté un ralentissement dans l'hydratation, ralentissement qui coïncide avec l'apparition d'un rapport déterminé entre les quantités de sucre interverti et de sucre non transformé dans le liquide.

L'action des acides est donc, dans ses grandes lignes, identique à celle de la diastase, et le ralentissement qu'on observe dans l'hydratation par la sucrase doit être plutôt attribué à une transformation intime de la molécule de saccharose.

BIBLIOGRAPHIE

Mitscherlich. — Rapport annuel de Berzelius. Paris, 1843.

Berthelot. — Sur la fermentation glucosique du sucre de canne. Chim. org. fondée sur la synthèse. Paris.

— *Comptes Rendus*, L. 1860, p. 980.

Dumas. — Sur les ferments appartenant au groupe de la diastase. *Comptes Rendus*, 1872.

Nasse. — Bemerkungen zur Physiologie der Kohlenhydrate. *Pflüg. Arch.*, 1877.

J.-O. Sullivan. — L'invertase de la levure de bière, 1893. *Monit. scient.*

J. Kjeldhal. — Carlsberger Laboratorium. 1879 et 1881.

E. Donath. — Ueber den invertirenden Bestandtheile der Hefe. *Berichte der deutsch. chemisch. Gesellschaft.*, 1875, VIII, p. 975.

Kossmann. — Études sur les ferments solubles contenus dans les plantes. *Comptes Rendus*, 2e sér., 1875, p. 406.

Em. Bourquelot. — Sur la physiologie du gentianose et son dédoublement par les ferments solubles. *Comptes Rendus*, 1898, p. 1045.

O. Sullivan et Thompson. — Sur un ferment non organisé, l'invertase. *Comptes Rendus*, 1872, 2e sér., p. 295.

Fernbach. — Recherches sur la sucrase, diastase inversive du sucre de canne. Thèse, Paris, 1890.

Duclaux. — Sur l'action de la diastase. *Annales de l'Institut Pasteur*, 1897.

J.-O. Sullivan. — L'invertase. *Journal of the Chem. Soc.* 1890, I, p. 834-931.

— Beitrage zur Geschichte eines Enzymes. *Berichte der deutsch. chemisch. Gesellschaft*, 1890, p. 743.

Ad. Mayer. — Die Lehre von den chemischen Fermenten oder Enzymologie. Heidelberg, 1882.

Wasserzug. — *Ann. de l'Institut Pasteur*, 1887.

E. Fischer et Lintner. — Verhalten der Enzyme gegen Melibiose, Rohrzucker und Maltose. *Berichte der deutsch. chemisch. Gesellschaft*, 1895, 3, 3055.

Miura. — Inversion des Rohrzuckers. *Berichte der deutsch. chemisch Gesellschaft*, 1895, p. 623.

V. Tieghem. — Inversion du sucre de canne par le pollen. *Société botanique de France*, 1886.

CHAPITRE VII

FERMENTATION DES MÉLASSES

Applications insdustrielles de la sucrase. — Fermentation des mélasses

La diastase produisant l'inversion du saccharose ne constitue pas un produit industriel. Elle est d'une fabrication très limitée et elle sert exclusivement à des études et à des expériences de laboratoire.

Mais si l'industrie ne se sert pas de sucrase préparée spécialement à cet effet, cette diastase n'en joue pas moins un rôle important dans les fermentations et notamment dans la fabrication de l'alcool par les mélasses.

La fermentation des mélasses, substances qui contiennent environ 50 pour 100 de saccharose, est une opération relativement simple. Elle s'effectue de la façon suivante.

Les mélasses sont d'abord diluées dans de l'eau acidifiée avec de l'acide sulfurique de façon qu'elles marquent de 9° à 12° Baumé.

On constitue ainsi un moût prêt à subir l'action de la levure de bière qui invertit le saccharose et fait fermenter le sucre interverti produit.

La transformation des mélasses en alcool paraît donc être une opération industrielle peu compliquée. Les installations qu'elle exige sont, en effet, moins complexes que celles d'une distillerie de grains. En outre, le travail des mélasses n'exige qu'une surveillance relativement facile et beaucoup moins de connaissances pratiques de la part du personnel, que la distillation des grains.

Toutefois on trouve peu de fabriques utilisant rationnellement les matières premières et accusant un rendement approchant du rendement théorique.

Les industriels attribuent les difficultés qu'ils rencontrent, soit à la qualité des mélasses employées, soit à l'insuffisance des levures, soit à l'intervention de ferments étrangers et ils cherchent à remédier à ces conditions défectueuses par une forte acidification des moûts. Ils cherchent parfois aussi à régulariser le travail par une cuisson préalable des mélasses, dans le but d'en chasser les acides organiques volatils. Ces acides sont mis en liberté par l'addition d'acide sulfurique au moût lors de l'acidification.

Les causes qui occasionnent des troubles dans le travail des mélasses sont très multiples. Nous ne pouvons pas entamer ici l'étude approfondie de cette question, mais nous pensons, cependant, devoir attirer l'attention des industriels s'occupant des fermentations sur quelques-unes des causes très fréquentes de la faiblesse du rendement, notamment sur l'insuffisance de l'inversion.

Dans la pratique de la distillerie des mélasses ce point est totalement négligé. Quoiqu'on sache que le sucre non interverti n'est pas fermentescible, on attache peu d'importance à l'inversion du saccharose des mélasses, conformément à l'opinion courante suivant laquelle l'inversion se fait très facilement grâce aux diverses conditions du milieu.

Si l'on étudie la question de plus près, on voit, au contraire, que l'inversion est très lente et que dans la plupart des cas, elle n'est même pas achevée à la fin de la fermentation.

La raison pour laquelle, dans la pratique, on ne se préoccupe pas de la marche de l'hydratation c'est que, pendant la fermentation, l'on compte généralement sur deux facteurs : 1° l'acide sulfurique que l'on a introduit dans les mélasses et que l'on considère comme suffisant déjà pour produire l'inversion ;

2° La levure qu'on se représente comme une source inépuisable de sucrase.

Voyons jusqu'à quel point chacun de ces deux facteurs contribue à l'inversion et étudions d'abord le rôle de l'acide.

Par l'addition d'acide aux moûts de mélasses on arrive, en pratique, à une acidité correspondant à 1 ou 2 grammes et demi d'acide sulfurique par litre.

L'acidification du moût se fait, suivant les usines, à basse ou à haute température.

Pour avoir une idée du pouvoir invertif que possèdent ces doses d'acides, additionnons un certain nombre d'échantillons de 100 grammes d'une solution de sucre de canne à 10 pour 100 de différentes doses d'acide sulfurique et soumettons ces essais pendant 24 heures à la température de 30°.

NUMÉROS DES ÉCHANTILLONS	NOMBRE DE GRAMMES D'ACIDE SULFURIQUE par litre.	GRAMMES DE SUCRE INTERVERTI
1	2,5	1
2	5	1,8
3	10	3,3
4	2,5	6,7

Ainsi, lorsque nous soumettons notre essai à l'action de 2 grammes et demi d'acide sulfurique, dose maxima employée industriellement, nous n'obtenons au bout de 24 heures, que 10 pour 100 de sucre interverti et, pour arriver à en obtenir 67 pour 100, il nous est nécessaire d'employer 25 grammes d'acide, soit une quantité 10 fois plus forte.

L'action de l'acide à froid n'est donc pas un facteur important de l'inversion. Les résultats que l'on obtient en faisant bouillir les solutions sucrées paraissent, il est vrai, tout différents.

Si, pour constater l'influence de température élevées, nous répétons les expériences précédentes à 90°, nous observerons qu'avec la quantité minime de 0,5 grammes d'acide par

litre nous produisons déjà une inversion complète du saccharose.

On pourrait en conclure que le chauffage des mélasses
en présence de faibles doses d'acide est très important au
point de vue de l'inversion. Mais les mélasses ne se comportent point, vis-à-vis des différents facteurs, de la même manière que les solutions de sucre pur. En effet, l'acidité qu'on
constate dans les moûts de mélasses provient, non pas des
acides minéraux dont on les a additionnés, mais bien des
acides organiques qui ont été mis en liberté par l'acide sulfurique, et qui agissent sur le saccharose avec beaucoup moins
d'énergie que les acides inorganiques. En outre, la présence
de sels dans les mélasses affaiblit l'action des acides.

L'effet produit pratiquement par le chauffage des mélasses
acidulées peut être mis en évidence par les expériences suivantes :

100 grammes de mélasse sont dilués dans 400 grammes
d'eau. On prélève différents échantillons de ce moût; on les
acidifie avec des doses variées d'acide sulfurique; on les maintient quelque temps à l'ébullition, puis on les refroidit et
on les ramène à leur volume primitif.

En examinant le pouvoir rotatoire de ces échantillons, on
peut étudier la marche de la transformation en présence des
diverses doses d'acide. La solution donnait avant l'inversion
une rotation de 38° à droite et après l'inversion complète une
rotation de 8° et demi à gauche.

Voici en outre les résultats intermédiaires :

NUMÉROS DES ÉCHANTILLONS	GRAMMES D'ACIDE SULFURIQUE par litre.	ROTATION A DROITE
1	1,25	37
2	2,5	36
3	5	35
4	10	24
5	12,5	3,6

Avec la dose d'acide qu'on emploie dans l'industrie, soit 2 grammes et demi, l'inversion est donc minime ; la rotation descend seulement de 38° à 36°. Nous constatons même qu'en employant une quantité d'acide 5 fois plus forte, nous sommes encore loin d'obtenir une inversion complète : l'acide sulfurique employé à la dose de 12,5 ne nous donne qu'une rotation *à droite*, de 3°,6, tandis que l'inversion complète aurait donné une rotation *à gauche* de 8° et demi.

Dans beaucoup d'usines, on pratique l'ébullition des mélasses acidifiées, après leur dilution avec l'eau. On voit que l'inversion est, en ce cas, presque nulle. Nous avons pu constater cependant que l'inversion est plus avancée lorsqu'on chauffe les mélasses acides avant de les diluer.

Dans la pratique de la distillation des mélasses, c'est la sucrase des levures et non l'acide employé qui produit l'hydratation du saccharose et la marche de la fermentation dépend, pour une très grande part, de la façon dont se fait la sécrétion des diastases par les cellules. Or, l'action de la sucrase est considérablement influencée par les substances salines contenues dans les mélasses. L'expérience suivante est très propre à démontrer le fait :

On acidifie une solution sucrée à 12° Balling avec de l'acide sulfurique à raison de 0,5 grammes par litre et on prélève deux échantillons, A et B, de ce moût. A l'échantillon A, qui est l'échantillon témoin, on ajoute 10 centimètres cubes de sucrase de levure. Le second échantillon reçoit la même quantité de sucrase, puis la cendre exactement neutralisée de 100 centimètres cubes d'un moût de mélasse à 12° Ball. Les deux échantillons sont alors abandonnés au bain-marie à la température de 30°.

Voici la marche comparative de l'inversion dans les deux essais :

MINUTES	A SUCRE INTERVERTI	B SUCRE INTERVERTI
40 min.	4,7	2,4
2 h.	5,79	2,9
3 h.	7,0	3,2
4 h.	9,2	4,6

Ces chiffres prouvent d'une façon concluante que les substances minérales des mélasses retardent considérablement l'inversion. Après 4 heures d'action, on trouve dans la solution témoin 9,2 de sucre interverti, tandis que dans la solution additionnée de cendre de mélasse, on n'en trouve que 4,6. Ces données mettent en lumière le genre de difficultés auxquelles on peut se heurter dans les fermentations de mélasses.

On pourrait toutefois objecter que, dans les industries de fermentations, on ne se sert pas d'une solution de diastase : mais que l'inversion se fait par les cellules vivantes. On pourrait donc admettre que les conditions de transformation sont complètement différentes ; que l'inversion par les levures pouvant se faire à l'intérieur des cellules, la composition du liquide extérieur a naturellement, dans ce cas, une influence bien moins considérable.

Pour répondre à cette objection nous avons fait les essais suivants :

Une solution de sucre de canne à 10 pour 100 est additionnée de cendres de levure. Cette solution sert à former deux échantillons, A et B, de 500 centimètres cubes. Dans l'échantillon A, on introduit la cendre neutralisée de 50 grammes de mélasse et 5 grammes de levure. L'échantillon B est soumis à l'influence de la même quantité de levure, mais sans addition de substances salines.

Voici la marche comparative de la fermentation des deux échantillons.

		A	B
Après 6 heures.	Sucre interverti. . .	0,5	1,8
	Alcool.	0,4	0,65
Après 12 heures.	Sucre interverti. . .	0,2	3
	Alcool.	1,5	2,6
Après 24 heures.	Sucre interverti. . .	0,5	0,2
	Alcool.	3	5,9

En comparant les quantités de sucre interverti après 6 heures dans les deux solutions, nous voyons que l'inversion marche beaucoup plus lentement dans la solution A pratiquée avec les sels contenus dans les mélasses. Il est vrai qu'après 24 heures nous trouvons une quantité plus grande de sucre interverti dans la solution A que dans la solution B, mais si nous tenons compte de la quantité d'alcool formé à ce moment dans les deux solutions, il devient évident que l'hydratation a suivi une marche beaucoup plus régulière en B qu'en A.

Des phénomènes de cette nature — lenteurs dans la fermentation, irrégularités dans la marche de la transformation — s'observent souvent dans les distilleries de mélasses et y sont généralement attribuées à la dégénérescence des levures.

Cette opinion est absolument erronée; la levure ne dégénère généralement pas dans les moûts de mélasse; au contraire, elle s'y reproduit abondamment et les cellules formées dans ces conditions jouissent généralement d'une activité assez grande. Ces levures donnent une fermentation très rapide des moûts de grains, seulement, la quantité d'invertine qu'elles sécrètent diminue.

C'est à cet affaiblissement diastasique qu'il faut attribuer les difficultés qu'on éprouve à faire fermenter, avec des levures cultivées dans des mélasses, le sucre non interverti.

Toutes les levures de bière ne contiennent pas la même quantité de sucrase; la quantité d'invertine sécrétée varie avec la race. Dans le choix d'une levure pour mélasse, il faut avant tout tenir compte du pouvoir invertif, ainsi que du degré de résistance de la substance active qu'elle contient.

Généralement le distillateur cherche à substituer la quantité à la qualité des levures. Cette pratique est peu rationnelle. La dépense en levure est ainsi rendue assez considérable et le rendement alcoolique est diminué, car la levure consomme une partie de l'hydrate de carbone pour la construction de ses tissus et pour leur entretien.

Pour essayer une levure au point de vue du travail des mélasses, il ne suffit pas de déterminer son pouvoir invertif dans une solution de saccharose pur. Il est plus rationnel de faire les essais en présence de substances salines. L'avantage de cette méthode est de donner des résultats plus certains, parce qu'on se rapproche davantage des conditions de la pratique.

Nous avons eu l'occasion de faire des essais avec des levures de différentes provenances et ces essais nous ont montré que le degré de résistance de la sucrase contenue dans les cellules diffère beaucoup suivant la race. Ces expériences nous ont prouvé, en outre, que la résistance de l'invertine joue un rôle très important, au point de vue du rendement pratique.

Les levures pressées ainsi que les levures de bière ont été remplacées, dans la fermentation des mélasses, par le levain. Le distillateur cultive lui-même ses levures et, à cet effet, il emploie des moûts de grains préparés soit par l'acide sulfurique, soit par le malt.

On emploie généralement pour la préparation du moût levain 3 à 5 kilogrammes de grains pour 100 kilogrammes de mélasse. Dans beaucoup d'usines on augmente encore ce poids de grains. Parfois on conseille d'ajouter aux mélasses ou aux moûts levains une certaine dose de matières nutritives azotées, telles que des radicelles de malt, des amides et des peptones.

Il est indiscutable que l'emploi des grains et des matières

azotées fournit des résultats appréciables avec certaines races
de levures qui demandent un milieu spécial pour acquérir
leur pouvoir invertif. Il faut toutefois reconnaître que le principe même de cette pratique est complètement faux et que
les résultats qu'on obtient sont loin d'être satisfaisants au
point de vue économique.

Les mélasses contiennent en somme toutes les substances
nutritives nécessaires pour nourrir et bien nourrir les cellules
de levure.

Si une race de levure ne peut s'accoutumer au travail des
mélasses, s'il faut adopter un mode de nutrition spécial pour
qu'elle puisse vivre dans ce milieu, il faut abandonner cette
levure et se servir d'une autre race moins délicate.

En visitant, en 1895, des distilleries de mélasses à Bres-
lau, à Leipzig, à Darmstadt, etc., nous avons pu constater
que le levain servant à la fermentation des mélasses reve-
nait dans ces usines de 8 à 10 francs par hectolitre d'alcool
fabriqué. Ces dépenses, faites en pure perte, provenaient de
ce que ces distilleries employaient à la confection de leur
moût levain du malt et des grains sans lesquels leurs levures auraient mal travaillé.

Nous leur avons conseillé de prendre une levure appro-
priée au travail des mélasses et nous avons eu depuis la
satisfaction de constater la suppression presque complète de
l'emploi du grain, pour les levains, dans ces pays.

Le levain se fait actuellement avec de la mélasse pure,
et les rendements en alcool sont indiscutablement supérieurs.

La plupart des espèces de levure de bière fournissent une
sucrase peu résistante, mais leur altérabilité plus ou moins
grande dépend surtout du milieu de culture où elles se sont
développées.

La sucrase sécrétée par les levures cultivées dans les mélasses possède une résistance inférieure à celle de ces mêmes
levures cultivées dans un moût de grains ou de malt.

Cet affaiblissement de la résistance n'est dû, ni à la nature de l'invertine sécrétée, ni au contact prolongé des substances salines ; sa véritable cause provient plutôt du brusque passage des cellules d'un milieu dans un autre.

Nous avons constaté que les levures capables de produire la fermentation de mélasses faiblement concentrées peuvent être amenées à effectuer la fermentation complète de moûts très concentrés, à condition d'acclimater ces levures au nouveau milieu en leur fournissant graduellement des liquides d'une densité croissante.

Les changements qui se produisent dans la résistance d'une sucrase par l'acclimatation au milieu peuvent être mis en lumière par les expériences suivantes :

On extrait la sucrase des levures aux différents stades de l'acclimatation et on l'essaie parallèlement sur une solution de sucre pur et sur une solution de sucre additionné de cendres de mélasses. On constate ainsi que la levure a acquis de nouvelles propriétés et fournit une diastase qui s'altère peu en présence des substances salines. Ces nouvelles propriétés acquises par les levures sont du reste des propriétés passagères (1).

------

(1) Ces expériences jettent une lumière tout à fait particulière sur le mécanisme de l'acclimatation ainsi que sur l'individualité des diastases.

En étudiant la sensibilité des levures de bière à l'action des différents antiseptiques, nous avons établi qu'on peut arriver à acclimater des levures à des doses relativement fortes de ces agents. C'est ainsi qu'une levure de bière qui se montre déjà très sensible à l'action d'une dose de 10 milligrammes d'acide fluorhydrique et qui ne donne plus de fermentation dans le moût nutritif peut être amenée à se multiplier en présence de doses 30 fois plus fortes de cet acide et à donner des fermentations très actives. Cette acclimatation exige qu'on habitue la levure à des doses croissantes de cet antiseptique.

Les cellules ainsi obtenues acquièrent des propriétés caractéristiques :

Le pouvoir ferment est considérablement augmenté, tandis que la faculté de multiplication est réduite à ses dernières limites.

La levure acclimatée aux antiseptiques conserve la propriété caracté-

La difficulté de l'inversion dans la fermentation des mélasses peut encore provenir d'autre chose que de l'insuffisance de la sucrase de la levure. Ainsi, une grande acidité des moûts ou une forte teneur en sucre peuvent produire un ralentissement dans la fermentation.

L'excès de sucre agit défavorablement par suite de l'accumulation de l'alcool dans les moûts. En présence de 5 pour 100 d'alcool, la force diastasique est déjà influencée et en présence de 10 pour 100 l'inversion marche excessivement lentement.

L'acidité des moûts, telle qu'elle se rencontre dans la pratique, n'agit pas directement sur la sucrase et le retard

---

ristique de leur résister pendant des mois entiers, même lorsqu'on la cultive journellement dans des moûts exempts de l'agent auquel on l'a accoutumée. L'acclimatation a donc produit un changement profond dans les cellules, changement qui se transmet d'une génération à l'autre.

On remarque tout autre chose dans l'action des substances salines sur la levure.

La résistance que la sucrase arrive à acquérir par l'acclimatation commence à s'affaiblir aussitôt que la levure se trouve de nouveau dans un milieu exempt de sels.

Les propriétés de la sucrase sont donc ici strictement liées à la composition du milieu. Ce fait est en contradiction avec l'hypothèse de l'existence de différents enzymes agissant sur le même corps et produisant les mêmes réactions chimiques.

D'après cette hypothèse, en effet, il existerait différentes sucrases. La sucrase de l'aspergillus niger, par exemple, serait une autre substance que la sucrase de la levure, etc. Il faudrait encore distinguer entre les sucrases des différentes levures, puisque celles-ci ne sont pas également sensibles à la température et à l'acidité du milieu. La résistance variable de la sucrase aux agents chimiques pourrait évidemment conduire à de nouvelles distinctions, mais ces dernières distinctions seraient absolument illusoires.

La différence dans le mode d'action en présence des substances chimiques provient, non pas d'un changement dans la nature de la sucrase, mais bien dans la différence des milieux extérieurs.

La même chose doit se passer pour les sucrases de diverses provenances, offrant des propriétés différentes.

En effet dans les cellules qui la sécrètent, la diastase est accompagnée de substances différentes qui modifient ses propriétés.

observé doit être plutôt attribué à des ferments étrangers qui se développent dans le moût à la faveur de cette acidité.

Dans des mélasses difficilement fermentescibles, nous avons isolé des bâtonnets qui produisaient une faible acidification dans des moûts sucrés. De tels ferments arrêtent manifestement la fermentation alcoolique. Ces microorganismes agissent aussi sur la levure dans les moûts de grains, mais ils se montrent surtout dangereux dans la fermentation des saccharoses.

En présence de ces organismes la fermentation des solutions sucrées s'arrête au moment où le moût a encore une faible acidité et où une grande quantité de sucre n'est pas encore transformée.

Les troubles dans la fermentation des mélasses provoqués par suite du manque de sucrase sont accompagnés des symptômes suivants :

La fermentation marche régulièrement au début, mais au moment où 50 pour 100 environ de sucre est transformé, c'est-à-dire avant la fin de la fermentation principale, on constate brusquement un ralentissement sensible, puis un arrêt qui se prolonge pendant des heures entières. La levure se dépose lentement; il se produit peu à peu de nouvelles quantités de sucrase et la fermentation recommence, souvent même avec une grande énergie. Il se produit ensuite un second arrêt qui est généralement définitif. Le moût en fermentation contient souvent à ce moment des quantités notables de sucre non interverti.

Telle est la marche du phénomène, lorsqu'on travaille en présence d'antiseptiques.

Dans le cas contraire la fermentation prend une tout autre allure.

Au moment du rale..tissement, le moût envahi par le ferment devient franchement acide. La levure dégénère et la fermentation une fois arrêtée ne recommence plus, ou, du moins, ne le fait que très faiblement.

Au point de vue pratique, il est bon que le distillateur de mélasses attache plus d'attention qu'il ne le fait habituellement au mode d'inversion du sucre de canne pendant la fermentation.

Il faut avant tout apporter un grand soin au choix des levures. Il est indispensable ensuite de protéger le moût contre les ferments étrangers par les antiseptiques. Il est bon également de filtrer ou de décanter les moûts de mélasses après leur acidification. Par une simple cuisson des moûts de mélasses on n'arrive guère à détruire tous les ferments. Les bâtonnets que nous avons trouvés dans des mélasses difficilement fermentescibles ne sont détruits qu'à la température de 110°, tandis qu'on s'en débarasse facilement, soit par filtration, soit par décantation.

BIBLIOGRAPHIE

EFFRONT. — *Étude sur la fermentation des mélasses. Moniteur scientifique*, 1894, p. 461.
— *Bulletin de la Société d'encouragement pour l'industrie nationale*, 1894.

CHAPITRE VIII

AMYLASE

Présence de l'amylase dans les cellules végétales et animales. — Préparation. — Méthode de Cohnheim. — Méthode de Lintner. — Méthode d'Effront. — Méthode de Wroblewsky. — Propriétés. — Influence des quantités, du temps, de la température. — Influence des agents chimiques : acides, alcalis, sels. — Substances activant l'action diastasique.

L'enzyme nommé amylase ou simplement diastase est un ferment soluble hydratant l'amidon et le transformant en maltose et dextrines.

L'existence de cet enzyme a été, pour la première fois, constatée dans le gluten, en 1814, par Kirchoff. Dubrunfaut, Payen et Persoz ont ensuite poursuivi l'étude approfondie de cette substance.

L'amylase est très répandue dans la nature. Elle se trouve dans l'orge, l'avoine, le riz, le maïs, et, d'une façon générale, dans toutes les céréales.

Les grains crus sont peu riches en diastase, l'amylase se formant surtout au cours de la germination.

On a constaté la présence de l'amylase dans les tubercules de pommes de terre ainsi que dans les feuilles et les pousses de différentes plantes.

La transformation de l'amidon en hydrates de carbone assimilables par les cellules vivantes se faisant généralement sous l'action de l'amylase, on conçoit que cette substance joue un rôle très important dans la formation des tissus végétaux. Toutefois la transformation de l'amidon ne se produit pas toujours à l'aide de l'amylase et, par le fait qu'une cellule opère la transformation des matières amylacées, il n'est nullement prouvé qu'elle secrète cette diastase.

Nous verrons plus loin, en effet, qu'il existe encore d'autres enzymes agissant sur l'amidon en le rendant assimilable et propre à la construction des tissus.

Wartmann a soutenu que l'assimilation de l'amidon ne se fait pas toujours sous l'influence des enzymes et il a cru démontrer que le protoplasma seul peut, par lui-même, produire une action dissolvante et hydratante sur l'amidon.

Cette manière de voir peut cependant être sérieusement discutée. Il est vrai que dans les feuilles des plantes où il se produit une transformation très active de l'amidon, on trouve généralement des quantités de diastase peu en rapport avec le travail constaté. Il est également vrai que souvent les tiges et les pétioles ne sécrètent pas de substances actives, tandis qu'on constate dans ces organes une assimilation énergique de l'amidon. Mais ces faits ne sont pas suffisants pour prouver l'intervention directe du protoplasma dans l'hydratation de l'amidon.

Le fait qu'on n'a pas réussi à trouver de l'amylase dans des cellules peut simplement provenir de difficultés de l'ordre de celles qui se présentent dans l'étude de la sucrase ; en d'autres termes, l'amylase peut être plus ou moins retenue à l'intérieur des cellules ou entrer en combinaison avec d'autres substances et devenir ainsi plus ou moins soluble.

Ainsi que nous l'avons constaté pour le tannin, l'amylase se présente parfois sous une forme inactive, parce que les conditions dans lesquelles elle se trouve ont une influence défavorable sur son action. En ce cas, elle acquiert de nouveau ses propriétés, aussitôt qu'elle est placée dans des conditions favorables.

Nous savons, de plus, que l'effet produit par un enzyme dépend surtout des conditions du milieu et nous pouvons bien admettre que, dans les cellules vivantes, l'action des diastases est plus énergique que dans nos expérimentations.

Il est probable, d'ailleurs, qu'avec une quantité de substance active indosable on peut obtenir des effets énergiques, si les conditions du milieu se montrent favorables. Si donc l'amylase n'a pas été trouvée dans les différents organes végétaux que l'on a examinés, on peut attribuer ces résultats négatifs aux différentes circonstances que nous venons d'énumérer. Il n'est donc nullement établi que le protoplasma soit capable, sans l'intervention d'enzymes, d'hydrater l'amidon, et toutes les données que nous possédons sur les enzymes tendent plutôt à prouver que l'on se trouve encore ici en présence d'actions diastasiques.

L'amylase se retrouve encore, d'après quelques auteurs, dans les moisissures. Ainsi, l'aspergillus niger, le penicillum glaucum, cultivés dans des conditions déterminées, sécréteraient une certaine quantité d'amylase, mais la présence de cette diastase dans les moisissures est cependant très rare.

La diastase hydratant l'amidon se rencontre, non seulement dans le règne végétal, mais aussi dans les sécrétions animales. On constate sa présence dans la salive, dans le suc pancréatique et dans le foie.

La présence constante de la substance active dans la salive peut être attribuée à deux causes différentes :

On peut admettre que l'amylase est sécrétée par les glandes salivaires, mais on peut admettre aussi qu'elle est due aux ferments figurés qui se trouvent dans la bouche et qui se nourrissent de matières amylacées.

Claude Bernard, qui a étudié cette question, se montre partisan de la dernière hypothèse. En chauffant de la salive à 100°, il a constaté la destruction complète de la substance active. Cette salive ayant perdu la propriété d'agir sur l'amidon redevient active lorsqu'on l'abandonne pendant quelque temps à la température ordinaire.

Il attribue ce phénomène au développement dans la salive de nouveaux ferments capables de fournir au liquide ambiant de nouvelles quantités de diastase.

L'apparition de la diastase pourrait cependant être expliquée par l'action de la température sur les ferments de la salive. Certaines cellules qui n'ont pas été détruites par la chaleur retiendraient encore de l'amylase, et cette diastase, lorsqu'on abaisse la température, se diffuserait dans le liquide.

Quoi qu'il en soit, l'apparition de l'amylase dans la salive peut s'expliquer autrement que par une sécrétion des glandes.

Pour résoudre définitivement cette question, il faudrait répéter l'expérience de Claude Bernard en se plaçant dans des conditions où l'intervention de tout ferment figuré pût être évitée.

Préparation de l'amylase. — L'amylase peut être précipitée de ses solutions, soit par entraînement, soit par l'action de l'alcool.

D'après Cohnheim, on peut extraire la diastase de la salive par la méthode suivante : on active la salivation en rinçant la bouche avec de l'éther. La salive est alors recueillie et additionnée d'une faible dose d'acide phosphorique. Le liquide acide est ensuite neutralisé avec grande précaution à l'aide d'eau de chaux très diluée. Il se forme ainsi un phosphate de calcium qui se précipite en entraînant la diastase ainsi que d'autres matières azotées. Ce précipité est séparé par filtration, puis lavé sur le filtre avec un volume d'eau égal à celui de la salive employée. Par le lavage, la diastase entre en solution. On la précipite de cette solution par une addition convenable d'alcool.

La préparation de l'amylase se fait beaucoup plus facilement à l'aide d'une infusion de malt. Payen a constaté le premier que les substances actives d'une infusion peuvent être précipitées de la solution par une addition convenable d'alcool. Le produit qu'on obtient ainsi est malheureusement loin d'être pur; de plus, il est très altérable à l'air, s'oxyde et devient très facilement inactif en prenant une couleur très foncée.

L'altération de l'amylase est facilitée par les substances

étrangères précipitées en même temps que la diastase par
l'alcool. On a proposé différents moyens pour éviter ces inconvénients. Payen et Persoz conseillent, par exemple, d'ajouter
à l'infusion de malt une quantité d'alcool insuffisante pour
précipiter la diastase, puis de porter la solution alcoolique à
la température de 70°, température qui, d'après eux, élimi-
nerait de l'infusion les matières étrangères, particulièrement
les matières albuminoïdes. Cette opération terminée, on sépare
les substances coagulées du liquide qui les renferme et on
ajoute un excès d'alcool pour provoquer une précipitation de
l'amylase.

Par cette méthode, on obtient un produit blanc et peu altérable, mais ne possédant qu'une activité très faible.

On obtient des résultats beaucoup plus appréciables par la
méthode de Lintner :

Une partie de malt finement broyée est diluée dans 4
parties d'alcool à 20 pour 100 ; on laisse macérer pendant
24 heures ; on sépare ensuite le liquide du malt, on le filtre
et on ajoute à chaque volume de liquide filtré 2 volumes
d'alcool absolu. Il se forme ainsi un précipité floconneux ;
on décante la partie claire et on met le précipité sur le filtre.
Après un premier lavage à l'alcool et à l'éther, le précipité est broyé dans un petit mortier avec un peu d'alcool ; il
est replacé ensuite sur le filtre et soumis à un second
lavage à l'alcool et à l'éther, puis desséché dans le vide.

Par cette méthode on obtient un produit que Lintner
nomme diastase brute et que l'on peut encore purifier par
dissolution dans l'eau et précipitation par l'alcool. Cette purification conduit à un produit d'une composition constante,
mais peu actif.

Cette méthode donne de bons résultats, à condition que
les opérations soient pratiquées avec une certaine rapidité
afin d'éviter que la diastase précipitée ne se trouve au contact de l'air avant qu'elle ne soit complètement déshydratée.
Toutefois, le produit obtenu est très riche en cendres ainsi

qu'en matières étrangères qui ont été précipitées de l'infusion de malt par l'alcool.

Pour aboutir à des produits plus purs et plus actifs nous conseillons d'employer un autre procédé.

Pour diminuer dans l'infusion de malt la quantité de substances extractives qui ne possèdent pas de pouvoir diastasique, on provoque une fermentation alcoolique de cette infusion avec des levures préalablement soumises à un régime très pauvre en azote. La fermentation alcoolique, provoquée par ces levures dans l'infusion de malt, détruit une grande partie des hydrates de carbone, élimine une quantité considérable de matières albuminoïdes et de sels, tout en laissant la diastase absolument intacte.

Voici comment on procède : on fait macérer 100 grammes de malt réduit en poudre avec 300 grammes d'eau à la température de 30° pendant 18 heures. On remue le mélange de demi-heure en demi-heure. Les drèches séparées par pression du liquide sont tamisées et lavées à l'eau ; l'eau de lavage, jointe au liquide de la macération, est soumise à un filtrage. Le produit de la filtration est amené à 300 centimètres cubes, additionné de 10 grammes de levure de bière et abandonné à la température de 28° pendant 48 heures. On filtre ensuite, et au liquide limpide on ajoute 700 centimètres cubes d'alcool. La levure qu'on emploie pour cette préparation doit avoir tout d'abord séjourné pendant 24 heures dans une solution de sucre à 10 pour 100. La fermentation fait perdre à la levure une partie de son azote et la rend très avide de matières albuminoïdes.

Avec 100 grammes de malt nous avons obtenu de 3 à 3,5 grammes d'une substance blanche ayant la même activité que 80 grammes du malt employé.

Une nouvelle méthode de préparation de la diastase a été proposée récemment par Wroblewsky qui prétend que la diastase préparée par les méthodes ordinaires se trouve toujours mélangée à un pentose, l'arabane. La méthode consiste en une précipitation fractionnée provoquée par l'action des sels.

L'auteur ajoute, goutte à goutte, à une solution d'amylase, du sulfate d'ammonium jusqu'à ce qu'il se produise un trouble dans la solution. A ce moment le liquide contient 50 pour 100 de sulfate d'ammonium ; laissé en repos, pendant quelque temps, il se produit un précipité composé de petits flocons jaunâtres, précipité que l'on sépare et qu'on lave avec une solution à 54 pour 100 de sulfate d'ammonium.

Ce précipité est très actif : ajouté à une solution d'amidon, il le transforme complètement et presque instantanément en sucre. D'après l'auteur ce dépôt serait uniquement composé de diastase.

Le liquide dont on a séparé le précipité est additionné à nouveau de sulfate d'ammonium jusqu'à la dose de 60 pour 100 ; il se produit alors un nouveau dépôt, qui, séparé, lavé et examiné, a été reconnu comme étant un mélange d'un pentose, l'arabane et de diastase.

Enfin, dans une troisième opération, on reprend le second liquide séparé de son précipité, on le sature par le sulfate d'ammonium et on recueille un nouveau produit uniquement composé de pentose. Il en résulte que quand on veut obtenir un produit très actif on doit prendre le premier précipité obtenu dans la solution contenant 50 pour 100 de sulfate d'ammonium.

L'amylase préparée de cette façon est très soluble dans l'eau. Elle ne se coagule pas par le chauffage, soit en solution neutre, soit après acidification par l'acide acétique ou l'acide chlorhydrique à faibles doses.

Une forte addition d'acide chlorhydrique produit cependant, par le chauffage, une coagulation sous forme de légers flocons. La solution d'amylase, additionnée d'une certaine dose d'acide nitrique, donne un léger précipité qui se redissout dans un excès de réactif. Elle fournit la réaction de Millon, celle du biuret et la réaction xantho-protéique. Sa solution additionnée de bichlorure de mercure laisse déposer un léger précipité. L'acide tannique ajoutée à la solution d'amylase produit un volumineux précipité soluble dans la soude étendue. Cette solution alcaline prend une légère coloration quand on l'abandonne à l'air à 50° mais ne perd pas complètement son pouvoir hydratant.

L'amylase obtenue par Wroblewsky a donné à l'analyse une teneur en azote de 16,53 pour 100.

Propriétés de l'amylase. — L'amylase est douée de deux propriétés distinctes : elle liquéfie l'empois et elle transforme l'amidon ainsi que la dextrine en maltose.

Les deux propriétés de cette diastase peuvent facilement être mises en évidence par les expériences suivantes.

Dans 100 centimètres cubes d'eau maintenue à l'ébullition, on ajoute 10 grammes de fécule de pommes de terre diluée dans 20 centimètres cubes d'eau tiède. Le mélange forme un empois épais qui acquiert encore plus de consistance quand on le maintient pendant quelque temps au voisinage de 100°. On ajoute à cet empois quelques centimètres cubes d'une infusion de malt et on laisse le tout dans un bain-marie à la température de 70°-75°. La masse pâteuse ne tarde pas à se fluidifier et dans un délai plus ou moins court, suivant la force diastasique de l'infusion, l'empois est transformé en un liquide transparent traversant le filtre en papier.

Ce liquide, d'un goût fade, contient des dextrines et seulement des traces de sucre. Il fournit avec la teinture d'iode une coloration bleue intense. On refroidit cette solution de dextrines et on ajoute de nouveau un peu d'infusion qu'on laisse agir à la température de 50°-60°. Si l'on prélève de temps en temps des échantillons et qu'on les analyse on constate que la dextrine disparaît graduellement et qu'il apparaît dans le liquide un sucre réducteur : le maltose.

Les changements successifs qui s'opèrent dans le moût de dextrines, sous l'action de l'infusion de malt, peuvent être facilement suivis à l'aide de la teinture d'iode. La coloration bleue foncée, obtenue dans la solution d'amidon par l'iode, s'affaiblit graduellement au fur et à mesure que la saccharification se poursuit. On obtient, au cours de la saccharification, toute une série de nuances. Du bleu foncé que donne l'amidon, on passe au violet, puis au rouge, puis au jaune. Enfin, lorsque la saccharification est fort avancée, l'iode ne donne plus de coloration.

L'action, à la fois saccharifiante et liquéfiante de l'amylase a soulevé un doute sur l'individualité de cet enzyme.

On a émis l'hypothèse que l'on se trouvait en présence de deux enzymes différents, parce que les deux fonctions diastasiques de l'amylase se manifestent à des températures très différentes et que la saccharification et la liquéfaction sont influencées très diversement par les conditions chimiques et physiques du milieu.

Toutefois, nous devons écarter, du moins jusqu'à ce qu'elle soit établie par des preuves certaines, cette interprétation qui apporte une nouvelle complication à l'étude de l'amylase.

Cette hypothèse ne serait acceptable que si l'on pouvait isoler complètement chacune des fonctions de l'amylase, c'est-à-dire obtenir deux produits ayant l'un, uniquement le pouvoir liquéfiant l'autre, uniquement le pouvoir saccharifiant.

Cette séparation n'a jamais pu être faite, au contraire. En maintenant l'infusion de malt à 70° on favorise, il est vrai, surtout la liquéfaction, mais le produit obtenu contient aussi une faible quantité de sucre. Si, au contraire, on maintient la température de telle façon qu'elle favorise la saccharification, c'est-à-dire à 50°-60°, on produit, en même temps, une faible liquéfaction.

Influence des quantités. — L'étude de l'action de l'amylase conduit à des conclusions analogues à celles qu'a fournies l'étude du mode d'action de la sucrase. On constate en effet si l'on suit la marche de la saccharification que la quantité de sucre formé au début de l'hydratation est proportionnelle à la quantité de diastase employée. Dans la suite, quand le dédoublement de l'amidon est plus avancé, cette proportionnalité cesse d'exister.

La marche de la saccharification, lorsqu'on emploie, pour la même quantité d'amidon, des quantités croissantes d'amylase, est indiquée par le tableau suivant :

QUANTITÉ D'INFUSION DE MALT EMPLOYÉE	QUANTITÉ DE MALTOSE PRODUIT
1^{cc}	0,1
3	0,31
5	0,49
10	0,82
15	1,1
20	1,1
30	1,2

En arrêtant l'action de la diastase après une heure, dans une saccharification faite à 50° en présence de doses différentes d'amylase, on constate qu'avec 3 centimètres cubes d'infusion de malt on obtient sensiblement 3 fois plus de maltose qu'avec 1 centimètre cube.

Si l'on augmente encore la dose de diastase, on constate un accroissement de la quantité de maltose formé, accroissement qui est, cependant, de moins en moins régulier. Au delà d'une certaine limite la quantité d'infusion n'influence plus la marche de la saccharification, quoique à ce moment toutes les dextrines contenues dans la solution ne soient pas encore transformées.

Dans l'inversion par la sucrase nous avons constaté une marche analogue. Toutefois, l'analogie n'est pas complète.

Avec l'amylase la proportionnalité se maintient jusqu'au moment où environ 40 pour 100 de l'amidon mis en travail est transformé, tandis qu'avec la sucrase la proportionnalité ne se montre plus lorsque 15 pour 100 du sucre se trouve interverti.

En outre, le ralentissement à la fin de l'action est beaucoup plus prononcé dans le cas de l'amylase que dans celui de la sucrase.

Action du temps. — Lorsqu'on étudie l'action du temps sur la marche de la saccharification, on constate de nouveau, au commencement de l'action, l'existence d'une proportionnalité et, ensuite, un ralentissement qui s'accentue de plus en plus au fur et à mesure que la transformation de l'amidon avance.

Pour mettre l'action du temps en évidence nous faisons agir une faible quantité de diastase sur un empois d'amidon à 1 pour 100 ; nous prélevons des échantillons de temps en temps et nous déterminons la quantité de sucre formée.

Voici les résultats obtenus à la température de 50° :

NUMÉROS DES ÉCHANTILLONS	DURÉE DE L'ACTION EN MINUTES	MALTOSE PRODUIT
1	15	0,05
2	30	0,097
3	60	0,21
4	120	0,39
5	240	0,63
6	480	0,82

Dans les 4 premiers échantillons la quantité de maltose formée est presque proportionnelle à la durée de l'action. Dans les autres la proportionnalité cesse d'exister et il est intéressant de constater qu'au moment où le ralentissement commence il y a dans le liquide à peu près 40 pour 100 de maltose formé. C'est donc le rapport entre les quantités de produit transformé et non transformé qui influe sur la marche de l'hydratation. C'est ce rapport qui détermine l'arrêt dans la proportionnalité.

Si, au lieu d'employer, comme on vient de le faire, une quantité très faible de diastase, on répète le même essai avec des doses doubles d'infusion, tout en employant la même quantité d'amidon, on constate que la proportionnalité s'arrête déjà après la première heure d'action. Si la quantité de diastase est encore augmentée, la marche de la transformation devient irrégulière après quelques minutes.

Influence de la température. — En saccharifiant un empois d'amidon avec des infusions de malt à différentes températures pendant 15 minutes, Kjeldahl a obtenu les résultats suivants :

TEMPÉRATURE	POUVOIRS RÉDUCTEURS
18,5	17,5
35	30,5
54	41,5
63	42
66,5	34
68	29
70	18

L'action de l'amylase est très lente à 0°. Vers 30° la saccharification commence à marcher rapidement et l'activité des ferments augmente ensuite très rapidement d'intensité jusque vers 60°. Passé 60°, la production de maltose va en diminuant et à la température de 70°, qui est la température la plus favorable à la liquéfaction, la quantité de sucre produit devient insignifiante.

Kjeldahl et Bourquelot ont constaté que l'amylase, maintenue pendant quelque temps à des températures supérieures à 60°, se comporte autrement qu'une diastase non chauffée.

Une infusion de malt maintenue pendant 10 minutes à

différentes températures et introduite ensuite dans un empois
à 50° produit des réactions très différentes :

L'infusion de malt {	à 63° fournit 63 o/o maltose, 37 o/o dextrine.
chauffée }	à 68° — 35 o/o — 65 o/o —
pendant 10 minutes {	à 70° — 17,4 — 82,6 —

La température à laquelle on a préalablement porté l'infusion a donc produit un changement dans le mode d'action
de l'amylase. La diastase chauffée détermine un dédoublement
de l'amidon d'après des équations qui diffèrent suivant les
températures auxquelles on a porté l'infusion.

Pour rendre évidente l'influence de la température sur la
marche de la saccharification, on peut encore faire l'expérience suivante :

On chauffe une infusion de malt pendant 12 heures à 68°,
puis on essaie son pouvoir ferment en le comparant à celui
de la même infusion non chauffée. On fait agir à 50° sur un
empois d'amidon à 1 pour 100, 10 centimètres cubes de
l'infusion non chauffée et 10 centimètres cubes de la même
infusion chauffée préalablement à 68°.

On obtient dans le premier cas 0,6 de maltose et dans
le second 0,3. La force diastasique a donc diminué de moitié.

On peut maintenant essayer la force de l'infusion chauffée
à 68° dans des empois à différents degrés de concentration :

10cc d'infusion ont donné dans un empois à 1 o/o.	. 0,3 maltose.
— — 2 o/o.	. 0,6 —
— — 3 o/o.	. 0,9 —

Dans l'empois à 2 pour 100 l'infusion chauffée donne un
travail normal, c'est-à-dire fournit la même quantité de sucre
que si elle n'avait pas été chauffée. Dans l'empois à 3 pour 100
l'infusion, maintenue à 68°, fournit une quantité de sucre
encore plus grande.

La variation d'énergie de l'infusion, suivant la concentration de l'empois, devient plus frappante si l'on remarque

que dans les 3 essais cités plus haut il s'est formé des quantités de maltose proportionnelles aux doses d'amidon contenues dans l'empois. On a toujours obtenu 3o pour 100 de maltose.

L'infusion chauffée conserve donc toutes ses propriétés quand il s'agit de produire des dédoublements limités, tant que l'hydratation ne dépasse pas 3o pour 100, mais cette infusion ne peut plus produire d'hydratation plus profonde.

On cherche à expliquer la différence d'action de la diastase chauffée et de celle qui ne l'est pas par l'hypothèse qu'il existerait différentes espèces d'amylases. Ces diverses diastases posséderaient des températures différentes de destruction et de coagulation et dédoubleraient différemment l'amidon.

D'après cette théorie, en chauffant l'infusion à 68°, on exercerait une action défavorable sur les diastases produisant des hydratations profondes, c'est-à-dire donnant peu de dextrines et beaucoup de sucre, mais on laisserait intactes les diastases effectuant le travail contraire, c'est-à-dire formant beaucoup de dextrines et peu de sucre.

Les enzymes produisant une saccharification peu profonde agiraient, d'après cette hypothèse, très favorablement lorsque l'on met en présence de l'infusion chauffée de grandes quantités d'amidon. Dans ce cas particulier on constaterait que la hausse de la température ne produit aucune altération des diastases.

Nous aurons l'occasion de revenir sur cette hypothèse, mais disons, dès à présent, qu'elle ne concorde nullement avec les faits que nous exposerons plus loin.

Influence des agents chimiques. — Les conditions du milieu influent à un très haut degré sur l'action de l'amylase qui se montre très sensible vis-à-vis de toute une série de substances chimiques.

On a depuis longtemps observé que le moindre changement dans l'acidité du milieu exerçait une influence manifeste sur la marche de la saccharification par la diastase. On admet, généralement, que l'action diastasique peut être favorisée par des doses très faibles d'acide et que, par une acidité plus grande, on arrive à ralentir et, ensuite, à arrêter complètement la marche de l'hydratation.

Kjeldahl a, le premier, étudié avec méthode l'influence de l'acidité du milieu.

Il se sert pour cette expérience de liquides dextrinés.

Dans une série d'échantillons de 100 centimètres cubes, il ajoute, pour de mêmes quantités d'infusion, de malt et d'empois, des quantités différentes d'acide sulfurique, laisse la saccharification se produire pendant 20 minutes à la température de 59° et dose ensuite le sucre formé.

L'influence des différentes doses d'acide sur la diastase se trouve résumée dans le tableau suivant :

SO^4H^2 POUR 100 D'EMPOIS EN MILLIGRAMMES	ACCROISSEMENT EN SUCRE
0	0,44
1	0,47
2	0,49
2,5	0,48
3	0,43
3,5	0,27
4	0,13
6	0,02
10	0,01

On voit ainsi qu'une dose de 1 à 2 1/2 milligrammes d'acide sulfurique produit une action favorable, tandis qu'une dose de 3 1/2 milligrammes provoque un ralentissement que des doses supérieures accentuent de plus en plus. Avec 10 milligrammes on obtient un arrêt presque complet.

Si l'on compare la sucrase et l'amylase au point de vue de

leur sensibilité vis-à-vis des réactions du milieu, on trouve
une différence très notable entre les deux enzymes.

Nous avons vu que la sucrase produit son maximum d'effet
dans un milieu acide. Au contraire, l'influence favorable des
acides est très peu prononcée pour l'amylase.

Pour la diastase intervertissant le sucre de canne, le milieu
naturel est un milieu acide. Au contraire, l'enzyme produisant le maltose, bénéficie très peu d'une faible acidité et
se montre d'une sensibilité extraordinaire vis-à-vis de doses
plus fortes d'acide.

Les chiffres indiqués par Kjeldahl ne doivent cependant pas
être considérés comme constants, car, en se plaçant dans
d'autres conditions que lui, nous avons trouvé des résultats
tout à fait différents.

Nous avons pris une infusion de malt filtrée et l'avons additionnée de différentes quantités d'acides sulfurique et chlorhydrique, puis nous avons déterminé le pouvoir diastasique
de l'infusion avant et après l'acidification. Nous avons obtenu
ainsi les résultats suivants :

ACIDE MILLIGRAMMES POUR 100		FORCE DIASTASIQUE
	0	100
	2	108
Acide sulfurique.	3	104
	5	100
	10	98
	3	107
Acide chlorhydrique.	5	104
	10	97

Or, avec 10 milligrammes d'acide sulfurique, Kjeldahl a
constaté un arrêt presque complet dans la saccharification
tandis que, dans nos essais, cette dose d'acide s'est montrée
presque sans effet.

On peut donc conclure que le milieu, par lui-même, possède ici encore une influence au point de vue de la sensibilité de l'enzyme.

L'orsqu'on ajoute un acide minéral à une infusion de malt, une partie de cet acide se combine aux bases de l'infusion en déplaçant des acides organiques qui, variant de nature d'une infusion à l'autre, agissent plus ou moins énergiquement sur l'amylase.

L'action de l'acide lactique sur l'amylase mérite une attention particulière car l'infusion de malt ainsi que le moût de grains contiennent généralement ces acides. Il y a donc lieu, dans la saccharification industrielle, de tenir compte de ces facteurs.

Nous avons étudié l'action de l'acide lactique dans des conditions très variées, et ces essais nous ont amené aux conclusions suivantes : L'effet d'une dose déterminée d'acide sur la diastase diffère suivant la durée de l'action et aussi suivant la température. Les acides agissent, en outre, diversement sur le pouvoir saccharifiant et sur le pouvoir liquéfiant.

Les influences combinées du temps et des acides peuvent être mises en évidence par l'expérience suivante : A une infusion de malt, filtrée sur le filtre Chamberland, on ajoute différentes quantités d'acide lactique, et on détermine la force diastasique après 1 heure et après 12 heures.

ACIDE LACTIQUE POUR 100 CENTIGRAMMES	POUVOIR SACCHARIFIANT DE L'INFUSION	
	APRÈS 1 HEURE	APRÈS 12 HEURES
10	48	42
100	53	24
400	57	21

En laissant pendant 1 heure l'infusion de malt en présence de 400 centigrammes d'acide, à la température de 30°, on constate une augmentation sensible du pouvoir saccharifiant, tandis que la même dose d'acide produit un effet désastreux si on laisse l'action se prolonger pendant 12 heures. Le pouvoir saccharifiant descend, dans ce cas, de 48 à 21.

On répète ensuite la même expérience en changeant seulement la température. On abandonne l'infusion à la température de 55° pendant 1 heure et on détermine le pouvoir diastasique.

ACIDE EN CENTIGRAMMES	POUVOIR DIASTASIQUE
10	44
100	41
400	20

Les doses d'acide qui ont produit une augmentation du pouvoir diastasique à 30° agissent déjà tout autrement à la température de 55°.

A cette température les 400 centigrammes d'acide ont fait descendre le pouvoir saccharifiant de 40 à 20.

La sensibilité de l'amylase devient encore plus évidente si l'on examine les changements produits dans le pouvoir liquéfiant, après 1 et 12 heures d'action, en présence de différentes quantités d'acide.

ACIDE LACTIQUE EN CENTIGRAMMES	POUVOIR LIQUÉFIANT	
	APRÈS 1 HEURE	APRÈS 12 HEURES
10	100	100
100	100	50
400	51	20

Les changements que nous constatons dans le pouvoir liquéfiant nous montrent que, sous l'influence des acides, l'augmentation du pouvoir saccharifiant de l'amylase se fait au détriment du pouvoir liquéfiant.

Après 1 heure à 30°, 400 centigrammes font monter le pouvoir saccharifiant de 48 à 57, mais, en même temps, le pouvoir liquéfiant se trouve réduit presque de moitié.

Nous verrons plus loin, dans le chapitre consacré aux applications industrielles, que la valeur réelle de la diastase réside dans son pouvoir liquéfiant et que, par conséquent, l'exaltation produite par l'acide est plus fictive que réelle.

Les réactions alcalines du milieu se montrent très peu favorables à l'action de l'amylase. Toutefois, la diastase peut supporter une certaine alcalinité sans s'altérer, car, lorsqu'on neutralise l'alcali, la diastase reprend de nouveau son activité.

Le carbonate de sodium agit sur l'amylase à doses excessivement faibles. En additionnant 100 centimètres cubes d'empois neutre de 5 milligrammes de carbonate de sodium, nous avons vu diminuer le pouvoir diastasique de 20 pour 100 environ. En présence de $0^{gr},25$ de soude nous n'avons obtenu que le quart de la quantité de sucre que la diastase aurait donnée sans addition d'alcali. D'après l'expérience de Duggan, la soude caustique à la dose de 2 milligrammes produit déjà un effet désastreux : sous son influence l'amylase perdrait environ 75 pour 100 de son activité.

Les sels influencent aussi l'action diastasique, soit en activant, soit en paralysant l'amylase.

Le bichlorure de mercure, à la dose de 1 millième, agit comme paralysant.

Le chlorure de calcium, à la dose d'un centième, diminue de moitié l'activité de l'amylase.

D'après Kjeldahl, les sels de plomb, de zinc, de fer, ainsi que l'alun paralysent l'action de la diastase et leur influence plus ou moins nuisible peut être exprimée par les chiffres suivants qui indiquent la proportion entre l'action normale, exprimée par 100, et l'action en présence des sels :

Azotate de potassium, 10 centigrammes.. . .	20
Sulfate de zinc. , ...	20
Sulfate de protoxyde de fer.	20
Alun.	3

D'après différents auteurs, le chlorure de sodium, à la dose de un demi pour 100 produirait déjà un ralentissement notable.

Nos essais n'ont pas confirmé ces données. Avec le sel commercial nous avons souvent constaté une action paralysante, mais la même chose ne s'est pas produite lorsque nous avons employé le sel chimiquement pur. Il faut donc plutôt attribuer à des impuretés l'action paralysante du chlorure de sodium commercial.

Il faut également ranger dans la classe des paralysants l'alcool et la plupart des antiseptiques.

L'acide salicylique, le phénol, l'aldéhyde formique, employés à des doses minimes, agissent sur la diastase.

Toutefois, on ne peut pas ranger définitivement tous les antiseptiques dans la classe des substances nuisibles. L'acide picrique, par exemple, ainsi qu'il résulte de nos essais, n'agit nullement comme paralysant ; son action se manifeste plutôt dans le sens contraire.

L'étude des conditions qui peuvent influencer la marche de la saccharification présente un réel intérêt au point de vue pratique. Elle fournit des indications précieuses aux distillateurs et aux brasseurs ainsi qu'à d'autres industriels qui utilisent les propriétés de l'amylase.

En prenant comme but de nos travaux la recherche des conditions favorisant l'action diastasique, nous avons fait intervenir dans la saccharification un grand nombre de substances chimiques. Ces essais n'ont pas répondu à toutes nos espérances.

Nous ne sommes pas arrivé à relever la valeur réelle d'un malt par des substances chimiques, mais les résultats de nos expériences jettent une lumière particulière sur le mode d'action de l'amylase et fournissent une base solide pour l'analyse de la diastase.

Nous avons constaté que toute une série de substances chimiques peuvent favoriser à un très haut degré la marche de la saccharification par la diastase. Cette action favorisante est cependant d'une nature toute particulière et peut seulement être mise en évidence lorsqu'on se place dans des conditions déterminées.

A la série de substances favorisantes appartiennent les sels de vanadium et d'aluminium, les phosphates, l'asparagine, les matières albuminoïdes, l'acide picrique.

Pour étudier l'action de ces différentes substances sur la fermentation diastasique, nous avons employé deux méthodes différentes.

La diastase a d'abord été mise en contact direct avec le réactif et ensuite introduite dans l'empois. Après la saccharification on a dosé la quantité de sucre formé. Dans un essai parallèle pratiqué, avec la même quantité de diastase n'ayant pas subi l'influence du réactif, on a déterminé la quantité de maltose produit, et l'on a, finalement, comparé les résultats des deux essais.

Dans la seconde série d'essais les réactifs ont été ajoutés directement à l'empois dans lequel on versait ensuite l'infusion de malt.

Dans nos essais nous avons employé une infusion de malt préparée à froid avec une partie de malt et 40 parties d'eau. L'empois d'amidon avait une densité de 1,015. Pour chaque essai nous avons employé 1 centimètre cube d'infusion filtrée et 100 centimètres cubes d'empois. La saccharification a eu lieu à 50° pendant 1 heure.

Voici quelques chiffres qui résument l'influence des différentes substances chimiques.

	MALTOSE POUR 100 D'AMIDON
Sans addition..	8,63
Avec 0,7 de phosphate d'ammonium. . .	51,62
0,5 phosphate de calcium acide. .	46,12
0,25 acétate d'aluminium. . . .	62,40
0,25 alun ammoniacal.	56,30
0,25 alun potassique.	54,32
0,05 asparagine.	61,20

Par une addition de 5o milligrammes d'asparagine la saccharification a été environ 7 fois plus avancée que dans les essais témoins.

L'acétate d'aluminium peut produire le même effet, mais il doit être employé à plus forte dose.

Les deux méthodes que nous avons employées ont fourni des résultats différents pour le phosphate de calcium ainsi que pour l'alun.

Pour les autres substances nous n'avons pas pu constater de différence.

Les résultats ne changent pas si au lieu d'une infusion de malt on emploie la diastase précipitée par l'alcool. Ils ne changent pas davantage si l'on effectue la saccharification à différentes températures. Il est bien évident que les quantités de sucre trouvées varient suivant la température de saccharification, mais la différence entre les essais témoins et les essais faits avec les diverses substances reste toujours sensiblement la même.

Une série d'essais exécutés dans des conditions très variées nous ont conduit aux conclusions suivantes :

1° Les substances agissant favorablement agissent en raison de leur quantité jusqu'à une certaine dose maxima.

Ainsi, en prenant 0,005 d'asparagine, nous avons obtenu 25,5 maltose.

—	0,02	—	—	37	—
—	0,05	—	—	61,2	—
—	1 gr.	—	—	61,2	—

2° Le maximum n'est pas le même pour toutes les substances favorisant l'action diastasique.

Ainsi l'asparagine et l'acétate d'aluminium, aux doses maxima, peuvent influencer la fermentation diastasique beaucoup plus profondément que les phosphates.

3° L'action excitante des substances chimiques se manifeste seulement dans la première phase de l'hydratation de l'amidon ; au moment où la saccharification est très avancée, elle cesse d'agir.

Il résulte de ces faits que la même substance peut posséder une activité très différente, suivant les conditions dans lesquelles on se place pour expérimenter.

Si l'amylase se trouve en proportion très faible par rapport à l'amidon à transformer, l'effet des substances chimiques est facile à constater. Dans le cas contraire, c'est-à-dire en présence d'une plus grande quantité d'amylase, l'effet des substances chimiques se trouve réduit et, pour une quantité de diastase pouvant à elle seule transformer environ 60 pour 100 d'amidon, les substances activantes n'ont plus aucune influence sur l'enzyme.

Voici une expérience qui met en évidence l'influence de l'asparagine en présence de différentes quantités d'infusion.

Dans deux échantillons de 100 centimètres cubes d'empois on introduit 1 centimètre cube d'infusion de malt et on laisse la saccharification se produire pendant 1 heure à 50°. L'un des échantillons est saccharifié sans addition d'asparagine ; l'autre est additionné, au moment où l'on fait agir le malt, de 5 centigrammes de cette substance.

La saccharification terminée, on détermine la proportion de maltose formée dans la solution d'amidon soumise à l'action diastasique. Ces mêmes essais sont répétés ensuite, dans les mêmes conditions, avec 10 centimètres cubes d'infusion au lieu de 1, et l'on arrive aux résultats suivants :

		MALTOSE POUR 100
A	1^{cc} sans asparagine.	18
	» avec asparagine.	62
B	10^{cc} sans asparagine.	79,25
	» avec asparagine	79,25

On voit par ce tableau que dans l'essai contenant 10 centimètres cubes d'infusion, l'asparagine n'agit plus, quoique la saccharification soit encore loin d'être terminée.

Un résultat analogue peut être obtenu, même avec une très faible quantité de diastase. Pour cela, au lieu d'arrêter la saccharification après une heure, comme on vient de le faire, on laisse la diastase en contact avec l'amidon pendant douze heures.

MALTOSE POUR 100

A
- Saccharification, 1 heure à 30°.
- 1) 1ᶜᶜ d'infusion sans asparagine. . .   6,4
- 2)   »   avec asparagine. . .   45,0

B
- Saccharification, 12 heures à 30°.
- 1) 1ᶜᶜ sans asparagine.   74,8
- 2) » avec asparagine.   74,9

Une autre propriété caractéristique des substances favorisant la fermentation diastasique c'est qu'elles agissent exclusivement sur le pouvoir saccharifiant tandis qu'elles n'influencent jamais le pouvoir liquéfiant de l'amylase.

Comme le pouvoir liquéfiant exerce son action exclusivement sur l'amidon et non sur les dextrines, on peut admettre que l'action des substances favorisantes s'exerce seulement sur ces derniers corps.

CHAPITRE IX

TRAVAIL CHIMIQUE DE L'AMYLASE

Travail chimique de l'amylase. — Théories de Payen et de Musculus. — Existence de différentes dextrines. — Théorie de Duclaux sur la nature des différentes dextrines. — Conservation des diastases pendant la saccharification. — Expériences d'Effront.

Lorsque les grains d'amidon sont soumis pendant peu de temps, à basse température, à l'action de l'amylase, ils sont très légèrement attaqués par la diastase. Au contraire, si l'on prolonge l'action, on voit s'effectuer un travail très profond ; les grains se corrodent, entrent en solution et se transforment ensuite en substances sucrées.

L'action de l'amylase est néanmoins plus énergique et beaucoup plus rapide lorsqu'elle se produit sur un empois d'amidon.

En faisant agir l'amylase à une température convenable sur l'empois d'amidon on arrive rapidement à le fluidifier et à le transformer en un liquide sucré. Les réactions chimiques que la diastase provoque dans l'empois, ainsi que sur les grains d'amidon, peuvent être exprimées par l'équation suivante :

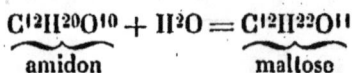

$$\underbrace{C^{12}H^{20}O^{10}}_{\text{amidon}} + H^2O = \underbrace{C^{12}H^{22}O^{11}}_{\text{maltose}}$$

Cette formule nous montre que l'amidon, sous l'influence de l'amylase, s'hydrate et se transforme en maltose, mais elle ne nous indique pas le mécanisme de la transformation. En réalité, le phénomène est beaucoup plus complexe.

Dans les produits de la réaction on rencontre toujours des dextrines dont la présence indique que la réaction s'est compliquée de la formation de produits intermédiaires.

La saccharification de l'amidon par le malt a fait l'objet de très nombreuses recherches. Cependant, malgré le nombre des travaux faits dans cette voie, on se trouve encore loin, à l'heure actuelle, de la solution complète du problème.

L'interprétation la plus simple et aussi la plus ancienne de la marche de saccharification est celle de Payen. Pour ce savant, la diastase exercerait sur l'amidon deux actions successives : Elle le transformerait d'abord en dextrine puis en maltose. Il se produirait donc d'abord une modification isomérique de l'amidon, puis une hydratation de cet isomère.

D'après l'interprétation de Payen la transformation de l'amidon en dextrine et en maltose devrait forcément se produire, non seulement graduellement, mais encore régulièrement depuis le commencement jusqu'à la fin de l'action.

Or, la marche de la saccharification se présente sous un aspect tout à fait différent. Nous savons, en effet, qu'au fur et à mesure que l'hydratation se poursuit, l'action de l'amylase devient de plus en plus lente.

La théorie de Payen est donc en désaccord avec les faits. De plus, elle ne peut pas nous expliquer la formation, pendant la saccharification, de dextrines douées de propriétés différentes.

D'après Musculus, la saccharification a lieu, non par la transformation successive de l'amidon en dextrine et en maltose, mais par une hydratation suivie d'un dédoublement. Cet auteur soutient que la molécule d'amidon s'hydrate d'abord et se dédouble ensuite en une molécule de maltose et une molécule de dextrine.

$$2C^{12}H^{20}O^{10} + H^2O = C^{12}H^{22}O^{11} + C^{12}H^{20}O^{10}$$

amidon   maltose   dextrine

A l'appui de sa théorie, Musculus s'efforce d'établir que la dextrine et le sucre formés pendant la saccharification sont dans un rapport constant. Il prétend en outre que la dextrine ne peut plus être attaquée par la diastase.

Ces faits ne supportent pas la critique. Les dextrines, en effet, peuvent être transformées en sucre par l'amylase et le rapport entre les quantités de maltose et de dextrines ne reste nullement constant pendant la transformation. Ce rapport change pour une même température suivant la durée de l'action et la quantité de diastase employée et dépend encore de la température de saccharification. Le rapport entre les produits formés, le maltose et les dextrines, n'est donc ni simple ni constant.

La théorie de Musculus, basée sur des observations peu exactes et sur des raisonnements mal fondés, a eu cependant une fortune inespérée et, à l'heure actuelle, elle sert encore de base à presque toutes les théories de la saccharification.

Pour accorder cette théorie avec les données que l'on possède actuellement sur la saccharification, on attribue aux deux opérations, à l'hydratation et au dédoublement, un caractère de continuité. On considère l'amidon comme possédant un poids moléculaire très grand. Cette molécule complexe, en s'hydratant, se dédouble en maltose et en une première dextrine. Cette dextrine, d'une constitution compliquée, fournit ensuite à son tour une seconde molécule de maltose et une nouvelle dextrine d'un poids moléculaire moindre que celui de la première et ainsi de suite.

La saccharification se fait donc en donnant successivement naissance à des dextrines de poids moléculaires de plus en plus petit.

Les idées de Musculus furent admises par Brown et Mooris, ainsi que par Lintner, en ce qui concerne la marche de la saccharification, expliquée dans cette théorie par une dégradation des dextrines. Ils sont loin cependant de partager l'opinion de Musculus quant à la formation des produits intermédiaires de la réaction, et quant à la grandeur du poids moléculaire de l'amidon et des dextrines.

. D'après différents chimistes, il se trouve dans le produit de la saccharification, non seulement des dextrines et du maltose, mais encore des substances formées par la combinaison de ces deux corps.

Existence de différentes dextrines. — Il n'entre pas dans le cadre du présent travail de discuter toutes les théories émises pour expliquer la saccharification de l'amidon. — Retenons simplement les seuls faits importants de ces théories et notamment la formation, pendant la saccharification, de dextrines se comportant différemment vis-à-vis des réactifs.

Pour mettre en évidence la différence entre les dextrines, on peut opérer de la façon suivante :

On traite par l'alcool un empois d'amidon saccharifié contenant de 10 à 20 parties de sucre pour 100 parties d'amidon. On dissout le précipité obtenu, on le précipite de nouveau par l'alcool et on répète cette opération un certain nombre de fois. On aboutit ainsi à un produit contenant seulement des traces de sucre.

D'un autre côté, on précipite de la même manière les dextrines contenues dans un empois d'amidon fortement saccharifié et contenant environ 80 parties de maltose pour 100 parties d'amidon.

Avec les deux sortes de dextrines ainsi obtenues et que nous nommerons dextrines A et B, on prépare deux solutions de même concentration ; on leur ajoute la même quantité d'infusion de malt et on laisse la saccharification se produire à 50° pendant 2 heures.

Le dosage du maltose obtenu dans ces deux solutions montre la différence existant entre les deux dextrines.

La dextrine A, extraite de l'empois faiblement saccharifié, s'hydrate très facilement, tandis que la dextrine B fournit très peu de maltose. Les deux dextrines diffèrent donc par leur sensibilité vis-à-vis de l'amylase.

La différence dans la nature des deux dextrines peut encore être mise en évidence par l'action des acides.

De fortes doses d'un acide minéral, en agissant à chaud sur les deux dextrines, donnent avec l'une et avec l'autre des quantités égales de glucose, mais l'on arrive à des résultats tout autres si l'on opère avec des doses très faibles d'acide. Dans ce cas, on observe des différences très marquées dans la marche de l'hydratation : les dextrines provenant des moûts faiblement saccharifiés se transforment bien plus facilement que les autres sous l'influence des acides.

Une autre différence entre les 2 dextrines est mise en évidence par l'action manifestement diverse qu'exercent sur elles les diastases en présence des substances excitantes. On prend 2 échantillons de la solution de dextrine A, sur lesquels on fait agir la même quantité d'infusion de malt, additionnée, pour le premier échantillon, d'une faible dose d'asparagine.

En laissant agir la diastase pendant quelque temps et en dosant ensuite le sucre formé, on constate que la saccharification s'est produite d'une façon très différente dans chacun des deux essais.

L'échantillon contenant l'asparagine se montre beaucoup plus riche en sucre que l'échantillon dépourvu de substance excitante.

Si l'on répète maintenant les mêmes essais avec la dextrine B, on constate que la marche de la saccharification est tout à fait différente. Les deux essais, aussi bien celui sans asparagine que celui qui en contient, renferment, après la saccharification, la même quantité de sucre. Ceci prouve que la dextrine B est insensible aux actions combinées de l'amylase et de l'asparagine, tandis que la transformation de la dextrine A est influencée par ces deux substances réunies.

La différence de sensibilité des dextrines A et B nous explique la non-régularité dans la marche de la saccharification. Elle nous donne en même temps la raison de la non-proportionnalité entre les quantités de diastase employée et de maltose formé.

C'est la formation, à la fin de la réaction, de dextrines d'une nature particulière qui produit le ralentissement dans la marche de l'hydratation et qui rompt la proportionnalité entre les quantités de substance active et de produit formé, proportionnalité qui existe au début de l'hydratation, avant que les dextrines finales ne se soient formées.

L'existence de différentes dextrines est un argument en faveur de la théorie qui envisage la saccharification comme une hydratation suivie d'un dédoublement. Les auteurs de cette hypothèse ont cependant le tort d'apporter, pour démontrer l'existence de différentes dextrines, des arguments de peu de valeur et d'attribuer à ces différentes dextrines des propriétés qu'elles n'ont pas.

Ainsi, pour beaucoup d'auteurs, les dextrines se distingueraient les unes des autres par la différence de leurs pouvoirs rotatoires et réducteurs. Or, en réalité, ces différences n'existent nullement. Les différences constatées entre les pouvoirs réducteurs et entre les pouvoirs rotatoires des différentes dextrines proviennent uniquement des impuretés que ces dextrines renferment. Elles proviennent, en particulier, du sucre adhérent aux dextrines, sucre qu'on enlève difficilement, même par des précipitations répétées par l'alcool.

Pour arriver à obtenir des dextrines exemptes de sucre, nous soumettons les dextrines impures à une fermentation alcoolique ainsi qu'à des fermentations lactiques. Les différentes dextrines obtenues par cette méthode ne possèdent ni pouvoir rotatoire ni de pouvoir réducteur.

Du reste, les propriétés caractéristiques des dextrines A et B prouvent suffisamment l'existence de différents corps de cette classe et il n'est nullement nécessaire de leur attribuer encore d'autres caractères qu'elles ne possèdent pas.

La théorie de Musculus, dans sa forme moderne, admet que les dextrines diffèrent par leurs poids moléculaires.

En employant la méthode de congélation de Raoult, on n'a pas pu établir avec certitude que les dextrines provenant de saccharifications plus ou moins intenses possèdent réellement des poids moléculaires différents.

Lintner et Dull ont trouvé pour l'érythro-dextrine un poids moléculaire de 6000 et pour les autres dextrines un poids moléculaire de 2000. Ces chiffres doivent, cependant, être admis avec une certaine réserve, car Lintner et Dull ont constaté en même temps, pour ces diverses dextrines, l'existence de pouvoirs rotatoires et réducteurs. Il est donc présumable que leurs déterminations ont été faites sur des produits impurs et que, dans ces conditions, elles n'ont qu'une valeur relative.

Théorie de M. Duclaux sur la provenance des différentes dextrines.

— L'existence de différentes dextrines étant démontrée, on peut se demander d'où elles proviennent et par quel mécanisme elles se produisent pendant le cours de la saccharification.

D'après M. Duclaux c'est dans la structure des molécules d'amidon qu'il faut chercher l'origine des différences qu'on constate entre les divers produits de sa transformation.

D'après ce savant, les dextrines différeraient l'une de l'autre, non par leur structure chimique, mais par leur constitution physique. Ces différences auraient pour cause la structure des grains d'amidon, lesquels sont composés de couches superposées non homogènes, inégalement compactes et présentant une résistance différente aux agents physiques et chimiques.

Cette hypothèse, très séduisante à cause de sa simplicité, se trouve appuyée par des arguments très sérieux.

On sait depuis longtemps que l'amidon se comporte différemment, suivant sa provenance, en présence de l'amylase à froid. L'amidon de pommes de terre est très difficilement

attaqué, tandis que les amidons d'orge et de froment se saccharifient avec une grande facilité.

Cette différence, qui tient évidemment à l'état plus ou
moins compact des couches formant le grain d'amidon, se
retrouve dans l'action de la diastase à des températures relativement élevées.

Lintner, en saccharifiant des amidons de différentes provenances, non empesées, a constaté que l'attaque des grains
varie considérablement de force suivant la provenance de
l'amidon.

Voici les proportions d'amidon dissoutes à différentes températures :

	TEMPÉRATURE D'ATTAQUE				TEMPÉRATURE de GÉLATINISATION
	50°	55°	60°	65°	
Pomme de terre..	›o	5	52	90	65
Orge.	12	53	92	96	80
Malt vert.	29	58	92	96	»
— touraillé..	13	56	91	93	»
Froment.	»	62	91	94	75-80
Riz..	6	9	19	31	80
Maïs.	2	»	18	54	75
Seigle.	25	»	40	94	»

A la température de 50°, on dissout 12 pour 100 d'amidon d'orge, 2 pour 100 d'amidon de maïs et 25 pour 100
d'amidon de seigle. A la température de 60°, on dissout 92
pour 100 d'amidon d'orge et seulement 18 pour 100 d'amidon de maïs.

La quantité d'amidon qu'on peut dissoudre à une température donnée est donc en relation étroite avec la provenance
de l'amidon.

On constate aussi des différences notables entre les températures nécessaires à la gélatinisation des amidons de diverses provenances. L'amidon de pommes de terre se gélatinise à 65°, tandis que pour l'amidon d'orge il faut une température de 80°.

De plus, la température de la gélatinisation ne fait pas disparaître la résistance particulière d'un amidon vis-à-vis de la diastase. L'amidon de pommes de terre se gélatinise à 65° et la diastase à cette température en dissout 90 pour 100, tandis que l'amidon d'orge, qui se gélatinise à des températures beaucoup plus élevées, fournit, à 65°, 96 pour 100 de subtances dissoutes.

Ces chiffres différent nous prouvent que la gélatinisation ne change pas les propriétés de l'amidon qui résultent du degré variable de compacité des différentes couches des graines.

En réalité, un granule d'amidon est irrégulièrement attaqué par la diastase: la corrosion se fait dans des sens et des endroits très différents. Ce mode de corrosion provient de l'inégalité de résistance de la surface des grains, si bien que la différence existant dans la compacité des diverses parties des grains est, en somme, la cause initiale des variations de résistance à l'action diastasique.

L'amidon de pommes de terre et l'amidon d'orge sont tous deux composés de granules non homogènes différant par le degré de compacité des couches qui les composent.

Dans les granules de pommes de terre, on rencontre plus de couches résistantes que dans les granules d'orge. Or, nous avons constaté qu'avec les différentes sortes d'amidon on obtient des empois qui se saccharifient plus ou moins difficilement. Nous devons donc admettre que la différence de compacité entre les diverses parties d'un même granule ne disparaît pas lorsque l'amidon se gélatinise et que, par conséquent, l'empois ne peut pas non plus offrir une résistance égale dans toutes ses parties.

Les parties les plus cohérentes des granules formeront un

empois plus difficile à liquéfier et donneront ensuite, même en entrant en solution, une dextrine qui offrira plus de résistance.

D'après cette manière de voir, il n'existe pas à proprement parler des dextrines différentes au point de vue chimique, mais les divers éléments constituant les grains d'amidon, éléments qui diffèrent par leur degré de cohérence, fournissent des dextrines ayant un degré plus ou moins grand de résistance.

D'après M. Duclaux, les phénomènes se passent dans l'ordre suivant.

Par l'action de l'amylase sur l'empois, il se produit tout d'abord une liquéfaction presque instantanée. Il y a destruction d'un coagulum, destruction analogue à celle qu'on observe quand on ajoute à une gelée de phosphate de calcium quelques gouttes d'acide ou de citrate d'ammonium. La saccharification commence ensuite dans la portion la moins résistante de l'empois. Cette portion se transforme d'abord en dextrine, puis en maltose, mais en même temps d'autres portions d'empois sont attaquées et augmentent les quantités de dextrine et de maltose contenues dans la solution.

C'est au moment où l'iode ne colore plus l'empois que l'amidon est complètement transformé, mais à ce moment il reste encore des dextrines provenant des portions d'empois les les plus difficilement attaquables. Quelques-unes des dextrines sont tellement lentes à disparaître qu'on les retrouve comme résidus à la fin de l'opération. Toutefois, ces dextrines disparaissent à leur tour et se transforment en maltose si l'on prolonge l'action de la diastase pendant le temps nécessaire.

Lorsqu'on se place dans des conditions qui permettent d'éviter l'altération de la diastase, la marche de la saccharification est bien conforme à la théorie de Payen. L'amidon est transformé d'abord en dextrine et ensuite en maltose.

L'hypothèse de la compacité différente des éléments constituant les grains d'amidon a donc apporté un nouvel appui à la théorie de Payen qui, au premier abord, paraissait être en contradiction complète avec toutes les données sur la saccharification.

Usure des diastases par le travail. — Dans l'aperçu que nous venons de donner du mode d'action de l'amylase, nous nous sommes exclusivement occupés d'un seul facteur, la transformation successive de l'amidon, sans nous inquiéter du sort des corps agissants.

La question qui se pose tout d'abord, lorsqu'on prend en considération la substance active, est celle-ci :

La diastase ayant produit un travail chimique considérable est-elle encore dans le même état qu'au début de son action et a-t-elle conservé son activité?

Cette question a été traitée par différents auteurs.

Pour les uns, la diastase subit une usure pendant le travail; pour les autres elle possède encore après le même pouvoir ferment qu'auparavant.

Malheureusement les deux manières de voir s'appuient exclusivement sur des considérations générales très discutables, tandis que la méthode expérimentale seule peut fournir la vraie solution de cette question, si intéressante au point de vue théorique et si riche en conséquences pratiques.

L'expérience suivante donne la solution du problème :

Dans 200 centimètres cubes d'un empois d'amidon, on met 3 centimètres cubes d'une infusion de malt et on laisse la saccharification se prolonger pendant 4 heures à la température de 30°.

Le volume du liquide ainsi saccharifié au maximum est amené à 300 centimètres cubes, de sorte que 100 centimètres cubes du liquide contiennent exactement 1 centimètre cube d'infusion de malt ayant déjà produit un travail de saccharification.

Pour voir si le travail produit par l'infusion a provoqué réellement une usure des subtances actives, on compare le

pouvoir ferment de 100 centimètres cubes de ce liquide avec
le pouvoir ferment de 1 centimètre cube de l'infusion primitive. Pour cela, 100 centimètres cubes du moût saccharifié
sont mélangés avec 200 centimètres cubes d'empois. Le mélange est mis dans un bain-marie à 50° pendant une heure.
C'est ce que nous appellerons l'essai A.

On prélève d'autre part un deuxième échantillon de 100
centimètres cubes du moût saccharifié; on le porte très
rapidement à la température de 100° afin de détruire la
diastase, après quoi on le verse dans 200 centimètres cubes
d'empois additionné de 1 centimètre cube d'infusion fraîche
et on met dans le bain-marie. Ce sera l'essai B.

Les deux saccharifications se font donc pendant le même
temps, en présence des mêmes quantités d'infusion, mais avec
cette différence que l'infusion de l'essai A a déjà produit
un travail, tandis que l'infusion de l'essai B n'a pas encore
servi.

Voici les quantités de maltose obtenues dans une série
d'essais parallèles :

ESSAIS	1	2	3
A	1,48	1,31	1,92
B	1,46	1,32	1,92

Ainsi, la quantité de maltose obtenue est la même dans
tous les essais A et B. L'usure n'existe donc pas et toutes les
considérations théoriques conduisant à d'autres conclusions
doivent être rejetées.

Il est vrai qu'en changeant les conditions de l'expérience,
on peut facilement aboutir à des résultats absolument opposés, mais il y a alors altération et non plus usure de la diastase.

C'est ainsi, qu'en répétant les mêmes essais, avec la même
infusion et le même empois et en laissant l'action se prolonger,
non plus quatre heures à 30°, mais seulement une demi-heure
à 60° ou à 65°, on aboutit à des résultats très différents.

	TEMPÉRATURE 60°	TEMPÉRATURE 68°
A	2,19 maltose	2,00 maltose
B	3,25 —	3,15 —

Les différences que l'on constate entre les essais A et B proviennent ici de l'action de la chaleur sur la diastase et non pas de l'usure de celle-ci. La solution aqueuse d'amylase, abandonnée à la température de 60°, perd en effet, comme on le sait, une notable partie de sa force diastasique.

CHAPITRE X

AMYLASES DE DIFFÉRENTES PROVENANCES

Différentes amylases. — Ptyaline. — Diastase des grains crus et diastase des grains germés. — Action de la diastase de déplacement sur l'amidon. — Diastase de Reichler. — Mode d'action de la diastase portée à la température de 70°. — Conditions de sécrétion de l'amylase. — Analyse quantitative de l'amylase. — Valeur comparative. — Valeur absolue. — Méthodes d'Effront.

Lorsqu'on étudie les amylases de différentes provenances au point de vue de leur action sur l'amidon et sur l'empois, on est frappé par certaines particularités caractéristiques, qui tendent à confirmer l'existence de différentes espèces d'amylase.

Les auteurs qui ont étudié de près cette question distinguent tout d'abord la diastase salivaire appelée ptyaline et la diastase des grains. Ils distinguent ensuite l'amylase des grains crus et celle des grains germés.

La caractéristique de la diastase salivaire serait, d'après quelques auteurs, sa résistance à l'action des milieux alcalins et acides.

Cette assertion est erronée. La ptyaline, en réalité, se comporte vis-à-vis des réactions du milieu absolument de la même manière que la diastase du malt.

La salive, à la vérité, possède souvent une réaction alcaline très prononcée et correspondant jusqu'à 97 milligrammes de bicarbonate de sodium pour 100.

Or, Chittendin et Smith ont démontré que cette alcalinité affaiblissait le pouvoir ferment de la diastase contenue dans la salive, diastase dont l'activité augmente dans une certaine proportion lorsqu'on neutralise la salive.

La prétendue résistance de la ptyaline aux acides est surtout basée sur le rôle de la diastase salivaire dans la digestion, mais, ici encore, les observations faites ne sont pas rigoureuses.

En effet, la ptyaline agit seulement dans la première phase de la digestion, alors que le liquide stomacal n'est pas encore acide. La réaction de cet enzyme s'arrête au moment où l'acidité apparaît.

La distinction entre l'amylase des grains crus et l'amylase du malt paraît basée, à première vue, sur des données plus sérieuses.

Lintner et Eckhard ont constaté une différence sensible entre l'action de l'amylase de l'orge germé et celle de la diastase de l'orge non germé.

A basse température la diastase des grains crus produit un travail plus profond que la diastase du malt. A la température optima, au contraire, qui est sensiblement la même pour les deux diastases, c'est l'amylase des grains germés qui fournit le maximum de sucre.

Une différence encore plus appréciable résulte de l'étude du pouvoir liquéfiant de l'amylase de diverses provenances.

La diastase du malt liquéfie très rapidement un empois, tandis que l'amylase des grains crus, tout en possédant un pouvoir saccharifiant énergique, se montre presque inactive au point de vue de la liquéfaction.

Lintner et Eckhard ont tracé un tableau comparatif de l'action des températures sur les deux diastases et ont fait ressortir toute une série de particularités qui, d'après eux, caractérisent les deux enzymes.

Mais, ici comme dans le cas de la ptyaline, les conclusions que les expérimentateurs ont tiré de leurs observations ne sont pas rigoureuses.

La différence qu'on constate entre une infusion de grains crus et une infusion de malt, provient en réalité, non pas de l'existence de deux diastases distinctes, mais de la présence de corps étrangers différents dans les deux liquides.

Dans l'infusion de grains crus il y a fort peu d'amylase, mais le liquide est très riche en substances favorisant l'action diastasique.

Lorsque nous avons étudié l'action des substances favorisant l'action de la diastase, nous avons montré que cette action se manifeste surtout dans la première phase de l'hydratation et qu'elle cesse de se produire en présence des dextrines résiduaires. C'est pour cette raison que la basse température se montre favorable à l'action de l'amylase des grains crus et défavorable à celle de la diastase du malt qui, dans ces conditions, produit une hydratation peu profonde.

A la température optima, les conditions sont tout à fait différentes. La petite quantité de diastase contenue dans les grains crus peut, à elle seule, provoquer une saccharification assez profonde qui se poursuit jusqu'au moment où les substances étrangères n'ont plus d'influence sur la marche de l'hydratation.

En employant la diastase des grains crus on arrive difficilement à un degré de saccharification tel que l'empois ne donne plus de coloration par l'iode. Le même phénomène s'observe quand on emploie la diastase en présence de substances excitantes.

Pour obtenir un dédoublement de l'amidon correspondant à 40 ou 50 pour 100 de maltose il suffit d'une trace d'infusion, si elle se trouve en présence de corps activant son action. Pour arriver à 70 pour 100 de maltose, il faut 10 à 20 fois plus d'infusion de malt, même si le travail se fait en présence d'asparagine.

Nous constaterons plus loin qu'il y a réellement dans les grains crus des substances excitant la diastase. Ce sont en réalité ces substances qui sont cause de toutes les différences observées par Lintner entre la diastase du malt et celle des grains non germés.

Brown et Morris font aussi une distinction entre l'amylase du malt et l'enzyme des grains crus. Ils nomment la première « diastase de secrétion » et la deuxième « diastase de déplacement ».

D'après ces auteurs, les deux diastases agissent d'une manière toute différente sur l'amidon cru. La diastase de sécrétion corrode les granules de l'amidon, elle les creuse irrégulièrement et les désagrège. La diastase de déplacement, au contraire, ne produit ni corrosion ni désagrégation. L'attaque de l'amidon se fait par couches successives jusqu'à disparition presque complète des grains dont le volume diminue progressivement tandis que leur forme se conserve.

Cette différence singulière dans le mode de digestion paraît, à première vue, confirmer complètement l'hypothèse qui admet l'existence de différentes amylases. Mais ce nouvel argument paraît beaucoup moins concluant si l'on étudie avec plus de soin les différents modes d'attaque de l'amidon par la diastase.

D'après Krabbe, l'attaque de l'amidon se produit d'une manière très différente dans les diverses plantes.

Dans le cas des pommes de terre et dans celui des grains la digestion se fait par couches successives ; la corrosion est centripète et uniforme. Dans le cas des légumineuses l'amylase produit à la surface des grains des canalicules qui se dirigent vers le centre des grains où elles se réunissent en formant un vide qui s'agrandit sans cesse. La corrosion se fait donc ici dans deux sens ; elle est d'abord centripète, puis elle devient centrifuge.

Chez les graminées polygonales, au contraire, l'amidon est inégalement attaqué ; il se forme des creux et des canalicules qui se dirigent vers le centre.

Ces faits nous montrent que le mode de digestion de l'amidon varie d'une plante à l'autre.

Et, en réalité, le mode d'action de l'amylase est très complexe, même quand il s'agit de la digestion de grains d'amidon d'une même provenance. Ici encore on se trouve en présence d'un mode de travail très variable et on constate que les grains ne sont pas tous attaqués de la même manière.

Lorsqu'on traite l'amidon à froid par une infusion de malt, la digestion se fait sans aucune régularité. Dans certaines cellules la corrosion se fait par fentes et par trous, dans d'autres l'attaque se fait d'une façon régulière.

Ces différences proviennent évidemment de la compacité et de la non-homogénéité des granules d'amidon. De plus, le mode de digestion peut encore être influencé par la réaction du milieu ainsi que par la présence de corps étrangers.

L'amidon, difficile à attaquer par l'infusion à froid, se digère facilement dans les milieux faiblement acides. Comme la réaction acide favorise en somme très peu la saccharification d'un empois, l'action que l'on constate sur les grains entiers ne peut s'expliquer que par le changement que l'acide produit dans l'état physique des grains ; il est probable que cette réaction acide favorise le contact de la diastase avec l'amidon.

Les particularités observées par Brown et Morris ne sont pas du reste suffisamment établies.

Il n'est encore nullement démontré que deux diastases de provenances différentes agissent toujours différemment sur l'amidon cru et, même en admettant que cette preuve ait été faite, on ne pourrait pas encore en conclure qu'il existe différentes amylases. La différence d'action des diverses diastases pourrait, en effet, provenir des substances étrangères qui les accompagnent.

On cite encore, comme constituant une autre variété d'amylase, la diastase artificielle de Reichler.

Ce savant, en faisant digérer le gluten dans une certaine quantité d'eau très faiblement acidifiée, constata que le pouvoir saccharifiant du liquide augmentait graduellement.

L'enzyme qu'on obtient de cette façon présente toutes les propriétés des diastases des grains crus, et l'on admet qu'il s'est formé par l'action de l'acide sur le gluten.

Pour Lintner, la formation de cet enzyme serait due à une substance hypothétique contenue dans le gluten, substance qu'il dénomme fermotogène et qui, sous l'action des acides, se transformerait en amylase.

En réalité, on se trouve ici en présence d'amylase du malt en quantité très faible et l'augmentation du pouvoir diastasique résulte simplement du changement de milieu produit par l'addition d'acide.

Changements produits dans l'activité des diastases à la température de 70°. — En saccharifiant un empois avec une infusion de malt, on obtient des quantités très différentes de maltose, suivant la température à laquelle on opère.

On arrive à des résultats analogues en ne chauffant que l'infusion à différentes températures.

D'après O. Sullivan, à chaque température correspond un degré déterminé d'hydratation de l'amidon, degré qui est facilement atteint, mais qu'on ne peut pas dépasser.

L'infusion chauffée à
64° provoquerait un dédoublement de l'amidon correspondant à : 1 maltose et 1 dextrine.
68° — — 1 — 2 —
70° — — 1 — 5 —

En maintenant successivement la diastase à des températures de 64°, 68° et 70°, on produit chaque fois un changement total dans le mode de travail et on en peut conclure : ou bien qu'il se produit de réelles transformations de la substance active, ou bien qu'il y a formation artificielle de différents types d'amylase.

Les connaissances que nous avons acquises sur les conditions chimiques des diastases, nous permettent de donner à ce phénomène une toute autre interprétation.

La température n'a d'autre effet que de réduire partiellement le pouvoir diastasique. Plus la température s'approche de 70°, plus cette réduction est profonde. Seulement, au fur et à mesure que la diastase perd son activité réelle, elle acquiert une activité factice du fait des substances étrangères contenues dans l'infusion, lesquelles agissent avec une énergie d'autant plus grande que la diastase devient moins active.

En résumé, nous sommes ici en présence du phénomène que nous avons déjà observé à propos de la diastase des grains crus, seulement l'action, dans le cas actuel, est plus compliquée.

La diastase, maintenue à la température de 68° à 70°, n'a pas les mêmes propriétés que l'amylase des grains crus : le pouvoir saccharifiant a, en grande partie disparu, mais le pouvoir liquéfiant n'est pas atteint.

Il en résulte que l'infusion chauffée, tout en agissant comme la diastase des grains crus, se différencie de cette dernière par la facilité avec laquelle elle liquéfie l'amidon.

Conditions de la sécrétion de l'amylase. — Après

avoir étudié l'action des agents physiques et chimiques sur l'amylase, nous allons brièvement voir quel est le mode de sécrétion de cet enzyme, ainsi que les conditions qui en favorisent la production.

· Dans les grains en germination, c'est le germe seul qui joue un rôle actif, le rôle de l'endosperme est tout à fait secondaire.

Le germe des grains d'orge, détaché avec précaution, peut se transformer, si on le met dans un lieu humide et dans des conditions de température convenables, en une plantule. La végétation que l'on provoque dans ces conditions est très fragile et très peu vivace, mais le germe consomme néanmoins ses réserves et sécrète de l'amylase.

Si l'on place le germe sur son endosperme réduit en pulpe la végétation devient normale et la marche de la sécrétion diastasique peut être suivie par la transformation chimique qui se produit dans la matière amylacée.

En cultivant le germe sur différents milieux nutritifs et

dans des conditions différentes, on peut obtenir des données
très intéressantes sur les conditions qui régissent la sécrétion
de la diastase.

Brown et Morris, en adoptant cette méthode, ont fait quelques
constatations intéressantes sur l'influence des différents hydrates de carbone et de l'acidité du milieu sur la production de
la diastase.

En cultivant le même nombre de germes, sur simple gélatine d'une part, sur gélatine additionnée de 6 millièmes
d'acide formique d'autre part, ils ont constaté une différence
notable entre les quantités de diastase sécrétée.

50 germes cultivés sur simple gélatine neutre ont fourni une
quantité de diastase correspondant à $0^{gr},118$ d'oxyde de
cuivre. La diastase se trouvait répartie de la manière suivante : Dans les germes 0,0708, dans la gélatine 0,0478.
Les 50 germes cultivés sur la gélatine acidulée ont produit
une quantité de diastase correspondant à $0^{gr},145$ d'oxyde
de cuivre. Elle était répartie comme suit : Dans les germes
0,0904, dans la gélatine 0,0546.

L'acidité du milieu favorise donc manifestement la sécrétion
de la diastase.

En additionnant la gélatine de différents hydrates de carbone assimilables, autres que l'amidon, ils ont constaté que la
présence de ces substances agit très défavorablement sur la
sécrétion.

La propriété de sécréter la diastase n'est donc pas une
propriété fondamentale des cellules.

L'apparition de la diastase dépend du mode de nutrition,
mais remarquons cependant que cette apparition ne correspond pas toujours aux véritables besoins des cellules et qu'il
ne faut pas la considérer comme un indice d'intelligence des
cellules qui, à l'aide d'une sécrétion diastasique, s'adapteraient
aux différents milieux. Un germe d'orge cultivé sur de la
gélatine dans laquelle il ne peut pas puiser de matières nu-

tritives sécrète la même quantité d'amylase que s'il était
cultivé sur de l'amidon.

La sécrétion est toujours abondante quand le germe se
trouve dans de mauvaises conditions de nutrition et elle s'arrête aussitôt qu'une substance assimilable apparaît.

Ici comme dans le cas de la sucrase que nous avons étudiée
plus haut, la sécrétion de la diastase est donc une conséquence
de la dénutrition et la cause première de toutes les variations
qu'on observe dans la sécrétion, n'est autre que la réaction
du milieu.

La sécrétion d'amylase, comme nous venons de le voir, est
favorisée par l'acidité du milieu. Le degré d'acidité des substances cellulaires influe donc considérablement sur l'intensité
des sécrétions.

On peut, en partant de cette remarque, s'expliquer pourquoi
la sécrétion est favorisée au moment de la dénutrition. Les
cellules, lorsqu'elles se trouvent en présence de substances
non assimilables, consomment leurs réserves, et cette consommation produit à leur intérieur un vide partiel qui favorise
l'osmose. Les substances salines du milieu ambiant pénètrent
alors plus facilement dans les cellules et, à la suite d'une
dissociation, il se produit une accumulation d'acides qui
favorisent la sécrétion.

Analyse de l'amylase. — La méthode employée pour
déterminer le pouvoir diastasique d'une solution a pour base
l'observation suivante due à Kjeldahl :

Aussi longtemps que la diastase se trouve en présence d'un
grand excès d'amidon non transformé, la quantité de maltose
produit est proportionnelle à la quantité de diastase contenue
dans la solution : en d'autres termes, il y a un rapport constant
entre les quantités de maltose formé et de diastase employée,
aussi longtemps que cette dernière agit en présence d'une
grande quantité d'amidon non transformé.

Cette observation a été vérifiée et confirmée par divers

expérimentateurs et il est incontestable qu'en soumettant divers échantillons d'un même empois, à la même température, à l'action de doses croissantes de diastase, on obtient des quantités de maltose, proportionnelles aux quantités de diastase employée. La condition essentielle à la bonne réussite de cette détermination c'est que, dans tous les essais, on opère avec une dose minime de diastase, dose pouvant donner au maximum 40 à 50 de sucre pour 100 d'amidon.

En partant de ce principe, on arrive facilement à déterminer le pouvoir ferment d'un liquide. Il suffit d'avoir une solution diastasique type d'une valeur déterminée et de faire des essais comparatifs avec l'amidon. On se sert généralement d'une solution d'amidon soluble à 2 pour 100.

Dans 100 centimètres cubes de liquide contenant 2 grammes d'amidon on ajoute 2 centimètres cubes d'une solution d'amylase type. Dans un autre récipient contenant également 100 centimètres cubes d'une solution d'amidon soluble, on ajoute 2 centimètres cubes du liquide à essayer. On place les deux échantillons au bain-marie à 50° et, après une heure de saccharification, on dose le maltose dans les deux solutions.

On exprime la teneur en diastase du liquide par le rapport entre les quantités de sucre formé par des quantités égales de la solution diastasique à essayer et de la solution type.

Si l'on trouve, par exemple, 0,4 de maltose dans le produit saccharifié avec l'amylase type et 0,2 de maltose dans le deuxième échantillon, on dira que l'activité du liquide est 50 pour 100, ce qui signifie que le liquide essayé est de moitié moins actif que le liquide type.

Ce mode d'analyse permet de comparer la valeur de deux produits, mais elle ne permet pas d'exprimer sûrement le pouvoir ferment d'une diastase, car il est fort difficile de conserver à une solution d'amylase une force diastasique constante. Les résultats sont donc souvent peu certains.

Pour la détermination des valeurs diastasiques absolues

nous employons une méthode dans laquelle on prend pour unité la quantité de diastase qui, en agissant pendant une heure à 60° sur 1 gramme d'amidon soluble, donne 50 centigrammes de maltose.

Voici la marche que nous suivons.

10 grammes d'amidon soluble anhydre et complètement neutre sont dissous dans 700 centimètres cubes d'eau bouillante. On refroidit et on amène le volume de la solution à 750. De cette solution on prélève une série d'échantillons de 75 centimètres cubes. On ajoute à ces échantillons des quantités différentes du liquide actif à essayer et on les laisse pendant 1 heure dans un bain-marie à 60°. La saccharification finie, on porte très rapidement tous les échantillons à l'ébullition, on les refroidit, on les amène à 100 centimètres cubes et on détermine dans chacun d'eux la quantité de sucre formée.

L'échantillon dans lequel il s'est formé 50 centigrammes de maltose contient, d'après nos conventions, l'unité de substance active. Si ces 50 centigrammes se trouvent formés dans l'essai additionné de 1 centimètre cube de la solution à essayer, nous dirons que le pouvoir diastasique de cette solution est 100. Si ces 50 centigrammes se trouvent dans le tube additionné de 2 centimètres cubes de la solution, nous dirons que le pouvoir diastasique est 50 et ainsi de suite.

Il est souvent difficile, avec une seule série d'essais, d'arriver à produire exactement 1/2 gramme de maltose. Aussi est-il avantageux de faire tout d'abord un essai approximatif avec 1, 2, 4, 6, 8, 10 centimètres cubes de substance active. Si l'unité de diastase se trouve, par exemple, dans l'essai fait avec 4 centimètres cubes d'infusion on recommence les essais avec 2 1/2, 2,75, 3, 3,25, 3,50, 3,75 de liquide.

Il faut aussi tenir compte dans ces essais de la quantité de substances réductrices qui peuvent se trouver dans la solution active. On doit naturellement soustraire de la quan-

tité totale de maltose trouvée après saccharification la quantité
de sucre qu'on a introduit avec l'infusion.

Cette méthode peut également s'appliquer à une analyse
de malt.

Pour estimer le pouvoir diastasique du malt, on doit, avant
tout, en extraire les substances actives. Pour cela on réduit
le malt en poudre fine, on l'additionne de 20 parties d'eau
et on le laisse pendant 6 heures à la température de 30° en
agitant la solution de quart d'heure en quart d'heure. Avec
l'infusion filtrée on fait la saccharification comme il vient
d'être indiqué.

Un malt d'une excellente qualité fournit, dans ces conditions, une infusion produisant 50 centigrammes de maltose
par centimètre cube d'infusion.

Toutefois, cette méthode ne fournit pas de données précises
sur la valeur d'un malt au point de vue pratique.

Dans le chapitre traitant des applications industrielles de
l'amylase, nous nous occuperons spécialement de ces sortes
d'analyses.

La détermination du pouvoir saccharifiant des liquides
contenant de faibles doses d'amylase présente souvent de
grandes difficultés. Pour obtenir une quantité appréciable de
maltose, il faut, en effet, employer une grande quantité de
liquide qui, souvent, contient des matières réductrices.

Dans des cas semblables il est préférable de précipiter
préalablement la diastase par l'alcool, mais cette méthode
n'est applicable que quand on a un volume assez considérable
de liquide à sa disposition car, lorsque cette précipitation est
pratiquée sur une petite quantité d'infusion, on obtient un
précipité très fin passant au travers du filtre et donnant lieu,
par conséquent, à des pertes sensibles.

Pour remédier à cet inconvénient, nous avons cherché à
produire dans le liquide actif des précipités plus volumineux
et plus facilement séparables. Nous avons trouvé que le tannin
pouvait conduire à ce résultat.

Nos essais nous ont, en effet, montré que cette substance précipite complètement la diastase et que le précipité inactif redevient actif lorsqu'on le traite avec précaution par une solution diluée de carbonate de sodium.

Voici la façon de procéder :

A 10 centimètres cubes de liquide actif on ajoute 4 centigrammes de tannin dissous dans quelques centimètres cubes d'eau ; on agite et on laisse reposer pendant une demi-heure. Le liquide est ensuite filtré et le précipité, bien lavé à l'eau et à l'alcool, est mis, sans être séparé du filtre, dans une capsule en verre contenant 5 centimètres cubes de carbonate de sodium au dix-millième. On promène le filtre dans le liquide pendant une à deux minutes; aussitôt que le précipité est redissous on ajoute quelques gouttes d'une solution d'acide lactique au millième pour neutraliser et on filtre.

Toutes ces manipulations doivent se faire le plus rapidement possible, parce que le précipité de tannin s'altère par une exposition prolongée à l'air et devient insoluble dans le liquide alcalin. Le contact du précipité avec le carbonate de' sodium doit, lui aussi, durer le moins longtemps possible. Lorsque le précipité ne se redissout qu'après 4 à 5 minutes de contact, il faut recommencer l'essai parce que la diastase est déjà altérée.

On peut faciliter beaucoup la dissolution en triturant le filtre dans un mortier avec la solution alcaline. En opérant rapidement, on arrive à redissoudre la totalité des substances actives précipitées et à éviter toute perte.

Le précipité obtenu par le tannin, lavé à l'eau, à l'alcool et à l'éther, puis desséché, a fourni à l'analyse les chiffres suivants, décompte fait de 32,2 o/o de tannin :

Eau. . . . . 5,53 o/o
Azote. 8,83
Cendre. 1,32

Cette méthode rend surtout service quand il s'agit de rechercher l'amylase dans des cellules végétales.

Dans ces sortes d'analyses on réduit les substances en poudre. On laisse macérer avec 1 à 2 parties d'eau pendant 6 heures ; on sépare le liquide par pression des substances non dissoutes. On fait de nouveau macérer le résidu avec un volume ou deux d'eau et on presse une seconde fois. On filtre les liquides réunis et on précipite la diastase du mélange par le tannin, de la même manière que dans le cas de l'infusion de malt.

L'activité du précipité dissous dans l'eau donne une idée de la valeur diastasique des substances soumises à l'examen.

Voici, par exemple, une analyse de feuilles de haricots.

10 grammes de feuilles de haricots sont réduites en pâte dans un mortier. On ajoute à la masse 10 centimètres cubes d'eau et quelques gouttelettes de chloroforme, puis on laisse macérer pendant 6 heures. Les feuilles sont ensuite pressées et filtrées dans un linge. Le résidu est encore additionné de 10 centimètres cubes d'eau et d'une gouttelette de chloroforme, après quoi on laisse le tout en repos pendant trois heures. On sépare ensuite le liquide et on lave de nouveau le résidu à l'eau ; on réunit les liquides des deux macérations et du lavage et on amène le volume total à 50 centimètres cubes. On filtre de nouveau et on précipite avec 16 centimètres cubes de tannin. Le précipité est redissous dans l'eau alcaline et la dissolution est amenée à 10 centimètres cubes.

On constate qu'il faut employer 2 centimètres cubes de cette solution pour former 50 milligrammes de maltose. La solution a donc un pouvoir diastasique de 50.

Si nous comparons le pouvoir diastasique des feuilles de haricots à celui du malt de bonne qualité nous obtenons les résultats suivants :

10 grammes de malt fournissent 200 centimètres cubes d'infusion dont 1 centimètre cube produit 50 milligrammes de maltose.

10 grammes de feuilles de haricots fournissent 10 centimètres cubes de liquide dont il faut 2 centimètres cubes pour fournir 50 milligrammes de maltose. Le malt ayant un pouvoir diastasique de 100, les feuilles de haricots en ont un de 2,5. Le malt contient, par conséquent, 40 fois plus de substances actives que les feuilles de haricots.

BIBLIOGRAPHIE

Sig. Kirchoff. — Ueber die Zuckerbildung beim Mälzen des Getreides. *Schweiggers Journal*, 1815, p. 389.

Dubrunfaut. — Mémoire sur la saccharification des fécules, 2ᵉ édition, Gauthier-Villars. Paris, 1882.

Guérin Varry. — Mémoire concernant l'action de la diastase sur l'amidon de pomme de terre. *Ann. de chimie et de phys.*, 1835, p. 32.

Leuchs. — Ueber die Verzuckerung des Stärkemehles durch Speichel. *Kastners Archiv. für die Ges. Naturlehre*, 1831.

Biot. — Mémoire sur l'amidon. *Ann. des Sciences nat.*, 1838, p. 5.

Clément Désormes. — *Ann. de chimie et phys.*, IV, p. 473.

Payen et Persoz. — Mémoire sur la diastase et les principaux produits de sa réaction. *Ann. de chimie et phys.*, 1833.

Miahle. — De l'action de la salive sur l'amidon. *Comptes Rendus*, XX, 1845, p. 1485.

— De la digestion et de l'assimilation des matières sucrées. *Comptes Rendus*, 1845, p. 954, t. XX.

Musculus. — Sur la transformation de la matière amylacée en glucose et en dextrine. *Ann. de chimie et de phys.*, 1860, LX, p. 203.

Bouchardat et Sandras. — Des fonctions du pancréas et de son influence sur la digestion des fécules. *Comptes Rendus*, 1845, XX, p. 1085.

O. Sullivan. — Sur le produit de transformation des amidons. *Journ. of the Chemical Society*, 1872-1874.

Kossmann. — Recherches chimiques sur les ferments contenus dans les végétaux. *Bull. de la Soc. chim. de Paris*, 1877.

Baranetzky. — Die Stärke umwandelden Fermente, 1878.

Ch. Richet. — Du suc gastrique chez l'homme et les animaux. Thèse, Paris, 1878.

Kjeldahl. — Recherches sur le ferment producteur du sucre. *Comptes rendus des trav. du laboratoire de Carlsberg*, 1879.

Brown et Héron. — Beiträge zur Geschichte der Stärke und der Verwendung derselben. *Liebig Annalen*, 1879.

Brown et Morris. — *Journal of the Chem. Soc.*, 1890.

J. Lintner. — Studien über Diastase. *Journ. f. prakt. chimie*, 1886, p. 378.

— Ueber das diastatische Ferment des ungekeimten Weizen. *Zeit. für das Ges. Brouwesen*, 1888.

Em. BOURQUELOT. — Sur la séparation et le dosage du glycogène dans les tissus. *Journal des connaissances méd.*, 1884.

CHIFFENDEN et SMITH. — The diastatic action of saliva as modified by various conditions, studied quantitatively. *Chemical News*, 1886.

BROWN und MORRIS. — Untersuchung ueber die Keimung einiger Gräser. *Zeit. für das Gesammte Brouwesen*, 1890.

MORITZ et GLANDENING. — Sur l'action de la diastase. *The Chemical Society*, 1892.

LINTNER et DULL. — Ueber den Abba.. .er Stärke unter dem Einfluss der Diastasewirkung. *Berichte der deutsche chem. Gesellsch.*, 1893, p. 2533.

SCHIFFER. — Sur les produits incristallisables de l'action de la diastase sur l'amidon. *Moniteur scientifique*, 1893, p. 712

J.-V. EGOROFF. — Sur la diastase des grains crus. *Journal de la Soc. de chimie et phys.* Saint-Pétersbourg, 1893, t. XXV.

EFFRONT. — Contribution à l'étude de la saccharification. *Moniteur scientifique.*

— Actions des acides minéraux dans la saccharification par le malt. *Moniteur scientifique*, 1890.

— Sur les conditions chimiques de l'action des diastases. *Comptes Rendus*, 1892, p. 1324.

— Sur l'amylase. *Comptes Rendus*, 1895.

— Influence des antiseptiques sur les ferments. *Moniteur scientifique*, 1894.

— Contribution à l'étude de l'amylase. *Moniteur scientifique*, 1895, VIII, p. 541 ; X, 711.

Henri POTTEVIN. — Sur la saccharification de l'amidon par l'amylase du malt. *Comptes Rendus*, 1898, p. 17.

DUCLAUX. — Sur la saccharification. *Ann. de l'Inst. Pasteur*, 1895, 56.

— Les théories de la saccharification. *Ann. de l'Inst. Pasteur*, 1895, 170.

— Amidon, dextrine et maltose. *Ann. de l'Inst. Pasteur*, 1895, p. 215.

BROWN et MORRIS. — Einwirkung der Diastase auf Stärke. *Berichte der deutschen chemischen Gesellschaft*, 1895, p. 642.

H. SEYFFERT. — Untersuchüngen über Gärste ünd Malz diastase. *Zeitschrift für das Gesammte Brauwesen*, 1898.

A. WROBLEWSKY. — Ueber die chemischen Eigenschaften der Diastase und über das Vorkommen eines Arabans in der Diastase preparaten. *Berichte der deutschen chem. Gesellsch.*, 1897, 2, p. 2289, 1897, 3, p. 3048.

OSBONNE und CAMPBELL. — Wirkung der Diastase bei fortschritender Keimung. Berichte, 1896, p. 1159. *Journal amer. chem Soc.*, 18, p. 536-542.

O. NASS und FRAMM. — Bemerkungen zur Glycolyse. *Pflug. Archiv.*, 63, p. 203-208.

A. SINO und BAKER. — *Journal chem. Soc.*, 67, p. 702-708.

CHAPITRE XI·

APPLICATIONS INDUSTRIELLES DE L'AMYLASE

Maltage. — Transformations chimiques qui accompagnent la germination. — Méthodes de maltage, de triage, de trempage, de germination, de touraillage.

L'amylase se forme en quantités assez notables dans les grains des céréales pendant leur germination. C'est pour cette raison que les industries qui utilisent la diastase comme agent d'hydratation se servent du grain germé, appelé malt, produit qui, à l'heure actuelle, est le seul agent de cette espèce pouvant se fabriquer dans des conditions économiques.

Toutes les céréales produisent de l'amylase pendant la germination, mais les plus grands rendements en substance active sont fournis par le grain d'orge.

Lorsqu'on met en tas de l'orge préalablement trempé, on observe une série de phénomènes qui, par leur ensemble, caractérisent la germination.

On constate avant tout une élévation de température, une absorption d'oxygène ainsi qu'un dégagement d'anhydride carbonique, dégagement qui s'accentue au fur et à mesure que la température de la masse s'élève. En même temps que ce phénomène de respiration, on observe des changements notables dans les différentes parties constitutives des grains. Les matériaux de réserve, la cellulose, l'amidon, les matières protéiques, les matières grasses ainsi que les sucres sont en partie transformés par hydratation.

Ces transformations sont dues à une sécrétion de substances actives agissant sur l'albumen et le transformant en substances assimilables, qui sont en partie absorbées par les germes au cours de leur développement.

Après 24 ou 48 heures de germination, on voit apparaître, à l'extérieur des grains, des radicelles qui s'accroissent ensuite assez rapidement. Le développement de la plumule est beaucoup plus lent.

Après 8 ou 10 jours de germination, la longueur de la plumule atteint la moitié ou les trois quarts de celle des grains. C'est lors de cette phase du développement qu'on considère, en général, la germination comme terminée.

Le développement du germe se fait en grande partie au détriment de l'amidon. Dans les conditions normales, la dépense en matières amylacées est de 8 à 10 pour 100 de l'amidon contenu dans les grains, mais cette proportion est considérablement dépassée lorsque la germination se fait à une température supérieure à 20°.

Pendant la germination, le grain sécrète, en dehors de l'amylase, d'autres substances actives, parmi lesquelles la peptase, qui transforme les matières albuminoïdes en amides, et la cytase qui agit sur certaines variétés de cellulose.

Le rôle de la cytase est très important au point de vue du maltage.

En effet, l'amidon se trouve, dans les grains, sous forme de granules emprisonnés dans des cellules formées d'une membrane résistante. Ces membranes protègent l'amidon contre l'action de l'amylase, et l'attaque de l'hydrate de carbone serait très peu profonde sans l'intervention de la cytase qui désagrège l'enveloppe des granules.

L'attaque de l'amidon, pendant la germination, se fait en deux phases successives.

Dans la première phase l'enveloppe cellulosique des cellules d'amidon est liquéfiée par la cytase, et c'est seulement ensuite que l'amylase commence à agir sur l'amidon.

C'est à l'action de la cytase qu'il faut encore attribuer les différences qu'on constate entre l'amidon des grains crus et l'amidon du malt.

Par suite de la destruction de la membrane des cellules, l'amidon du malt se liquéfie à une température plus basse que l'amidon des grains crus.

Lorsqu'on provoque la germination à une température de 15-17°, la sécrétion de l'amylase commence après 35 ou 40 heures et le pouvoir diastasique augmente ensuite graduellement pendant 8 à 10 jours.

Dans la pratique du maltage les grains sont soumis à une série d'opérations successives.

La première partie du travail consiste à trier et à nettoyer les grains. On les fait ensuite tremper, puis on les laisse germer.

Les grains germés sont utilisés à l'état de malt vert dans les distilleries ainsi que dans la fabrication du maltose ; pour l'usage de la brasserie les grains germés sont touraillés.

Sans entrer dans tous les détails de ces différentes manipulations, nous nous arrêterons sur les points principaux.

Le triage des grains se fait dans des appareils spéciaux qui éliminent les matières étrangères ainsi que les grains brisés. En outre, ces appareils séparent les grains d'après leurs dimensions.

Les grains destinés à la germination ne doivent pas être trop frais. Les grains pris immédiatement après la récolte jouissent d'un pouvoir germinatif peu prononcé. C'est seulement quelque temps après qu'ils deviennent bons pour la germination.

Il est nécessaire de ne pas mélanger des grains provenant de différentes récoltes ni des grains ayant des densités différentes. Pour obtenir une bonne germination, il est indispensable, en effet, que les grains soient, autant que possible, d'un poids uniforme.

Par le triage, on arrive à séparer les grains d'après leurs

dimensions. Des grains de dimensions différentes ne pourraient être mis ensemble en germination, parce qu'ils se
tremperaient inégalement.

Des grains d'un poids différent ne sont pas propres au
même usage. Les grains lourds sont préférables pour l'usage
de la brasserie, tandis que les grains légers, contenant moins
d'amidon et fournissant un rendement en diastase beaucoup
plus grand, sont plutôt indiqués pour le travail de la distillerie.

L'orge bien trié est soumis à la trempe. Cette opération
se fait généralement dans des cuves spéciales permettant de
changer facilement l'eau. Le but de la trempe est de faire
absorber aux grains la quantité d'eau nécessaire à une bonne
germination. Les grains, au contact de l'eau, se gonflent, absorbent une certaine dose d'oxygène et subissent différentes modifications.

Ils perdent également une partie de leurs substances solubles, notamment des sels et des hydrates de carbone autres
que l'amidon. La perte en substances extractives s'élève de
0,8 à 1 pour 100.

L'élimination de sucre par la trempe des grains est très
favorable à la sécrétion des diastases pendant la germination.

Dans l'eau ordinaire, les grains ne trouvent pas la quantité
d'oxygène indispensable pour une germination régulière; il
est donc rationnel de faire passer, pendant la trempe, un
courant d'air dans la masse des grains.

L'eau de trempe doit être souvent renouvelée, afin que les
substances dissoutes n'entrent pas en fermentation.

Généralement, on lave les grains à l'eau avant de les tremper, afin de les débarrasser des germes et des ferments qui
peuvent adhérer à leur surface.

On laisse les grains dans l'eau pendant 3 à 5 jours et on
a soin de renouveler celle-ci toutes les 12 ou toutes les 24
heures. La durée de la trempe dépend d'ailleurs de beaucoup
de facteurs; elle dépend de la température ainsi que de la
qualité de l'eau, mais elle dépend surtout de la qualité des

grains. L'orge à balle épaisse absorbe l'eau plus lentement que l'orge à balle mince.

L'opération du trempage des grains peut être considérée comme terminée quand ceux-ci ont absorbé environ 50 pour 100 d'eau. En laissant la trempe se prolonger, les grains arriveraient à absorber une quantité d'eau encore plus considérable, mais la germination, dans ce cas, deviendrait moins régulière et on risquerait d'obtenir des malts moisis. Il est fort difficile d'arrêter le trempage juste au moment où les grains ont absorbé la quantité d'eau nécessaire. Cette difficulté provient de la différence entre les grains mis en travail. Aussi est-il prudent d'arrêter la trempe avant que les grains soient suffisamment trempés. Le danger d'une trop longue trempe existe surtout dans le travail du seigle. Les grains ayant subi une trempe trop longue, deviennent gluants, acquièrent un aspect pâteux, et le malt qu'ils fournissent est d'une qualité douteuse.

Les grains, après avoir subi la trempe, sont transportés dans le germoir où ils sont étalés en couches de 30 à 80 centimètres de hauteur, suivant le système de germoir et le mode d'aération. Les germoirs doivent remplir les deux conditions suivantes :

Ils doivent être bien ventilés et pouvoir rester à une température constante.

Les grains mis en tas s'échauffent assez rapidement. La combustion de l'amidon et des matières grasses dégage une quantité de calorique suffisante pour porter toute la masse à une température de 100°. Il est donc nécessaire d'éviter l'élévation de la température. On y arrive, soit en changeant souvent les grains de place, soit en les étalant en couches de plus en plus minces au fur et à mesure que la combustion devient plus énergique. Dans le système dit « pneumatique » on refroidit les couches par un courant d'air humide.

La germination dure de 8 à 10 jours. On s'arrange de façon à rester toujours à la plus basse température possible.

Généralement on commence la germination à une température de 10-11° et on monte jusque 17-18°, limite qu'on
évite de dépasser.

Lorsqu'on étale le malt sur une sole cimentée on fait au
début des couches de 40 à 50 centimètres d'épaisseur, épaisseur qu'on diminue ensuite progressivement. On arrive, le
4ᵉ jour, à une hauteur de 10 à 12 centimètres. Dans le système pneumatique la hauteur des couches reste constante,
mais le grain est souvent retourné pour empêcher les radicelles de s'enchevêtrer.

Pendant la germination l'humidité des grains diminue constamment et à la fin de l'opération ils ont perdu de 50 à 60
pour 100 de l'eau qu'ils avaient absorbée pendant le trempage. Il arrive souvent que l'eau absorbée pendant la trempe
est insuffisante pour assurer la germination. Dans ce cas les
couches doivent être arrosées depuis le 3ᵉ ou le 4ᵉ jour. L'ar-
rosage se fait systématiquement, par petites quantités et à fréquentes reprises.

On arrête généralement la germination lorsque la longueur
des plumules atteint la moitié ou les trois quarts de celle des
grains. On admet, généralemement, que c'est à ce moment
que les grains contiennent la plus grande quantité de substances actives.

En réalité, il n'en est pas ainsi. Les recherches que nous
avons faites à ce sujet montrent qu'on ne peut pas se fier à la
longueur des plumules pour déterminer l'instant où la quantité
de diastase contenue dans les grains atteint son maximum et
que c'est seulement l'analyse qui peut indiquer le moment
où l'on doit arrêter la germination.

Le tableau suivant retrace la marche de la germination,
à 12°-17°, de 4 malts différents conduits dans les mêmes
conditions.

MALT	A	B	C	D
	FORCE DIASTASIQUE			
Au début.	41	60	52	35
1 jour..	50	70	70	40
2 —	60	95	80	57
3 —	60	95	81	62
4 —	70	97	85	80
5 —	81	95	87	85
6 —	85	98	88	97
7 —	95	100	86	100
8 —	100	100	89	94
10 —	96	100	85	80

Ces essais, ainsi qu'un très grand nombre d'observations faites dans diverses usines, nous ont conduits à la conclusion suivante: C'est lorsque le malt possède des plumules deux fois plus longues que les grains que le pouvoir diastasique atteint son maximum; il arrive cependant aussi que le maximum n'est pas encore atteint à ce moment.

La quantité de diastase contenue dans le grain augmente graduellement au cours de la germination; mais il arrive souvent que la quantité maxima de diastase est déjà accumulée dans les grains avant que les plumules aient atteint la longueur indiquée plus haut.

La quantité de diastase développée dans le malt reste souvent stationnaire pendant un certain temps.

Dans d'autres cas, au contraire, on remarque une diminution très rapide de la quantité de diastase. Cette dégradation peut, du reste, s'observer dans le tableau reproduit plus haut.

Nous avons cherché la cause de cette dégradation et nous avons pu constater qu'elle tient à l'aération énergique qui se produit au moment où la germination est très avancée. C'est, en effet, dans les malteries pneumatiques qu'on constate le plus fréquemment la dégradation des diastases, tandis que, dans les malteries ordinaires, l'altération de la diastase est beaucoup plus rare.

Il se peut toutefois que en dehors de l'oxygène de l'air d'autres facteurs entrent aussi en jeu pour produire la diminution du pouvoir diastasique du malt.

Lorsqu'on veut obtenir un malt très actif, il est indispensable de l'analyser depuis le 8ᵉ ou le 9ᵉ jour et de suivre les variations de son pouvoir diastasique deux fois par jour. C'est seulement ainsi qu'on peut éviter les pertes de diastase par dégradation.

En brasserie, le malt vert ne peut pas être employé. Pour le rendre propre à la fabrication de la bière il doit passer par le touailleur où, sous l'influence d'une haute température, certains principes contenus dans les grains subissent des transformations qui donnent au malt une saveur caractéristique ainsi qu'une coloration plus ou moins foncée.

Le touraillage se fait à l'aide d'air chaud et, suivant le type de malt qu'on se propose de faire, on opère la dessiccation à des températures plus ou moins élevées.

Le principe fondamental du touraillage consiste à élever la température graduellement et sans secousses, surtout au début de la dessiccation.

Tant que le grain contient de 10 à 12 pour 100 d'eau, il est extrêmement dangereux de dépasser la température de 50°. En effet, la diastase du malt s'altère sous l'action de la chaleur et cette altération est d'autant plus rapide que le grain contient une plus grande quantité d'eau.

Les grains déshydratés au-dessous de 50° peuvent être portés ensuite à la température de 100° sans que la diastase soit complètement détruite.

La température maxima qu'on atteint pendant le touraillage est de 103° à 104° pour le malt du type de Munich et seulement de 62° à 63° pour le malt de Pilsen.

Le touraillage détruit toujours une partie de la diastase, même lorsqu'on prend toutes les précautions possibles. En desséchant le malt à la température maxima de 50° et en évitant d'élever la température au début, nous avons pu constater qu'environ 20 pour 100 des substances actives sont détruits pendant la dessiccation. La perte, comme on le le voit, est encore considérable.

En résumé, il existe une grande différence entre le malt de distillerie et le malt de brasserie.

Ainsi que nous l'avons dit plus haut, on a intérêt à choisir, pour le malt de brasserie, des grains très lourds et très riches en amidon. Pour la distillerie, au contraire, on doit préférer les grains légers qui fournissent plus de diastase.

La germination du malt de brasserie doit être arrêtée lorsque les plumules ont acquis la moitié ou les trois quarts de la longueur des grains. Lorsqu'il s'agit, au contraire, du malt de distillerie on doit laisser prendre à la plumule le plus de longueur possible.

Le malt de brasserie peut être aéré jusqu'au dernier moment tandis que l'aération doit cesser pour le malt de distillerie pendant les 2 ou 3 derniers jours.

Enfin, il y a une différence notable dans le touraillage du malt suivant qu'il est destiné à la brasserie ou à la distillerie. Pour la distillerie, la température doit être la plus basse possible, tandis que, pour la brasserie, elle doit être assez élevée.

BIBLIOGRAPHIE

Moritz und Morris. — Handb. d. Brauwissenschaft.
Paton. — Chemie und Physiologie des Malzes und des Bieres.

CHAPITRE XII

ROLE DE L'AMYLASE DANS LA BRASSERIE

L'industrie de la brasserie a été créée en suivant des méthodes empiriques, et c'est seulement depuis une trentaine d'années que la fabrication de la bière a attiré l'attention des savants.

Les travaux de Pasteur, Dubrunfaut et Hansen ont apporté dans ce domaine des données précieuses qui forment, à l'heure actuelle, les bases scientifiques de cette industrie. Les études de ces savants ont provoqué des améliorations sensibles dans les méthodes de fabrication de la bière.

Il faut toutefois reconnaître qu'à l'heure actuelle les méthodes empiriques n'ont pas complètement disparu de la pratique de la brasserie et que la science ne peut pas encore expliquer tous les phénomènes qu'on observe dans la fabrication de la bière. Pour mener cette fabrication à bonne fin, il est encore nécessaire de posséder beaucoup plus de pratique que de science.

La brasserie emploie comme matière première le malt, le houblon, l'eau et la levure. Avec ces produits, toujours les mêmes, on fabrique une diversité presque infinie de boissons fermentées.

Les différences entre les bières, que nous connaissons, proviennent, en premier lieu, des différences de qualité des matières premières.

Le malt de brasserie est loin d'être une substance d'une composition constante. Il diffère suivant l'origine et la qualité de l'orge et encore suivant la méthode de maltage employée.

On peut faire la même observation pour les autres facteurs qui entrent dans la fabrication des bières.

En effet, les diverses levures se comportent très différemment dans un même moût sucré et donnent des produits très divers.

La différence dans le caractère des bières peut avoir aussi comme cause la qualité de l'eau ou celle du houblon.

Le goût et l'aspect du moût fermenté peuvent encore changer par suite de l'intervention de ferments et de levures étrangères.

Toutes ces causes influent indiscutablement sur la fabrication, mais la variété des matières premières n'explique pas toutes les différences que l'on observe entre les boissons fermentées.

Le caractère d'une bière dépend en réalité de très nombreux facteurs : du mode de travail, de la manière dont le maltage et le touraillage sont conduits, des modes d'extraction et de saccharification, ainsi que du mode de fermentation.

Comme on le voit, la brasserie est une industrie excessivement compliquée.

Pour bien en comprendre tout le mécanisme, il faut un bagage scientifique très solide, et encore se trouve-t-on souvent en présence de problèmes non résolus scientifiquement. Heureusement, le brasseur se tire d'affaire par son esprit d'observation ainsi que par la routine qu'il a acquise.

Le malt est généralement très riche en matières actives et l'amylase qu'il contient peut hydrater très profondément 10 à 20 fois plus de matières amylacées que le malt n'en contient.

La liquéfaction et la saccharification s'opèrent sans difficulté en présence de grands excès de diastase S'il ne s'agissait donc que d'aboutir à une saccharification profonde, le problème serait très facile. Mais, en réalité, le brasseur n'a pas seulement en vue une transformation profonde de l'amidon en sucre; très souvent même il redoute la saccharification profonde. Il lui importe surtout, en effet, d'arriver à un dédoublement spécial de l'amidon et d'obtenir certaines dextrines résistant à l'action des levures. Souvent aussi, il a en vue la production de sucres difficilement fermentescibles, qui doivent rester intacts pendant la fermentation principale et qui n'entreront en jeu qu'au moment de la fermentation complémentaire.

Le mode de dédoublement de l'amidon influe à un haut degré sur le caractère de la bière, et, suivant le type de bière que le brasseur se propose de produire, il doit former plus ou moins de dextrines et de sucres facilement fermentescibles.

Dans ces conditions, la présence d'un excès de diastase est plutôt nuisible qu'utile. C'est pour ce motif que le brasseur, avant même qu'il en ait pu connaître les raisons scientifiques, a toujours cherché à se placer dans des conditions qui entravent la saccharification et l'action d'un excès de substances actives. C'est ainsi que, par le touraillage, on favorise la formation de dextrines et que, par une saccharification à température élevée, on détruit l'excès des substances actives.

L'influence de la température de saccharification sur les quantités de maltose et de dextrines formées est résumée, d'après Petit, dans le tableau suivant, qui indique les quantités de maltose et de dextrines formées à différentes températures ainsi que le rapport entre ces quantités.

TEMPÉRATURE DE SACCHARIFICATION	MALTOSE o/o	DEXTRINES o/o	RAPPORT
60-61	72	30	1 — 0,4
65-66	71,4	31,8	1 : 0,44
68-69	44,7	57	1 : 1,27
72-73	24,7	76,3	1 : 3

Nous avons dit plus haut que les modes de saccharification

et de touraillage influent, non seulement sur la quantité et la nature des dextrines, mais aussi sur la nature du sucre.

En réalité, en saccharifiant l'amidon dans certaines conditions, on aboutit à des combinaisons de maltose et de dextrines qui se comportent autrement que le maltose et les dextrines libres.

Ainsi, lorsqu'on abandonne un moût de bière à l'action de la levure, on constate que le liquide contient encore, au moment où la fermentation est terminée, une certaine quantité de maltose. La non-fermentation du sucre restant n'est nullement due à l'épuisement des levures, comme on pourrait le croire à première vue. C'est ainsi que par une addition de maltose pur au moût fermenté on provoque une nouvelle fermentation qui épuise le sucre ajouté, tandis que le sucre restant dans le moût est très peu attaqué par les levures pendant la nouvelle fermentation.

Pour expliquer ce fait, on admet que le maltose peut former des combinaisons avec les dextrines, combinaisons qu'on appelle malto-dextrines. Ces corps n'ont pas été isolés à l'état pur et leur individualité chimique est loin d'être démontrée. Il est toutefois hors de doute qu'il existe une différence notable dans la fermentescibilité des divers sucres qu'on obtient en saccharifiant dans différentes conditions l'amidon par le malt.

Cette différence peut être attribuée, ou bien à l'existence réelle de différents maltoses ayant des structures géométriques diverses, ou bien à la formation de combinaisons plus ou moins stables de maltose et de dextrines.

Les auteurs qui ont étudié tout spécialement le dédoublement de l'amidon par le malt admettent, généralement, l'existence de différents types de malto-dextrines qui se caractérisent par les quantités relatives de maltose et de dextrines qu'ils contiennent.

Les malto-dextrines contenant une grande quantité de maltose sont dites malto-dextrines du type bas; au contraire les

malto-dextrines contenant beaucoup de dextrines et peu de
maltose sont dites du type élevé.

La dextrine contenue dans les malto-dextrines est transformée par la diastase à des températures supérieures à 55°,
tandis qu'au dessus de 63° les malto-dextrines restent inatta-
quées. La levure de bière dédouble ces combinaisons en matières fermentescibles et en dextrines. Ce dédoublement se
produit toujours avec une lenteur plus ou moins grande,
suivant que la levure agit sur un type bas ou sur un type élevé
de malto-dextrine.

La formation des combinaisons de maltose et de dextrines
dépend de la température de saccharification. Par l'action de
la diastase au-dessous de 50°, on forme du maltose et des
dextrines libres sans malto-dextrines. En faisant agir la diastase entre 55° et 62°, on constate déjà l'apparition de maltose
combiné aux dextrines et les malto-dextrines augmentent
considérablement lorsqu'on dépasse cette température. La
composition du moût, au point de vue de sa teneur en maltose combiné aux dextrines, peut, par conséquent, être réglée
par le choix de la température de saccharification.

D'après Petit, on obtient, avec un même malt saccharifié
successivement à 60°, 65° et 69°, les quantités respectives
suivantes de malto-dextrines :

Température.	60°	65°	69°
Malto-dextrines..	2,4	6,6	16,2 o/o

La température, tout en influant sur la formation des
malto-dextrines, n'influe pas beaucoup sur le genre des malto-
dextrines transformées.

Ainsi les températures comprises entre 60° et 65° provoquent toutes le même type et c'est seulement à la température de 69° qu'on arrive à relever sensiblement le teneur en
dextrine des malto-dextrines formées.

La température de touraillage a aussi une influence manifeste sur la marche de l'hydratation de l'amidon.

Brown et Morris, en analysant les moûts obtenus avec 4 malts touraillés à des températures croissantes, ont trouvé les chiffres suivants :

	ESSAIS			
	1	2	3	4
Pouvoir diastasique.	47	45	34	17
Malto-dextrines pour 100. . .	4,25	7,9	14,9	22,4
Type de malto-dextrines obtenues.	1:0,5	1:1,5	1:2	1:2

Comme on le voit, la température de touraillage agit à la fois sur la quantité et la nature des malto-dextrines. Le malt contenant le moins de diastase fournit à la fois le maximum de maltose combiné et le type le plus élevé de malto-dextrine.

Les qualités et les propriétés de la bière sont influencées à un haut degré par la quantité et le type des malto-dextrines formées pendant la fabrication. Ces substances exercent une influence sur l'atténuation, sur le goût, ainsi que sur la conservation de la bière.

Nous ne pouvons, dans le présent volume, faire la description des différentes méthodes de brassage et nous préférons renvoyer le lecteur à des ouvrages spéciaux.

Remarquons seulement que c'est en modifiant le mode d'hydratation de l'amidon qu'on arrive à produire des bières de types différents. En effet, la façon de conduire le brassage influe à un haut degré sur la composition du moût qui agit à son tour sur la qualité et le type de la bière.

Avant même de posséder des notions théoriques sur le mode de dédoublement de l'amidon, le brasseur connaissait déjà les conditions dans lesquelles il est nécessaire de se placer pour aboutir à un moût présentant les qualités requises dans chaque cas. Quand le brasseur se propose de faire des bières à forte atténuation et riches en alcool, il se trouve forcé d'effectuer le brassage de manière à éviter la formation de grandes quantités de malto-dextrines. Quand il s'agit, au contraire, d'une bière à fermentation basse donnant lieu à une fermentation secondaire prolongée, il cherche à obtenir une grande quantité de maltose combiné et de malto-dextrines de type très élevé.

Pour les bières à fermentation haute, la manière de conduire la saccharification dépend aussi du degré de densité des moûts. Les moûts destinés à la fabrication de bières légères sont généralement profondément saccharifiés, tandis que pour les bières fortes on cherche, au contraire, à produire beaucoup plus de dextrines.

C'est donc par un touraillage à une température convenable et par la durée de la saccharification qu'on arrive à produire des moûts de compositions très différentes, tout en employant les mêmes matières premières.

BIBLIOGRAPHIE

Carl LINTNER. — Lehrbuch der Bierbrauerei. Verlag von Friedrich Wieweg und Sohn Braunschweig.

P. PETIT. — La bière et l'industrie de la brasserie. Paris, 1896.

Wilhelm WINDISCH. — Das chemische Laboratorium des Brauers. Berlin. Paul Parey.

Paul LINDNER. — Mikroskopische Betriebskontroll in den Gärungsgewerben. Paul Parey. Berlin.

CHAPITRE XIII

FABRICATION DU MALTOSE

Par l'action du malt sur l'amidon, on peut obtenir, suivant la durée de l'opération et suivant la température à laquelle elle est pratiquée, une série de produits différent entre eux par le degré d'hydratation.

En saccharifiant un empois contenant de 5 à 7 pour 100 d'amidon avec une infusion de malt à la température de 40°-45°, on aboutit, après 12 à 15 heures, à une transformation presque complète de l'amidon en maltose.

Le liquide sucré, évaporé jusqu'à la consistance de 40° à 42° Baumé, se prend en une masse blanche, cristalline, contenant seulement 1 à 2 de dextrine pour 100 de sucre.

On obtient un produit d'une tout autre nature par la saccharification à 60°-62°. Si on limite la durée de la saccharification à 30 ou 60 minutes et que l'on travaille avec un excès de diastase, on obtient un sirop fortement saccharifié contenant de 20 à 25 parties de dextrine pour 100 de sucre.

Par une saccharification à 68° on arrive à des produits possédant une teneur en maltose de 60 seulement pour 100.

Ces différents produits ont trouvé leurs applications dans l'industrie, grâce aux efforts tentés par Dubrunfaut et Cusenier.

Ces savants ont fait une étude très approfondie de la saccharification par le malt et ils ont créé un procédé industriel auquel un très grand avenir semble réservé.

Dubrunfaut, en créant l'industrie du maltose, espérait que

les différents produits de saccharification trouveraient de multiples applications dans différentes industries. Il croyait que le maltose pur pourrait remplacer avec avantage le sucre de canne dans la vinification et la fabrication des liqueurs. Le sirop saccharifié devait prendre place dans toutes les industries qui emploient le glucose, par exemple dans la pâtisserie, dans la confection des confitures, etc. Les produits contenant une forte proportion de dextrine auraient été tout spécialement destinés à la brasserie où ils devaient remplacer une grande partie du malt.

Les prévisions de Dubrunfaut ne se sont pas complètement réalisées.

L'industrie du maltose a pris, à une certaine époque, un grand développement. On a créé des usines en France, en Belgique, en Hollande et en Angleterre et la production de ce sucre a atteint de très grandes proportions. Dans ces dernières années, cependant, cette industrie, à la suite de différentes circonstances, a subi un recul considérable.

Toutefois, le progrès de la fabrication du maltose n'indique nullement que cette industrie soit destinée à disparaître.

Les avantages que présente la saccharification par le malt sur la saccharification par les acides sont pour nous indiscutables et nous sommes absolument certains que cette industrie finira par détrôner celle des glucoses.

Comme la préparation industrielle du maltose est très peu connue, nous tenons à donner ici quelques renseignements sur la technique de cette fabrication.

Comme matières premières on emploie des fécules de pommes de terre, de riz ou de maïs. Au point de vue économique, le maïs est la matière première offrant le plus d'avantages. Malheureusement le travail de cette céréale présente de grandes difficultés quant à la filtration et à la décoloration du sirop.

Pour aboutir à des produits d'une bonne apparence et pour obtenir des rendements convenables, il est nécessaire de se placer dans des conditions strictement déterminées.

Les opérations successives auxquelles on doit procéder sont les suivantes :

1° Mouture ;

2° Cuisson ;

3° Saccharification ;

4° Filtration ;

5° Défécation ;

6° Seconde filtration ;

7° Évaporation ;

8° Seconde défécation ;

9° Évaporation à 40°.

Le maïs, réduit en une mouture grossière, est introduit dans les appareils horizontaux munis à l'intérieur d'un mouvement à palettes. Chaque cuiseur reçoit 750 kilogrammes de mouture et une quantité d'eau déterminée, de façon à donner, après la cuisson, 45 hectolitres de liquide. On monte rapidement en pression tout en faisant marcher l'agitateur et on reste 40 minutes à 3 atmosphères. Le temps nécessaire pour monter à cette pression étant d'environ 40 minutes, la cuisson se trouve terminée au bout de 80 minutes environ.

Le maïs cuit est envoyé dans un second appareil horizontal muni d'une double enveloppe, d'un broyeur Bohm et d'un agitateur à palettes. On ajoute une faible quantité de malt à la température de 70°-75° et, en 5 à 10 minutes, on produit une liquéfaction de la masse. On refroidit ensuite par la double enveloppe, on ajoute le restant du malt à la température de 65°, on reste environ 20 minutes à cette température, on réchauffe à 70° et on envoie le moût dans le filtre-presse. Pour la fabrication du sirop dextriné la saccharification se prolonge pendant 1 heure à 68°.

Le sirop saccharifié demande pour sa confection jusqu'à 25 pour 100 de malt vert. Pour le sirop dextriné la quantité de malt est réduite jusqu'à 15 pour 100.

On attache une très grande importance à la filtration et,

en réalité, cette phase du travail influence à un haut degré la qualité du produit ainsi que le rendement.

Le passage par le filtre-presse doit se faire très rapidement et, lorsque le liquide a passé par le filtre, il doit être d'une limpidité parfaite. Une filtration incomplète amène une altération des jus et indique en même temps une mauvaise extraction.

Le léger trouble que l'on constate dans le moût mal filtré décèle la présence d'une certaine quantité d'amidon capable de produire une perturbation pendant la concentration des jus.

Pour aboutir à une bonne filtration il est essentiel de se servir d'un malt dont la plumule soit très longue et de réchauffer le moût saccharifié à la température de 70°.

Dans les maltoseries on emploie généralement des filtres-presse de 70 centimètres carrés, munis de 12 cadres revêtus de toile. Une batterie de 7 filtres fournit en 15 minutes 45 hectolitres de jus de 2° 1/2 à 3° Baumé.

Les jus filtrés sont amenés dans des réservoirs en cuivre munis d'une double enveloppe pour l'entrée de la vapeur. On réchauffe rapidement à 75° et on laisse les jus environ une demi-heure à cette température pour la défécation.

Il se forme un abondant précipité qu'on sépare par un second passage au filtre. Cette seconde filtration ne présente pas de difficultés. Elle se fait sur un filtre-presse de petites dimensions.

Les jus limpides sont renvoyés à l'évaporation dans un appareil à triple effet où ils sont concentrés jusque 22° Baumé.

Les sirops sont alors soumis à l'épuration ainsi qu'à un traitement au noir animal. Les sirops sont amenés dans des réservoirs spéciaux dans lesquels on ajoute 10 kilogrammes de noir animal en poudre et 500 grammes de sang desséché pour 25 hectolitres de sirop.

On maintient à l'ébullition pendant 10 minutes, on filtre et on concentre dans le vide jusqu'à 40°-42° Baumé. Pour la fabrication de produits fortement décolorés on renvoie les sirops, après l'épuration, dans la batterie de filtres au noir où ils restent de 5 à 8 heures.

Les rendements qu'on obtient couramment dans les usines sont de 92 à 94 kilogrammes de sirop à 40° pour 100 kilogrammes de maïs, mais, pour aboutir à ce résultat, il faut un travail très régulier et beaucoup d'attention.

Pour donner une idée de l'influence du mode de travail sur le rendement, nous pouvons rappeler que dans les premières années d'existence des usines de maltose le rendement était seulement de 60 à 65 kilogrammes de sirop pour 100 kilogrammes de maïs et que c'est seulement dans la suite, grâce à des perfectionnements successifs, qu'on est arrivé aux résultats mentionnés plus haut.

Le sirop bien fabriqué se conserve généralement bien. Toutefois, cette conservation est plus sûre à l'air libre que dans des réservoirs fermés. Dans les grands réservoirs exposés à l'air on ne constate jamais d'altération, tandis que le sirop mis en tonneaux entre parfois en fermentation.

Voici l'analyse des produits industriels :

MALTOSE MASSÉ

Eau.	18,9
Maltose.	80,6
Dextrine.	0,2

SIROP BLANC (FÉCULE)

Substances sèches.	77,1
Maltose.	59,2
Dextrine.	17,4

MAÏS SACCHARIFIÉ

Eau.	20,2
Maltose.	45
Dextrine.	33
Matières azotées.	2,3
Substances minérales.	0,91

SIROPS DEXTRINÉS

Eau.	20
Maltose.	30,2
Dextrine.	48
Matières azotées..	2,1
Substances minérales.	0,91

SIROPS DE RIZ

Eau.	18,8
Maltose.	71
Dextrine.	2,4
Substances étrangères.	8,2

Le sirop de maltose présente de très grands avantages sur celui de glucose, au point de vue de la pureté comme au point de vue économique.

Le maltose est une substance nutritive d'une grande valeur. Dans l'organisme vivant il se transforme plus rapidement en sucre assimilable que le saccharose. Il est très facile à digérer et, ayant un goût moins sucré que le sucre de canne, il peut être absorbé en quantités beaucoup plus considérables que ce dernier.

Par l'action des acides sur l'amidon, on obtient des glucoses industriels contenant, à côté des dextrines, des corps étrangers formés sous l'influence des acides à haute température. Ces corps donnent un goût désagréable aux glucoses et possèdent souvent des propriétés toxiques.

Les dextrines formées sous l'influence des acides ont une valeur nutritive très médiocre. Le sucre pancréatique agit très lentement sur ces dextrines, et son action est toujours imparfaite.

Comme il résulte des essais faits par Soxhlet et Stutzer, les dextrines formées par le malt se comportent tout autrement; elles sont transformées beaucoup plus facilement par les diastases.

La saccharification par le malt présente encore un grand

avantage : celui de pouvoir utiliser les matières amylacées directement, sans passer par la fabrication de l'amidon.

En traitant le maïs par l'acide, on produit des modifications profondes dans les matières azotées ainsi que dans les matières grasses. Les produits obtenus sont noirs, d'un goût désagréable et peu propres à la fabrication de la bière.

Pour aboutir à des produits plus purs on est forcé d'extraire tout d'abord l'amidon, ce qui entraîne de grandes pertes. De 60 kilogrammes d'amidon, contenus dans 100 kilogrammes de maïs on ne retire pratiquement que 50 à 52 kilogrammes. On perd donc environ de 8 à 10 kilogrammes d'amidon ainsi que d'autres substances nutritives, organiques et minérales, qui entrent dans la composition des grains et qui sont utilisées dans la fabrication du maltose.

L'industrie du maltose fournit aussi une drèche plus saine et plus nutritive que celle fournie par l'industrie du glucose. Il est donc indiscutable qu'au point de vue hygiénique ainsi qu'au point de vue économique le maltose est préférable au glucose.

La crise par laquelle passe momentanément l'industrie du maltose n'est nullement de nature à la faire disparaître complètement. Cette fabrication présente des avantages très réels et les efforts tentés par Dubrunfaut et Cusenier ne resteront pas vains.

Les brevets qui protégeaient cette industrie sont périmés et cette circonstance ne tardera certainement pas à lui donner un nouvel élan.

CHAPITRE XIV

FERMENTATION PANAIRE

Théorie de Dumas sur la fermentation panaire. — Céréaline de Mège-Mouriès. — Le rôle des bactéries dans la fermentation panaire. — L'origine du sucre dans la farine.

Le travail de la boulangerie se fait en trois phases successives : le pétrissage, l'apprêt et la cuisson.

La première de ces opérations a pour but de fabriquer avec la farine une pâte élastique et homogène.

A cet effet, on dilue un peu de levain dans de l'eau tiède, on ajoute petit à petit de la farine, on agite ensuite le mélange et on pétrit la masse. Il se forme ainsi une pâte dans laquelle on fait pénétrer uniformément une certaine quantité d'eau salée. Le pétrissage terminé, on abandonne la masse pendant quelque temps.

Le levain incorporé produit alors une fermentation qui modifie la structure et la composition chimique de la pâte.

Cette fermentation constitue la deuxième période qu'on nomme l'apprêt. L'apprêt se fait dans le pétrin et dure généralement de 20 à 30 minutes.

La pâte est ensuite divisée en parties d'une certaine grandeur auxquelles on donne la forme d'un pain. On les saupoudre avec de la farine, et on les laisse de nouveau en repos pendant 30 à 40 minutes après quoi on les soumet à la cuisson dans des fours portés à 250° ou 300°.

Le levain qui sert dans la préparation du pain provient d'une opération précédente. Après le pétrissage, le boulanger prélève une faible partie de la pâte et l'emploie comme

levain dans l'opération suivante. Le même ferment est utilisé
de cette façon pour une série indéfinie d'opérations.

L'agent principal de la fermentation panaire est un saccha-
romices. Mais ce facteur n'est pas le seul ; d'autres entrent
en jeu et, ici encore, on se trouve en présence d'actions diastasiques.

Le blé, le seigle, ainsi que toutes les céréales, contiennent
des quantités notables d'amylase et de substances activant
l'action diastasique. Par la mouture, il est vrai, une grande
partie de la diastase se trouve éliminée avec le son, mais la
farine ne se trouve pas complètement dépourvue de substances
actives. Ces enzymes non éliminés jouent successivement un
rôle important dans les diverses phases de la fabrication du
pain.

L'action des diastases des grains s'exerce déjà pendant la
mouture. Cette action se manifeste ensuite pendant la fermentation panaire et peut même encore se constater pendant la
cuisson.

Le rôle du levain, ainsi que les phénomènes physiques et
chimiques qui se manifestent pendant la panification, ont
donné lieu à différentes théories.

Dumas envisage la fermentation panaire comme une fermentation alcoolique. D'après ce savant, l'amidon et le gluten
de la farine se trouveraient déjà en partie hydratés à la suite
du délayage avec l'eau. Cette hydratation serait encore
favorisée par le pétrissage qui répartit également le levain
dans la masse et le met en contact avec l'air, condition qui
favorise la fermentation.

Pendant l'apprêt, l'acide carbonique formé dans la masse, se
trouve emprisonné dans les cavités de la pâte à l'intérieur
de laquelle le gluten relie les divers éléments. Pendant la
cuisson, la brusque élévation de température dilate les gaz
inclus dans la pâte, et produit un gonflement de la masse
ainsi qu'une adhérence plus intime entre les matières hydratées, l'amidon, le gluten et l'albumine.

D'après Dumas, l'acide carbonique produit par la fermentation panaire reste presque totalement dans le pain dont il occupe environ la moitié du volume, à la température de 100°.

La levure agirait donc, d'après lui, par l'acide carbonique qu'elle produit et la fermentation serait provoquée au détriment du sucre déjà préexistant dans la farine.

La théorie de Dumas assimilant la fermentation panaire à une fermentation alcoolique a soulevé différentes objections ; certains auteurs ont objecté que, dans la fermentation panaire, il n'y a ni production d'alcool, ni multiplication des levures.

D'après Mège–Mouriès, le son contiendrait une substance active qu'il appelle céréaline et qui aurait la propriété de transformer successivement l'amidon en dextrine, en glucose et en acide lactique. Cette substance ne se retrouve pas dans la farine, mais, d'après Mège–Mouriès, le gluten lui-même pourrait saccharifier et faire fermenter l'amidon.

La présence d'alcool dans la pâte après l'apprêt a, en effet, échappé pendant très longtemps à l'analyse. En outre, différents expérimentateurs sont arrivés à cette conclusion que les levures introduites avec le levain ne se multiplient pas pendant l'apprêt.

En s'appuyant sur ces données et sur la présence presque constante de bactéries dans le levain, quelques bactériologistes ont émis l'hypothèse que ce seraient les ferments et non les levures qui produiraient la fermentation.

En 1883, Chicandard a décrit le bacillus glutinis qu'il considère comme étant l'agent de la fermentation panaire.

Laurent, dans ses travaux ultérieurs, a décrit le bacillus panificans.

Popoff a isolé de la pâte de boulanger un bacille anaérobie qui, en présence de sucre, produit de l'acide carbonique et de l'acide lactique.

Les analyses bactériologiques de levains faites par Peters et Boutroux ont démontré la présence constante dans le levain de ferments sécrétant de la diastase et agissant sur l'amidon et les matières albuminoïdes. De plus, la présence de ferments de même nature a été constatée dans la farine de blé.

L'intervention constante de ferments dans la panification peut donc être considérée comme démontrée.

Pour les uns, ce sont les ferments seuls qui provoquent la fermentation ; pour les autres, les ferments agissent en symbiose avec la levure : les ferments, à l'aide de leur diastase, fourniraient le sucre aux levures.

Wolffin est arrivé à produire du pain normal en remplaçant le levain par une culture de bacillus levans. Des expériences analogues ont été faites par Popoff avec le même succès.

Boutroux, qui a repris ces expériences et qui a étudié avec beaucoup de soins le levain de boulangerie, est arrivé aux conclusions suivantes :

1° La levure alcoolique est toujours présente dans le levain du pain ;

2° Cette levure se cultive de pâte en pâte de telle sorte qu'en ensemençant une première pâte avec des traces impondérables de levure on retrouve, au bout de quelques opérations, la même quantité de levure dans tous les points de la pâte sur laquelle on a opéré en dernier lieu ;

3° L'autre microorganisme trouvé dans la pâte et auquel on pouvait attribuer hypothétiquement le pouvoir de la faire lever se comporte tout autrement : cultivé de pâte en pâte il cesse de faire lever après le 2e ou le 3e passage.

La présence dans le levain de ferments favorisant la panification est un phénomène en somme exceptionnel.

Il résulte des études de Boutroux que, généralement, la présence des ferments joue un rôle défavorable : ils attaquent le gluten et empêchent le pain de lever. Dans la pratique de la boulangerie l'action nuisible de ces bactéries est paralysée par la présence de la levure qui, dans une pâte normalement constituée, trouve un excellent terrain de développement, combat les ferments étrangers et entre seule en jeu pendant la fermentation panaire.

La manière de voir de Dumas se trouve aussi confirmée par les expériences de Moussette et Aimé Girard qui sont arrivés à constater la présence de l'alcool dans les produits de la fermentation panaire.

Moussette, en condensant la vapeur des fours à pain pendant la cuisson, a obtenu une solution alcoolique contenant 1,6 d'alcool pour 100.

D'après Girard, il se forme pendant la fermentation le même poids d'alcool que d'acide carbonique. On constate l'existence d'environ 2 grammes et demi de chacune de ces substances par kilogramme de pain.

D'après quelques auteurs, le sucre consommé dans la fermentation panaire, sucre qui équivaut à environ 1 pour 100 du poids de la farine, proviendrait directement des grains. A l'appui de cette manière de voir on peut citer l'exemple de l'orge qui contient toujours des quantités appréciables de sucres fermentescibles. Mais le teneur en sucre du blé est, en réalité, très variable et on observe cependant que les céréales contenant des quantités de matières fermentescibles insuffisantes pour la fermentation panaire, fermentent cependant aussi énergiquement que les céréales riches en sucres. D'autre part, la farine qui est débarrassée de certaines parties constituantes des graines se trouve, par ce fait même, plus pauvre en sucres.

D'après Aimé Girard, Boutroux et Morris, il se produirait, pendant la végétation des graminées, une accumulation de sucre dans la tige; ce sucre, au moment de la formation de l'amidon, passerait dans l'embryon des grains et y serait transformé en amidon au fur et à mesure que le grain mûrit.

De cette façon, on ne trouverait dans le blé mûr que des traces de sucre et, comme pendant la mouture on enlève la plus grande partie du germe, la farine serait exempte de sucres naturels.

En présence de ce fait, il y a lieu de se demander d'où provient le sucre servant à la fermentation. D'après Poehl, le sucre fermentescible qu'on retrouve dans la farine prendrait naissance pendant la mouture des grains, à la suite d'une action diastasique sur l'amidon. Cette action diastasique se manifesterait seulement avec les grains contenant une certaine quantité d'eau, tandis que les grains desséchés n'en fourniraient point.

Ainsi, quand on traite une mouture de blé contenant de 11 à 13 pour 100 d'eau avec de l'alcool à 95°, on constate dans le liquide la présence de sucre réducteur. Le même grain, préalablement desséché et soumis ensuite au même traitement par l'alcool, ne fournit plus de sucre.

Il y a donc, en réalité, une transformation de l'amidon en sucre et l'action de l'amylase se manifeste par conséquent déjà au moment de la mouture. Il y a tout lieu d'admettre que l'hydratation commencée continue pendant le pétrissage et l'apprêt, quoique la teneur en sucre n'augmente pas sensiblement pendant ces phases du travail.

L'intervention de la diastase se manifeste avec plus de netteté pendant la cuisson.

La pâte, une fois introduite dans le four, s'échauffe très inégalement. A la surface la température s'élève brusquement et provoque la formation d'une croûte qui empêche la volatilisation des gaz et de la vapeur d'eau formés. A l'intérieur la température s'élève très lentement, circonstance qui favorise la fermentation alcoolique ainsi que l'action diastasique, puisque les diastases continuent à agir jusqu'à la température de 80°. Sous l'action de la vapeur d'eau et de la chaleur les grains d'amidon se transforment en empois et en amylodextrines.

La faible quantité de diastase contenue dans la farine se trouve dans d'excellentes conditions pour provoquer l'hydratation de l'empois, empois qui ne peut se former qu'en très petite quantité, sa formation étant limitée par le manque d'eau.

C'est surtout pendant la cuisson que le maltose et les dextrines se forment dans le pain et communiquent à celui-ci
un goût et une consistance caractéristiques.

La farine de qualité supérieure contient, généralement, de
très faibles quantités de diastase, tandis que les farines contenant encore une certaine quantité de son sont plus riches
en matières actives qui influent à un haut degré sur le caractère du pain. C'est ainsi que la mie molle du pain bis est due
exclusivement à la diastase du 'son.

Le pain blanc, trituré dans l'eau tiède, fournit une masse
demi-solide et environ 6 pour 100 seulement de matières
se dissolvent. Le pain bis, traité de la même manière, donne
à l'eau un aspect laiteux et 45 à 50 pour 100 de matières
sèches s'y dissolvent. Cette différence de solubilité provient
de la différence entre les modes d'action de la diastase dans
les deux sortes de pain.

Dans le son, dans les germes de blé, et, par conséquent aussi
dans la farine, il y a encore d'autres diastases jouant un rôle
dans la panification.

La transformation que subit le gluten pendant l'apprêt et
la cuisson nous paraît être due à une action diastasique,
mais cette question est encore fort peu élucidée.

L'intervention des enzymes est beaucoup plus évidente
dans la coloration des farines.

On trouve encore dans les farines des enzymes oxydants
sur lesquels nous aurons l'occasion de revenir en étudiant
les oxydases.

BIBLIOGRAPHIE

DUMAS. — Traité de chimie appliquée aux arts. Paris, 1843.
BIRNBAUM. — Das Brotbacken.
Léon BOUTROUX. — Le pain et la panification ; chimie et technologie de
    la boulangerie et de la meunerie.

Aimé Girard. — Sur la fermentation panaire. *Comptes Rendus*, t. Cl, p. 6o5.

Boutroux. — Contribution à l'étude de la fermentation panaire. *Comptes Rendus*, 1883, p. 116.

Moussette. — Observations sur la fermentation panaire. *Comptes Rendus*, 1865, XCV.

Lehman. — Ueber die Sauerteiggährung und die Beziehungen des bacillus levans zum bacille coli commune. *Centralbl. für Bacteriologie*. 1894.

W. L. Peters. — Die Organismen des Sauerteigs und ihre Bedeutung für die Brotgährung *Botanische Zeitung*. 1889.

CHAPITRE XV

ROLE DE L'AMYLASE DANS LA DISTILLERIE

Traitement des grains par l'acide et par le malt. — Influence de la cuisson sur la saccharification. — Choix des températures de saccharification. — Saccharification principale et secondaire. — Expériences d'Effront sur l'altération des diastases pendant la saccharification. — Travail par infusion. — Altération des diastases pendant les phases successives du travail. — Contrôle du travail dans la distillerie.

Les matières amylacées ne subissent pas directement l'action de la levure. Pour les rendre accessibles à l'action du ferment alcoolique, il est indispensable de les soumettre à une saccharification préalable.

Pour opérer cette transformation, la distillerie a longtemps employé les acides minéraux et c'est seulement dans ces derniers temps que ces agents ont presque totalement disparu des usines où ils ont été remplacés par le malt.

L'emploi des acides comme agents saccharifiants présente, en réalité, de grands inconvénients. Pour obtenir une saccharification profonde sans destruction notable du sucre formé, on est forcé d'agir sur des moûts très dilués, de les maintenir très longtemps à une température voisine de 100° et d'employer des quantités considérables d'acide qui doit nécessairement être neutralisé avant l'adjonction de la levure. La saccharification par les acides est donc peu économique, d'autant plus qu'elle n'est jamais complète et que les plus hauts rendements auxquels on peut aboutir ne sont jamais supérieurs

à 5o ou 53 litres d'alcool par 100 kilogrammes d'amidon
mis en œuvre.

Le travail par l'acide présente encore un autre inconvénient : il fournit une drèche qui ne peut pas être utilisée pour
la nutrition du bétail, inconvénient suffisant pour condamner
la méthode.

En employant le malt, tous les inconvénients du procédé à
l'acide disparaissent et la saccharification se fait relativement
vite. Les drèches obtenues de cette façon sont de bonne qualité et le rendement en alcool dépasse 65 litres par 100 kilogrammes d'amidon mis en œuvre. Le travail à l'aide du malt
a toutefois aussi ses inconvénients. Il n'est pas toujours facile
de préparer un malt répondant aux besoins de la distillerie, et
il est souvent fort difficile de l'utiliser rationnellement.

De toutes les industries qui emploient la diastase comme
agent saccharifiant, c'est indiscutablement la distillerie qui a
le plus à lutter avec les difficultés que présente l'emploi de
l'amylase. C'est, en effet, l'amylase qui joue le rôle principal dans cette industrie.

C'est elle qui régularise la marche de la fermentation et
qui influe sur toutes les phases du travail.

La connaissance approfondie du mode et des conditions
d'action de cette diastase est donc indispensable pour diriger
convenablement le travail.

C'est pour cette raison que, tout en nous plaçant à un
point de vue spécial, tout en étudiant la distillerie exclusivement au point de vue du rôle qu'y joue le malt, nous sommes
amenés à passer en revue toutes les opérations qui se suc-
cèdent dans cette industrie.

Cuisson. — L'amidon retiré des cellules est difficilement attaquable par l'amylase mais, lorsqu'il n'est pas
encore dégagé des grains qui le renferment, sa transformation
par la diastase est encore plus difficile. Les substances intercellulaires et la membrane cellulosique des cellules amylacées

empêchent le contact de la substance active avec les granules
d'amidon.

Pour rendre efficace l'action de la diastase sur les matières amylacées, on est forcé de leur faire subir une cuisson
qui dissout les substances intercellulaires et met en liberté
les grains d'amidon.

En opérant avec des matières amylacées réduites en poudre,
les actions combinées de la chaleur et de l'eau, favorisent à
un haut degré l'attaque de l'amidon et la cuisson à l'air libre
suffit pour obtenir un empois qui se saccharifie facilement
par le malt. Toutefois, pour le travail des grains entiers, il est
indispensable d'opérer sous pression.

Dans la pratique on opère la cuisson dans des appareils
fermés où les grains sont soumis pendant 2 heures environ
à une pression de 3 à 4 atmosphères.

L'élévation de la température est très favorable à la dissolution de l'amidon, mais elle présente de grands inconvénients
à d'autres points de vue.

La partie principale des grains, l'amidon, résiste à de
hautes températures sans se décomposer, mais tel n'est pas
le cas pour les autres substances constitutives du grain, pour
les sucres par exemple, qui sont détruits à haute tempéra-
rature. En cuisant un moût sucré à différentes pressions on
constate que la destruction du sucre augmente dans une forte
proportion au fur et à mesure que la pression augmente.

Ainsi un moût sucré, contenant 15 pour 100 de maltose,
maintenu pendant :

> 1/2 heure à 2 atmosphères perd 0,8? de sucre.
> — 3 — 1,7 —
> — 4 — 3,4 —

Les grains, et surtout les pommes de terre, contiennent des
quantités de sucres fermentescibles assez appréciables, et la
destruction de ceux-ci doit forcément amener une perte sensible en alcool.

La haute pression a aussi pour effet de dissoudre différentes substances qui entrent dans la composition des grains. L'augmentation, dans le moût, de la quantité de substances extractives sous l'influence des hautes pressions est considérée, par différents auteurs, comme une preuve de l'efficacité de la cuisson. C'est en se basant là-dessus qu'on conseille même parfois de dépasser, pendant la cuisson, la pression de 3 atmosphères. Il est indiscutable que la haute pression augmente la densité des moûts et qu'elle favorise l'augmentation de la quantité de substances réductrices, mais ce fait n'entraîne pas nécessairement une augmentation du rendement alcoolique. Au contraire, de nombreux essais faits dans cette voie nous ont montré qu'un moût de grains fortement cuits, tout en donnant avec le malt une bonne saccharification, fournit un rendement en alcool inférieur à celui d'un moût préparé à une pression modérée. Ainsi 3 moûts de grains préparés, toutes choses égales d'ailleurs, à différentes pressions, ont donné les résultats suivants :

	DENSITÉ BALLING	ALCOOL	FORCE DIASTASIQUE
2 atmosphères . . .	17	10,5	40
3 — . . .	18,1	10,3	28
4 — . . .	18,6	9,8	13

On voit que le moût cuit à 4 atmosphères possède une densité de 18,6, tandis que le moût cuit à deux atmosphères n'accuse qu'une densité de 17.

Nous pourrons constater en même temps que le maximum de la teneur en sucre ne correspond pas au plus fort rendement en alcool. En effet, le moût préparé à 2 atmosphères fournit 10,5 d'alcool, tandis que le moût préparé à 4 atmosphères donne seulement 9,8. Sous la rubrique « Force diastasique » nous trouvons une explication de cette anomalie.

Les grains cuits à 2 atmosphères et saccharifiés ensuite

dans les mêmes conditions, accusent un pouvoir ferment de 40; la force diastasique diminue avec l'augmentation de la pression et, à 4 atmosphères, on ne peut plus déterminer dans le moût qu'un pouvoir ferment de 13.

La cuisson du moût y fait naître certaines substances qui affaiblissent le malt pendant la saccharification. La cuisson sous forte pression entraîne donc, comme conséquence immédiate, une fermentation incomplète.

On ne connait pas exactement la nature des substances nuisibles et on ne peut pas non plus déterminer quels sont les corps qui leur donnent naissance; néanmoins, la formation de substances entravant l'action diastasique, ne peut pas être mise en doute. Il y a lieu de tenir compte de ce fait, surtout quand on se propose de travailler avec une quantité limitée de malt.

Le mode de travail le plus rationnel consiste à faire une mouture très fine des grains; à cuire cette mouture pendant 1 1/2 à 2 heures avec de l'eau à 1 1/2 ou 2 atmosphères, au maximum.

Dans ces conditions, on aboutit à des moûts qui n'affaiblissent point le malt. Ce mode de travail offre encore le grand avantage de fournir une drèche beaucoup plus saine que celle qu'on obtient par la cuisson à haute pression.

Il est fort difficile de démontrer de façon concluante l'influence défavorable qu'exerce la cuisson à haute pression sur la qualité des drèches. L'analyse chimique nous fournit bien des données sur la teneur des drèches en azote, en phosphates et en matières organiques, mais elle ne nous donne aucun renseignement sur leur valeur nutritive, et la valeur comparative des drèches ne peut être déterminée que par des expériences sur les animaux.

Des essais de ce genre devraient être pratiqués dans une station agricole ayant à sa disposition une distillerie. Nous ne croyons pas que des expériences en ce sens aient été tentées, et, en tout cas, nous ignorons les résultats qu'elles ont donnés. Toutefois, notre conviction sur la valeur comparative des diverses drèches, suivant les températures auxquelles on a effectué la cuisson, résulte d'une enquête que nous avons faite. Des renseignements que nous avons recueillis chez différents distillateurs et agriculteurs, il résulte que le bétail se nourrit plus volontiers de drèches obtenues par une cuisson des grains à faible pression. Ces drèches peuvent être absorbées par lui en quantités plus grandes que les résidus d'une cuisson à haute pression. Ces mêmes drèches n'ont pas, comme celles préparées à haute pression, une action défavorable sur la quantité et la qualité du lait.

L'influence de la cuisson sur la valeur nutritive des drèches peut être surtout observée dans les villes possédant plusieurs distilleries. L'agriculteur qui achète des drèches liquides finit toujours, après des tâtonnements plus ou moins longs, par accorder la préférence à une des distilleries, et cette préférence est toujours en faveur de l'usine travaillant à faible pression.

Il nous paraît probable que ce sont les mêmes substances qui influent défavorablement sur la saccharification qui empêchent la digestion des drèches obtenus par la cuisson à haute pression.

Saccharification des matières amylacées. — Par l'effet de la cuisson les substances, qui dans les grains s'interposent entre les cellules amylacées, sont partiellement dissoutes et les cellules d'amidon se trouvent extraites des tissus où elles étaient incrustées.

A l'intérieur des cellules, les graines d'amidon, d'abord gonflées, se liquéfient. Les cellules se remplissent alors d'amidon liquide. Pour faire sortir cet amidon des cellules il est nécessaire de recourir à une action mécanique qui déchire la membrane cellulosique très résistante à l'action de la chaleur. Ce déchirement est nécessaire parce que, si l'amidon liquide restait enfermé dans les cellules, il ne subirait qu'une saccharification incomplète.

Dans ce but on agite fortement la masse cuite, on expulse le moût du macérateur sous l'action d'une pression énergique et on complète l'action par un broyage qui divise la masse et fait éclater les cellules les plus résistantes. Le moût ainsi préparé est convenablement refroidi, additionné de malt et abandonné à la saccharification.

La détermination de la température à laquelle doit se pratiquer la saccharification a été faite à la fois par des praticiens et par des hommes de science. Toutefois, malgré tous les efforts tentés dans cette voie, la question est encore très obscure par suite de la divergeance des opinions à son sujet.

Pour bien comprendre les difficultés que l'on rencontre dans le choix de la température de saccharification, il faut, avant tout, bien avoir en vue les résultats multiples et divers qu'on veut obtenir par cette opération, à savoir : la liquéfaction de l'amidon des grains crus et l'utilisation rationnelle de l'amidon du malt.

Il faut enfin tenir compte de la présence des germes et des bactéries dans le malt ainsi que de l'acidité du milieu et de l'altération de la diastase.

Théoriquement, par une action très prolongée du malt sur l'amidon, on peut aboutir à une saccharification complète, mais, dans la pratique, il est absolument impossible d'arriver à une transformation profonde et la saccharification, faite dans les meilleures conditions, ne fournit que 80 de maltose pour 100 d'amidon.

L'hydratation de l'amidon se fait dans le travail de la distillerie en deux phases différentes : la saccharification proprement dite, puis la saccharification secondaire qui se prolonge pendant toute la durée de la fermentation.

De ces deux saccharifications, c'est la dernière qui est la plus difficile à régler et on admet généralement qu'on a tout intérêt à former le maximum de sucre dans la première phase de l'hydratation, afin de laisser le moins possible de dextrines pour la saccharification secondaire. Pour cela, il faut se placer, pendant la saccharification principale, dans les conditions les plus favorables et adopter une température qui fournisse, dans le minimum de temps, le maximum d'effet. C'est dans la détermination de cette température qu'on se heurte aux premières difficultés. La température optima des diastases est loin d'être constante. Si l'on compare, en effet, les quantités de maltose formé pendant un même laps de temps, avec une quantité déterminée de malt, à différentes températures, on constate que le maximum de sucre formé a lieu pour des températures très différentes suivant la durée de la saccharification.

Ainsi, quand on saccharifie pendant 1 heure différents échantillons d'un même empois avec la même quantité de malt et en opérant à des températures croissant de 30° à 70°, on trouve une température optima de 60° à 63°.

Quand on répète le même essai en prolongeant la durée de la saccharification pendant trois heures, la température optima se trouve déjà réduite à 50° et elle descend jusqu'à 30°, si l'on fait durer la saccharification pendant 12 heures.

Il en résulte que le choix des températures de saccharification dépend de la durée de celle-ci et que, plus la durée de l'action est prolongée, moins la température de saccharification doit être élevée.

Dans la pratique, la durée de la saccharification est très variée.

Cette opération dure, suivant les usines, de 20 minutes à 2 heures. Sa durée est déterminée par le genre de l'installation et par les conditions générales du travail.

Si l'on veut aboutir à une hydratation profonde de l'amidon on a toutefois intérêt à choisir, lorsque la saccharification dure une demi-heure, une température de 62°-63°, tandis qu'on doit descendre à la température de 57°-58° pour les saccharifications durant de 1 à 2 heures.

Nous connaissons maintenant les conditions dans lesquelles il faut se placer pour aboutir, dans la saccharification principale, à une hydratation profonde.

Mais, en réalité, la quantité de sucre formé pendant la première phase de la saccharification, influe fort peu sur le résultat final de l'opération. Un moût dextriné fournit autant d'alcool qu'un moût fortement saccharifié. De plus, la quantité de diastase indispensable pour la saccharification secondaire, n'est pas plus grande pour le moût dextriné que pour le moût contenant déjà une forte dose de sucre.

Une très longue série d'expériences pratiquées dans cette voie, nous ont démontré que l'intensité de la première saccharification importe peu, et que le résultat final dépend surtout de la conservation plus ou moins complète de la diastase pendant la durée de la fermentation.

Toutefois, la saccharification principale ne peut pas être complètement supprimée. Elle a une raison d'être, surtout au point de vue de la liquéfaction. C'est en effet cette première opération qui donne à la masse cuite la fluidité nécessaire. De plus, elle achève d'attaquer les cellules qui ont échappé à l'action de la cuisson et elle liquéfie les particules d'amidon qui adhèrent aux drèches.

En élevant la température de la saccharification, en dépassant 60°, on se trouve dans d'excellentes conditions au point de vue de la liquéfaction.

Il nous faut maintenant nous occuper de l'altération de la diastase sous l'action de la chaleur car la substance active devant servir à la saccharification secondaire doit, après la saccharification principale, être absolument inaltérée. La température de saccharification doit donc forcément être inférieure à celle à laquelle la diastase commence à s'affaiblir. Tous les auteurs qui s'occupent de la saccharification sont complètement d'accord sur ce point, mais leurs opinions sont très différentes, quand il s'agit de dire à quelle température l'altération commence.

Pour les uns, la substance active du malt peut supporter des températures de 62° sans s'altérer. Pour les autres, le degré de résistance du malt à des températures élevées, dépend de la durée de l'action, ainsi que de la concentration et de la composition des moûts.

D'après quelques chimistes, une température de 60°-62° amènerait dans les moûts dilués une altération prononcée de la diastase, tandis que, dans les moûts concentrés, l'amylase résisterait beaucoup mieux. D'autres enfin, font, au point de vue de la conservation de l'enzyme, une différence notable entre un moût dextriné et un moût saccharifié.

On admet que la présence de grandes quantités de maltose dans la solution protège la diastase contre l'effet désastreux des hautes températures et, se basant là-dessus, on conseille de conduire la saccharification en 2 phases; pendant les 30 premières minutes de l'action du malt on recommande de rester à une température de 58°-60°, puis de monter ensuite jusque vers 64°-67°.

On cite, à l'appui de cette manière de voir, de nombreuses expériences qui, en réalité, se prêtent assez peu à des conclusions très nettes.

Les diverses déterminations, faites par plusieurs chimistes avec des matières premières différentes, dans des conditions forcément variées et par des méthodes diverses, ne peuvent pas fournir de données sérieuses pour résoudre cette question.

La plus ou moins grande altération de la diastase à différentes températures peut être suivie à l'aide d'une méthode fort simple.

On additionne un empois d'amidon d'une quantité de malt juste suffisante pour produire, dans des conditions favorables, une saccharification profonde. On prélève, après cette addition, 2 échantillons; l'un est abandonné pendant 12 heures à la température de 30°, l'autre est maintenu d'abord pendant 1 heure à une température élevée, puis, pendant 11 heures, à 30°.

Si, dans ces conditions, on constate une différence dans la teneur en maltose, celle-ci prouve l'influence des hautes températures.

Voici 3 essais faits à des températures différentes:

		MALTOSE FORMÉ :	
		APRÈS 1 HEURE	APRÈS 12 HEURES
A	12 heures à 30 centigrades. . . .	2,4	9,6
	1 — à 50°c. et 11 heures à 30°c.	8,3	10,2
B	12 heures à 30°c.	2,2	9,8
	1 — à 55°c. et 11 heures à 30°c.	9,1	11,6
C	12 heures à 30°c.	2,2	9,9
	1 — à 59°c. et 11 heures à 30°c.	9,5	9,7

Le maltose, dans tous ces essais, a été dosé après 1 heure et après 12 heures de saccharification.

Les moûts maintenus à 45°, 50°, 59° ont fourni, après la première heure de saccharification, une quantité de sucre de beaucoup supérieure à celle fournie par l'échantillon témoin laissé à 30°. Après une saccharification à 59° pendant 1 heure, on obtient 9,5 de maltose, au lieu de 2,2 qu'on obtient dans le même laps de temps à 30°.

Si la diastase n'avait pas été altérée pendant la première heure de la saccharification à 59°, on devrait obtenir à la fin des 11 heures suivantes une quantité de sucre beaucoup plus grande que dans les essais témoins, puisque dans la première heure de la saccharification elle était déjà beaucoup plus avancée que dans les essais témoins. Mais tel n'a pas été le cas. Après 12 heures de saccharification, on a trouvé dans l'essai témoin 9,9 de maltose, tandis que dans l'essai où la diastase avait été portée pendant 1 heure à 59°, on n'a trouvé que 9,7 de sucre. La température de 57° est donc la limite à laquelle on peut porter l'amylase pendant 1 heure sans produire d'altération sensible.

L'influence des hautes températures de saccharification peut être également démontrée par les expériences suivantes:

Dans différents essais, on a fait digérer, à différentes

températures, un litre d'empois contenant 10 grammes d'amidon et 5 centimètres cubes d'infusion de malt.

ESSAI	DURÉE DE LA SACCHARIFICATION	AMIDON SACCHARIFIÉ
1	12 heures à 30°.	85 o/o
2	1 heure à 45° et 11 heures à 30°	97
3	— 50° —	96
4	— 64° —	68

En répétant les mêmes expériences avec des moûts de différentes concentrations et contenant des proportions différentes de dextrines et de maltose, nous avons pu nettement constater que la concentration et la teneur en maltose exercent une action protectrice sur la diastase, mais que cette action est en somme fort peu prononcée et qu'elle est tout à fait négligeable quand on dépasse 58°.

A des températures supérieures à 58°, et alors même que les moûts sont fortement concentrés, on aboutit à une forte destruction de la diastase.

En travaillant, comme c'est le cas dans la plupart des distilleries, avec un grand excès de malt, on ne s'aperçoit pas du manque de diastase dans la fermentation secondaire, mais le résultat est tout autre lorsqu'on se place dans des conditions rationnelles de travail et qu'on cherche à réduire la quantité de malt au strict nécessaire.

Les partisans des hautes températures de saccharification apportent, à l'appui de leur manière de voir, d'autres arguments. Il faut, d'après eux, s'arrêter à la température de 60° et même la dépasser parce qu'autrement on n'arrive pas à utiliser convenablement l'amidon du malt et parce que seule une haute température peut affaiblir les germes de ferments toujours présents dans le malt.

L'utilisation de l'amidon du malt présente réellement de grandes difficultés, car son attaque complète ne se fait qu'à la température de 70° :

A 65° on trouve encore 4 o/o d'amidon non empesé.

60°	—	8 o/o	—
55°	—	42 o/o	—
50°	—	73 o/o	—

Dans le choix des températures de saccharification il faut évidemment tenir compte de l'amidon du malt.

En choisissant la température de 55°, on s'expose à perdre 42 pour 100 de l'amidon contenu dans le malt, tandis qu'à la température de 60° la perte se trouve considérablement diminuée. A cette température, il reste seulement 8 pour 100 de matières amylacées non attaquées. En employant, dans le travail, de 12 à 16 pour 100 de malt on est forcé de choisir une haute température de saccharification, mais, en travaillant avec une quantité de malt très réduite, on peut abaisser cette température, parce que la perte en amidon se réduit, dans ce cas, à son minimum. Du reste, les pertes en matières amylacées qui peuvent se produire à la suite d'une mauvaise extraction de l'amidon, ne sont jamais aussi préjudiciables au rendement, que l'altération de la diastase sous l'influence de la température. Il est donc toujours préférable de renoncer à une extraction complète de l'amidon et de s'appliquer à ménager la diastase, d'autant plus que l'amidon non empesé n'est pas complètement perdu.

L'amidon de malt, non dissous pendant la saccharification, se dissout partiellement pendant la fermentation. Il faut donc éviter les hautes températures et opérer la saccharification entre 55° et 60°.

Dans certains cas, et notamment lorsqu'on a affaire à des matières premières de qualité douteuse donnant des moûts acides accusant de 0,25 à 0,35 d'acide lactique pour 100, il est indispensable de diminuer encore la température de saccharification et de ne dépasser 55°, parce que, dans un milieu acide, la diastase devient plus sensible à l'action de la chaleur.

Dans la pratique, malheureusement, on part de principes tout à fait opposés. Avec un malt moisi, de mauvaise qualité, on adopte des températures beaucoup plus élevées que dans le travail ordinaire, et cela, parce qu'on admet qu'en élevant la tempéralue on tue les germes et les ferments qui influent sur la fermentation.

Les résultats qu'on obtient par cette élévation de température sont cependant peu satisfaisants, mais le distillateur s'en console en pensant que s'il n'avait pas adopté le travail à haute température, le résultat final eût encore été plus mauvais.

En réalité, une élévation de température de quelques degrés n'influe pas beaucoup sur la pureté de la fermentation et ne tue nullement les germes, mais elle détruit la diastase et empêche la fermentation.

Il faut, quand on travaille avec des matières de mauvaise qualité, recourir aux antiseptiques ou n'employer que des levures très actives pouvant protéger le moût de l'invasion des ferments sans empêcher la saccharification secondaire.

Travail par infusion. — Comme nous venons de le voir, le choix de la température de saccharification présente de grandes difficultés.

L'empois formé pendant la cuisson doit être liquéfié à une température supérieure à 65°.

L'amidon du malt, pour être complètement empesé, demande une température de 70°, tandis que la diastase ne peut pas être portée à la température de 60° sans subir une altération sensible.

Dans ces conditions, on se trouve toujours dans la nécessité de sacrifier, soit la substance active, soit l'amidon et la température de saccharification doit forcément varier suivant les conditions et suivant la qualité des matières premières.

Pour opérer rationnellement, il est indispensable de sé-

parer les substances actives de l'amidon du malt et de les
traiter séparément à des températures différentes.

En laissant le malt en contact avec de l'eau dans des conditions convenables, la diastase entre en solution, se sépare
de l'amidon et peut servir dans la suite pour la saccharification.

Quant aux drêches elles sont encore imprégnées de substances actives en quantité suffisante pour produire la liquéfaction.

Le travail, dans ces conditions, ne laisse plus rien à
désirer.

Les moûts cuits sous pression sont liquéfiés à la tempéture de 70° avec les drêches de malt et refroidis ensuite à
45°-50°. A ce moment, on ajoute la solution de substance
active; on maintient le mélange pendant quelques minutes à
45°-50°; on refroidit à la température de fermentation, on
ajoute la levure et on laisse fermenter.

Ce mode de travail doit forcément donner de bons résultats, mais à la condition que l'extraction de la diastase soit
la plus complète possible.

Voyons maintenant comment il faut s'y prendre pour
extraire rationnellement la diastase du malt.

On admet à tort que l'amylase du malt se dissout facilement dans l'eau. En réalité, l'extraction est difficile; elle
dépend de la température de l'eau et du broyage plus ou
moins énergique du malt.

On peut s'en convaincre par les deux expériences suivantes: on fait deux mélanges de malt et d'eau et on les soumet à une température de 30°. L'échantillon A est laissé au
repos, tandis que l'échantillon B est constamment agité. De
temps en temps, on prélève quelques centimètres cubes de
chaque liquide et on en détermine le pouvoir diastasique, ce qui
permet de suivre la marche de la dissolution de la diastase.

ESSAIS	POUVOIR DIASTASIQUE				
	APRÈS 8 HEURES	17 HEURES	26 HEURES	47 HEURES	52 HEURES
Liquide A . .	33	45	48	60	55
— B . .	39	58	52	50	42

La quantité de matière active dissoute dans l'infusion augmente d'abord avec la durée, atteint un maximum, puis décroît.

Dans le liquide A, c'est après 47 heures que le pouvoir diastasique atteint son maximum. L'agitation rend l'extraction plus rapide dans le liquide B où le pouvoir diastasique atteint son maximum au bout de 17 heures.

Les nombreux essais faits avec différents malts nous ont montré que ce maximum est atteint d'autant plus rapidement que la température de l'infusion est plus élevée. Nos observations sont résumées dans le tableau suivant :

Une infusion préparée à 45° acquiert son maximum de diastase dissoute après 7 ou 8 heures.

    —   — de 55 à 59°   —   — 3 heures.

    —   — 60 à 65°   —   — 1/2 heure.

Le temps nécessaire à une bonne extraction dépend donc de la température. Il y a en outre un moment critique auquel il faut faire attention, vu qu'à partir de ce moment la diastase commence à disparaître.

La quantité maxima de substance active qui peut se dissoudre dans l'infusion au moment critique n'est nullement constante. Elle varie considérablement pour le même malt suivant la température, ainsi qu'on peut le voir dans le tableau suivant :

TEMPÉRATURE	FORCE DIASTASIQUE DE L'INFUSION				
D'INFUSION	Après 1/2 heure	3 h.	8 h.	17 h.	25 h.
30	»	»	31	60	49
45	»	44	56	51	»
55	46	55	»	»	»
65	36	20	»	»	»

C'est à la température de 30° qu'on obtient les solutions les plus actives; de 45° à 55° la quantité de diastase qu'on peut extraire reste à peu près la même, tandis qu'à 65° la destruction des matières actives se fait au fur et à mesure qu'elles entrent en solution, et au moment critique, on obtient une infusion déjà fortement atténuée.

La préparation d'une infusion à froid pendant 17 heures présente certaines difficultés dans la pratique.

Pour utiliser convenablement le malt, il est bon d'en effectuer la dissolution à 55° pendant 3 heures.

Le travail par infusion est surtout indiqué dans le cas des malts de maïs. Ces malts donnent généralement de 8 à 20 grains non germés pour 100 et leur richesse en diastase est de 3 à 5 fois moindre que celle du malt d'orge. Pour utiliser ce malt, on est forcé d'en employer de fortes quantités et la perte en amidon est d'autant plus grande que l'amidon du maïs est beaucoup plus difficilement attaquable par l'enzyme que l'amidon d'orge.

Une infusion de ce malt doit se faire de la manière suivante: on réduit le malt en poudre; on le dilue dans 4-5 volumes d'eau à la température de 55°. On l'introduit alors dans un vase conique et on l'agite pendant la première heure, puis, on le laisse reposer pendant une heure ou une heure et demie. Le dépôt se fait très facilement et on peut soutirer le liquide sans entraîner les drèches.

On peut aussi se servir, dans le même but, d'un filtre-presse. L'infusion de maïs malté fournit des liquides qui filtrent facilement. L'infusion de malt d'orge se fait, dans la plupart des usines, avec du malt écrasé et à la température de 10°-15°. On la prépare dans des appareils munis d'un broyeur. Le malt est broyé pendant un quart d'heure ou une demi-heure puis mis dans l'eau où on le laisse une ou deux heures, après quoi, on décante le liquide qui sert pour la saccharification. Les drêches sont employées pour la liquéfaction.

La richesse en substances actives d'une infusion préparée d'après cette méthode est très variable. Elle dépend plus de la nature spéciale du malt que de sa richesse en amylase. La quantité de diastase qu'on extrait est comprise entre 10 et 50 pour 100 de la substance active contenue dans le malt. Ce mode de préparation de l'infusion de malt est fort peu rationnel.

On aboutit à des résultats beaucoup plus satisfaisants en préparant l'infusion à une température de 45°-50° et en laissant durer l'action pendant 2 ou 3 heures.

Par cette méthode, on obtient en solution de 70 à 80 pour 100 des substances actives contenues dans le malt.

Le travail par infusion est encore peu répandu dans la pratique, mais c'est indiscutablement celui de l'avenir.

Il serait à désirer que les constructeurs créassent un outillage convenable qui permît, dans le travail de l'orge, de séparer les drêches de l'infusion, parce que c'est dans cette opération que réside aujourd'hui la principale difficulté.

Sur l'altération que subissent les diastases pendant les phases successives du travail. — De l'étude que nous venons de faire sur les conditions de l'action de l'amylase, il résulte qu'une partie des substances actives du malt sont détruites pendant la saccharification et que la résistance plus ou moins grande de la diastase à des températures de 60°-62° dépend du degré d'acidité du milieu.

L'acidité des moûts n'est pas la seule cause qui amène l'altération de la diastase, altération qui se produit encore par l'action d'autres facteurs dont il faut tenir compte et qui ne sont pas toujours aisés à déterminer.

Deux malts possédant le même pouvoir saccharifiant, employés à la même dose et produisant dans des moûts identiques la même quantité de sucre peuvent cependant fournir des infusions contenant des quantités différentes de diastase.

A côté de la richesse en matières actives, il faut encore prendre, pour apprécier la valeur d'un malt, d'autres facteurs en considération.

L'origine des différences de résistance réside peut-être dans le degré d'acidité naturelle des grains, peut-être aussi dans la qualité de l'acide ou dans la nature des autres substances étrangères contenues dans le malt.

Nous avons fait toute une série d'essais en vue de trouver la cause des différences de résistance des malts et nous pouvons fournir à ce sujet quelques indications, malheureusement fort incomplètes.

La résistance des malts dépend de la température à laquelle on conduit la germination. C'est ainsi qu'en maltant 2 parties d'un même orge à différentes températures, l'une pendant 8 jours à 19°-22°, l'autre pendant 9 jours à 12°-15°, nous avons obtenu des malts résistant différemment à la température de 60°. L'orge malté, conduit à froid et pendant 9 jours, s'est mieux comporté que l'orge malté à de plus hautes températures. D'autre part, nous avons constaté que l'orge, donnant de 7 à 10 pour 100 de grains non germés après le maltage, possède non seulement un pouvoir saccharifiant moindre que l'orge complètement germé, mais possède aussi une résistance complètement différente vis-à-vis des réactions du milieu. C'est l'orge incomplètement germé qui offre la résistance la plus faible.

La richesse des moûts en substances actives après la saccharification principale, dépend par conséquent de la quantité de diastase qui se trouve dans le malt, de la température de saccharification et, enfin, du degré de résistance de la diastase.

La perte de substances actives se produisant pendant la saccharification à des températures élevées peut, dans de bonnes conditions, être limitée à 20 pour 100, mais, généralement, cette limite est dépassée et on arrive à une destruction de 30 à 40 pour 100.

La saccharification secondaire se fait avec la diastase échappée à la destruction pendant la première phase de l'opération. Cette saccharification est très lente et doit se prolonger au moins 3 jours.

La diastase se conserve généralement beaucoup mieux dans des moûts en fermentation que dans des moûts sucrés, tandis que la force diastasique d'un moût sucré s'affaiblit considérablement, même en présence d'antiseptiques.

Le pouvoir diastasique d'un moût, qui a fermenté dans de bonnes conditions, reste à peu près stationnaire pendant plus de 70 heures.

La bonne marche de la fermentation dépend principalement de la conservation de la diastase. Cette conservation peut seulement se faire dans des moûts exempts de ferments étrangers et c'est pour cette raison que l'emploi d'antiseptiques s'impose en distillerie. On se trouve, en effet, dans l'impossibilité absolue d'éviter l'infection par d'autres moyens.

Contrôle du travail dans la distillerie. — La marche régulière d'une fermentation dépend de divers facteurs et, en dehors des questions qui ont trait à la cuisson et à la température de la fermentation qu'il est toujours facile de contrôler, il faut tenir compte de la qualité du malt employé, de la nature des levures ainsi que du degré d'infection du moût par les ferments étrangers.

Chacun de ces trois facteurs donne lieu à un problème d'autant plus compliqué que l'action de l'un influe sur l'action de l'autre. Aussi, est-il souvent bien difficile, quand on se trouve en présence d'un trouble dans le travail, d'en connaître la cause et d'en spécifier l'origine.

Une mauvaise fermentation coïncide ordinairement avec une infection par des ferments étrangers, mais celle-ci n'est pas toujours la cause première du trouble observé ; au contraire, elle n'est, le plus souvent, que la conséquence, soit d'un manque de diastase, soit de la faiblesse de la levure. Aussi, le manque de matières actives, que l'on constate parfois dans un moût en fermentation, ne doit pas toujours être attribué à la mauvaise qualité du malt : la destruction des matières actives peut avoir été occasionnée par l'envahissement des ferments. De même, si l'on constate, dans une mauvaise fermentation, une dégénérescence ou un affaiblissement de la levure, on ne doit pas considérer celle-ci comme la cause directe du trouble : le manque de diastase, avec toutes ses conséquences nuisibles peut avoir provoqué cet état de la levure.

Pour remonter à l'origine, pour discerner la cause réelle du trouble constaté, il est absolument indispensable de suivre la marche de l'affaiblissement de la substance active dans toutes les phases du travail.

Une détermination quantitative de la diastase contenue dans le malt donne une idée de la quantité de grains germés nécessaire pour un travail normal. En déterminant ensuite la richesse en matières actives des moûts sucrés produits avec le malt analysé, on peut constater le degré d'altération produit pendant la saccharification et on est en mesure de juger si la quantité d'amylase restant suffit pour la saccharification secondaire. L'analyse de la substance active du moût, à différents moments de la fermentation, fournit enfin des données sur l'affaiblissement de la diastase ; elle permet d'apprécier le moment où le travail commence à diminuer d'intensité et de reconnaître nettement la cause de cette diminution. Une dégradation sensible des matières actives dans la première période de la fermentation indique une marche irrégulière.

La cause du phénomène tient la plupart du temps à l'acidité initiale du moût et il est à recommander, dans de telles conditions, de choisir une température de saccharification très inférieure à 60°.

L'affaiblissement de la diastase pendant la fermentation peut être provoquée par d'autres causes. Elle peut tenir à la qualité des grains et, dans ce cas, il faut éviter de fortes pressions pendant la cuisson, parce que c'est pendant celle-ci que se forment surtout les substances affaiblissant la diastase.

Pendant la fermentation secondaire, il faut suivre la dégradation de la diastase parallèlement avec l'acidité, car une augmentation sensible d'acidité est toujours suivie de la disparition d'une partie de la diastase.

L'affaiblissement de la diastase peut être évitée, dans ce cas, par une addition d'antiseptiques, mais on constate quelquefois un résultat tout à fait contraire : la diastase s'affaiblit d'abord et l'acidification se produit seulement de 6 à 10 heures plus tard.

L'apparition, dans les moûts, de ferments étrangers a lieu à la suite de l'affaiblissement de la diastase. Dans ce cas, l'addition de nouvelles quantités d'infusion dans le moût en fermentation peut prévenir l'acidité et maintenir le rendement en alcool.

Enfin, si l'on constate une fermentation incomplète en présence de moûts peu acides et riches en diastase, on peut en attribuer la cause aux levures.

Ce cas se présente souvent quand on travaille avec des antiseptiques qui laissent intacte la diastase, mais qui agissent très défavorablement sur certaines races de levures.

Comme on le voit, l'analyse de la substance active du malt et des moûts peut rendre un très grand service aux distillateurs. Dans le chapitre suivant, on trouvera les méthodes à suivre pour procéder à ces sortes d'analyses.

BIBLIOGRAPHIE

EFFRONT. — Sur les conditions chimiques de l'action des diastases. *Comptes Rendus*, 1892, t. 115, p. 1524.

— Sur certaines conditions chimiques de l'action des levures de bière. *Comptes Rendus*, 1893, t. 117, p. 559.

— Sur la formation de l'acide succinique et de la glycérine dans la fermentation alcoolique. *Comptes Rendus*, 1894, t. 119, p. 92.

— Accoutumance des ferments aux antiseptiques et influence de cette accoutumance sur leur travail chimique. *Comptes Rendus*, 1894, t. 119, p. 169.

— De l'influence des composés du fluor sur les levures de bière. *Comptes Rendus*, 1894, t. 118, p. 1420.

— Étude sur les levures lactiques. *Annales de l'Inst. Pasteur*, 1896, p. 524.

— De l'influence des fluorures sur l'accroissement et le développement des cellules de la levure alcoolique. *Moniteur scientifique*, 1891, p. 254.

— Étude sur les levures. *Monit. scientifique*, XI, p. 1138, 1891.

— Des conditions auxquelles doivent satisfaire les solutions fermentescibles pour que les fluorures y produisent un maximum d'effet. *Monit. scientifique*, 1892, t. VI, p. 81.

MAERCKER. — Spiritusfabrikation. Paul Parey. Berlin, 1894.

Max BÜCHELER. — Die Branntwein Industrie. Zweite vollstandig umgearbeitete Auflage des Lehrbuches der Branntweinbrennerei von Stammer. Braunschweig.

— Leitfaden für den landwirthschaftlichen Brennereibetrieb. Braunschweig, 1898.

CHAPITRE XVI

ANALYSE DU MALT

Analyse des substances actives du malt et des moûts d'après les méthodes d'Effront. — Détermination des pouvoirs saccharifiant et liquéfiant.
— Détermination des substances actives dans les moûts sucrés et fermentés.

Les méthodes généralement employées pour l'analyse du
malt ne tiennent compte que du pouvoir saccharifiant et né-
gligent complètement le pouvoir liquéfiant ainsi que la résistance des matières actives. Or, nos recherches : ous ont montré
qu'il est indispensable de tenir compte de ces deux facteurs.
Le pouvoir saccharifiant d'un malt subit, en effet, l'influence
des substances étrangères contenues dans les grains. L'intensité du pouvoir saccharifiant d'un malt ne permet donc pas
de juger exactement de la quantité d'amylase qu'il contient.
L'effet qu'on obtient dans une saccharification par la diastase
est souvent le résultat des actions combinées de la substance
active et des substances excitantes qu'il contient.

L'expérience suivante peut donner une idée très nette de
l'influence des matières extractives du grain sur le pouvoir
saccharifiant :

On prépare une infusion avec une partie de malt et
douze parties d'eau et, en même temps, une infusion d'orge
non malté avec une partie de grains et quatre parties d'eau.
Ces deux infusions sont filtrées ; de chacune on prélève un
nombre déterminé de centimètres cubes qu'on introduit dans
un empois d'amidon. On saccharifie pendant une heure à 50°.

La quantité de maltose obtenu dans ces conditions permet de comparer la valeur diastasique des deux infusions.

Dans une seconde série d'essais, on ajoute à l'empois, en même temps que l'infusion de malt et celle d'orge fraîche, une quantité déterminée d'infusion préalablement bouillie.

La saccharification se fait à la même température dans tous les essais.

	NUMÉRO de L'EXPÉRIENCE	INFUSION FRAICHE	INFUSION BOUILLIE	MALTOSE FORMÉ
Infusion d'orge. .	1	1^{cc}	»	0,37
	2	2	»	0,65
	3	6	»	0,85
	4	0	6^{cc}	0,0
	5	1	1	0,6
	6	1	2	0,72
Infusion de malt. .	7	0,5	»	0,07
	8	0,5	2	0,0
	9	0,0	0,5	0,095
	10	0,5	1	0,11

6 centimètres cubes de l'infusion d'orge non bouillie donnent dans l'empois 0,85 de maltose (Essai n° 3). La même quantité d'infusion, préalablement bouillie, employée sans infusion fraîche, reste absolument sans action sur l'empois (Essai n° 4). Mais ce liquide, inactif par lui-même, influe à un haut degré sur la saccharification, s'il se trouve en présence de diastase active. Ainsi, un centimètre cube d'infusion d'orge donne 0,37 de maltose et cette même quantité d'infusion fournit 0,72 de maltose quand elle est additionnée de 2 centimètres cubes d'infusion bouillie.

Le même fait se constate avec une infusion de malt portée à 100°; 0,5 centimètres cubes de cette infusion four-

nissent 0,07 de maltose et la même quantité d'infusion donne
0,095 de maltose, quand la saccharification se fait en présence
d'un centimètre cube d'infusion bouillie.

On voit donc que les matières extractives des grains crus
ont une action considérable sur l'amylase du malt et qu'en
leur présence la saccharification peut produire dix fois plus
de sucre que par la seule action du ferment.

Des essais analogues avec des orges de différentes provenances nous ont montré qu'il n'existe pas de rapport constant entre le pouvoir saccharifiant réel et le pouvoir excitant
latent des grains crus. Il s'ensuit que les substances actives
des grains de différentes provenances influent très différemment sur le pouvoir saccharifiant.

On pourrait admettre qu'au point de vue de l'appréciation
d'un malt, il est indifférent que le pouvoir saccharifiant
provienne de l'amylase ou d'une autre substance, mais, en
réalité, il ne faut pas confondre l'amylase avec les substances
activant la saccharification ; le mode d'action de ces dernières
est tout différent de celui de la diastase.

Les substances excitant ou activant l'hydratation n'augmentent pas toujours la quantité de sucre formé et leur
influence sur le moût de distillerie est absolument nulle.
Dans la pratique, et c'est là le point important pour nous,
c'est l'amylase seule qui entre en jeu.

Cela tient à ce que les substances excitantes agissent seulement dans le moût contenant peu de maltose et à ce que
l'effet qu'elles produisent devient de plus en plus faible, au
fur et à mesure que la saccharification avance. Dans les
moûts de distillerie et de brasserie on se trouve toujours en
présence d'une forte proportion de maltose et l'effet des
substances excitantes est presque nul.

La détermination de l'amylase du malt basée uniquement
sur le pouvoir saccharifiant donnera, par conséquent, des
résultats toujours incertains.

Pour arriver à des résultats plus sûrs nous avons cherché

une méthode permettant de mesurer quantitativement le pouvoir liquéfiant. Le pouvoir liquéfiant du malt, en effet, n'est pas influencé par les substances étrangères. C'est pour cette raison que nous exprimons la valeur d'un malt par ses deux pouvoirs : le pouvoir saccharifiant et le pouvoir liquéfiant.

Dans le chapitre précédent, nous avons vu que les malts diffèrent beaucoup par leur résistance à 60°. Cette circonstance nous force, dans l'analyse, à tenir compte du degré de résistance de l'amylase. Ces facteurs deviennent surtout importants pour les malts destinés à la distillerie.

Un malt riche en matières actives, mais peu résistant à haute température, donne, dans la distillerie, un résultat moindre qu'un malt moins riche en amylase mais supportant sans altération une haute température de saccharification.

Pour tenir compte de la plus ou moins grande résistance du malt à haute température, nous maintenons le malt pendant une heure à 60° et nous déterminons le pouvoir saccharifiant dans les moûts où la diastase a déjà été affaiblie.

Nous avons ainsi établi une méthode d'analyse qui, croyons-nous, répond aux besoins de la pratique. Cette analyse se fait en trois phases :

1° Préparation d'une infusion ;

2° Détermination du pouvoir saccharifiant ;

3° Détermination du pouvoir liquéfiant.

Préparation de l'infusion. — Pour préparer l'infusion, on pèse 6 grammes de malt écrasé, on les met dans un ballon contenant 100 centimètres cubes d'eau à 60° ; on introduit le ballon dans un bain-marie qu'on maintient pendant une heure à la température de 60°. Pendant la saccharification, on remue de temps à autre le ballon ; la saccharification finie, on refroidit à 30° et on filtre ; 50 centimètres cubes du liquide filtré sont ensuite additionnés de 50 centimètres cubes d'eau distillée et c'est avec cette infusion diluée qu'on détermine le pouvoir saccharifiant. Pour la détermination du pouvoir

liquéfiant, on se sert de ce qui reste de l'infusion non
diluée.

Détermination du pouvoir saccharifiant. — Le pouvoir saccharifiant se détermine à l'aide d'une solution de
fécule type.

On fait dissoudre 2 grammes de fécule dans de l'eau et
on amène la solution à 100 centimètres cubes. A 100 centimètres cubes de cette solution à 2 pour 100, on ajoute
55 centimètres cubes d'eau distillée et 5 centimètres cubes
d'infusion de malt dilué de la façon que nous avons indiquée
plus haut. Le tout est alors placé dans un bain-marie à 60°
pendant une heure.

Après saccharification, on refroidit très rapidement et on
détermine immédiatement la teneur en sucre.

Pour la détermination du maltose dans le liquide sucré,
on se sert de 2 centimètres cubes de solution de tartrate
cupro-potassique, qui correspondent à 0,01498 grammes de
maltose. Les 2 centimètres cubes de solution cupro-potassique
sont mis dans un tube à réaction dans lequel on ajoute
3 centimètres cubes d'eau et quelques fragments de pierre
ponce. Le nombre de centimètres cubes de solution sucrée
nécessaires pour la réduction du sel de cuivre varie, suivant
les malts, entre 3 et 20; des expériences comparatives nous
ont démontré que dans le cas où 3 à 5 centimètres cubes de la
solution saccharifiée réduisent 2 centimètres cubes de solution
de tartrate cupro-potassique dans les conditions indiquées,
on peut considérer le malt comme ayant un pouvoir saccharifiant maximum; 6 à 8 centimètres cubes correspondent
à un bon malt, 9 à 12 à un malt de valeur moyenne; si la
quantité de solution saccharifiée nécessaire pour la réduction
s'élève de 14 à 20 centimètres cubes, on peut considérer le
malt comme mauvais.

La petite quantité de maltose que l'on introduit avec l'infusion n'a pas grande influence sur les résultats qui, du

reste, ne servent pas de base à l'analyse, mais plutôt de donnée auxiliaire à l'appréciation.

La fécule-type que nous employons pour la détermination du pouvoir saccharifiant est préparée de la manière suivante : on laisse tremper à la température de 40° de la fécule de pommes de terre dans une solution d'acide chlorhydrique à 7 pour 100 et on remue le liquide toutes les 6 heures.

Après trois jours on décante l'acide, on lave la fécule à l'eau jusqu'à réaction neutre et on dessèche à la température ordinaire.

Le produit obtenu contient de 17 1/2 à 18 pour 100 d'humidité et se dissout complètement dans l'eau chaude.

En soumettant à cette opération différentes fécules de pommes de terre de même provenance, on aboutit constamment au même produit, mais le résultat diffère beaucoup quand on opère avec des fécules de différentes provenances ; la diastase se montre plus active, dans ce cas, pour un échantillon que pour l'autre.

Il est indispensable que la fécule, avant d'être employée pour l'analyse, soit préalablement essayée avec un malt dont on connaît déjà la valeur saccharifiante. Si l'on retrouve la même valeur avec la fécule à essayer, on considère celle-ci comme fécule type. Dans le cas contraire, il faut, par tâtonnements, arriver à déterminer le poids de la nouvelle fécule qu'il faut prendre pour remplacer les 2 grammes de fécule type.

Soit, par exemple, un malt qui possède, avec la fécule type, un pouvoir saccharifiant de 4,5 et supposons que le même malt, avec une autre fécule, ait un pouvoir saccharifiant de 4,1. Il s'agit de déterminer quelle quantité de la nouvelle fécule il faut prendre pour arriver au même résultat qu'avec 2 grammes de la fécule type. A cette fin on prépare des solutions contenant, au lieu de 2 grammes pour 100 de fécule : 1,9, 1,8, 1,7 grammes pour 100, et on essaie, dans ces solutions, le pouvoir saccharifiant du malt. Si l'on constate que dans la solution contenant 1,7 de fécule le pouvoir saccharifiant est de 4 1/2, on emploiera constamment 1,7 de la nouvelle fécule au lieu de 2 grammes et, dans ces conditions seulement, elle pourra remplacer la fécule type.

On doit toujours se servir d'une solution fraîche de fécule, car nous avons remarqué que cette solution, quoiqu'elle se conserve assez bien, se comporte différemment avec le même malt, suivant qu'elle est fraîche ou préparée depuis un certain temps.

Cette particularité est d'autant plus étonnante qu'on ne constate pas de différence d'acidité dans les deux solutions d'amidon.

Détermination du pouvoir liquéfiant. — On pèse 40 grammes d'amidon de riz type ; on les délaie avec un peu d'eau dans une capsule ; on introduit le mélange dans un ballon jaugé de 100 centimètres cubes ; on rince la capsule avec une nouvelle quantité d'eau qu'on déverse dans le ballon et on amène le volume à 100 centimètres cubes. Du mélange d'amidon et d'eau fortement agité, on prélève avec une pipette 8 échantillons de 5 centimètres cubes que l'on introduit dans des tubes à réaction numérotés et d'une contenance de 10 centimètres cubes ; on ajoute au contenu de chaque tube une quantité déterminée d'infusion de malt préparée de la manière que nous avons indiquée plus haut. Pour chacun des tubes numérotés, contenant 2 grammes d'amidon et d'infusion, on apprête un second tube plus grand ayant 19 millimètres de diamètre, 19 centimètres de hauteur et également numéroté. Dans chacun des grands tubes on introduit 14 centimètres cubes d'eau distillée et on les place dans un bain-marie à 80° ; on les prend ensuite l'un après l'autre pour les porter rapidement à l'ébullition et on verse dans le liquide bouillant le contenu du tube portant le même numéro, contenu qui consiste en lait d'amidon additionné d'infusion. On remue rapidement avec une baguette de verre, on rince le tube ayant contenu l'amidon avec un centimètre

cube d'eau et on l'ajoute au contenu du grand tube. On
remue encore une fois avec la baguette, on marque exactement
l'heure et on laisse au bain-marie réglé à 80° pendant 10
minutes. On les sort l'un après l'autre, on remue encore une
fois le contenu avec une baguette de verre et on les plonge
dans un bain-marie réglé à 100° où ils restent exactement
10 minutes. Après cette opération tous les tubes sont rapidement refroidis. Un thermomètre mis dans l'un d'eux indique le moment où la température atteint 15° et c'est à ce
moment qu'on constate le degré de liquéfaction. Les tubes,
amenés à 15° sont renversés, l'un après l'autre. Si le contenu du tube s'écoule instantanément et sans difficulté,
on considère l'échantillon comme liquéfié ; un tube qui se
vide complètement, mais dont le contenu présente encore
la consistance d'un sirop épais indique une liquéfaction aux
trois quarts ; un tube qui ne se vide pas complètement,
indique une liquéfaction partielle.

Si le tube dont le contenu est complètement liquide, a reçu
2 centimètres cubes, par exemple, de l'infusion non diluée,
on exprime le pouvoir liquéfiant par 2.

Des essais comparatifs avec différents malts ont démontré
qu'un pouvoir liquéfiant de 1,5 à 2 indique un malt d'excellente qualité. Un pouvoir liquéfiant de 2,5 à 3 correspond
encore à un malt de bonne qualité, tandis qu'un pouvoir
liquéfiant de 3,5 à 4 indique un malt de qualité douteuse
et dont la valeur dépendra du pouvoir saccharifiant. Un
malt avec un pouvoir liquéfiant de 4 et un pouvoir saccharifiant de 4 à 5 donne encore dans la distillerie un travail
passable, tandis qu'un malt ayant le même pouvoir liquéfiant que le précédent et un pouvoir saccharifiant de 7 à 9
doit être considéré comme étant de mauvaise qualité. La
différence entre les valeurs saccharifiante et liquéfiante se
constate surtout dans le malt sec. Par le touraillage le pouvoir saccharifiant est considérablement affaibli, tandis que le
pouvoir liquéfiant est beaucoup moins altéré. Dans le malt

sec un pouvoir liquéfiant de 2 à 3 n'indique pas nécessairement un excellent produit : tout dépend du pouvoir saccharifiant. Avec un pouvoir saccharifiant moyen le malt peut
avoir une grande valeur, mais avec un pouvoir saccharifiant
de 12, le malt, alors même qu'il aurait un grand pouvoir
liquéfiant, ne peut pas servir pour un travail de distillerie.

Pour la détermination du pouvoir liquéfiant, on se sert
d'amidon de riz choisi avec grand soin. Les amidons de riz
de diverses provenances se comportent différemment avec la
diastase à 80° ; aussi, peut-on classer les amidons de riz en
deux catégories. Dans la première, on range les produits qui,
au moment de la liquéfaction, deviennent complètement inco-
lores et transparents ; dans la seconde, ceux qui conservent
une teinte blanchâtre et donnent une liquéfaction opaque. Les
premiers se liquéfient beaucoup plus difficilement que les
seconds et le pouvoir liquéfiant d'une infusion peut varier
beaucoup suivant que l'on fait usage de l'un ou de l'autre
type d'amidon.

Au début de nos recherches nous avons opéré avec un
amidon du second type ; nous l'avons abandonné par la suite,
parce que nous avons constaté que les amidons qui donnent
une liquéfaction transparente sont préférables parce que le
moment de la liquéfaction est plus facile à saisir.

Si on veut obtenir des résultats sûrs, il faut, pour l'analyse,
employer toujours le même amidon.

Comme amidon type, nous employons l'amidon de
Hoffmann et, chaque fois que nous changeons d'amidon, nous
vérifions le nouveau avec l'échantillon type. La vérification
se fait avec l'infusion du malt. Deux grammes de l'amidon
type et 2 grammes de l'amidon à essayer sont liquéfiés avec
la même quantité d'infusion à la température de 80° pendant
dix minutes. Si le nombre de centimètres cubes d'infusion nécessaire pour liquéfier complètement l'amidon type
et l'amidon mis à l'essai sont les mêmes, on peut considérer
les deux amidons comme identiques. Dans le cas contraire

on augmente ou on diminue la quantité d'amidon mis à l'essai, de façon à obtenir la liquéfaction avec la même quantité d'infusion.

S'il arrive, par exemple, que pour la liquéfaction de 2 grammes d'amidon type il faille 2^{cc},5 d'une infusion de malt et que pour la liquéfaction de la même quantité de l'amidon à essayer il faille 3 centimètres cubes de la même infusion, il faudrait peser 1^{gr},9, 1^{gr},8, 1^{gr},7 de l'amidon à essayer et voir quelle est celle de ces doses qui se liquéfie avec 2^{cc},5 d'infusion. Si la liquéfaction complète est produite par 1^{gr},9, on en conclut qu'au lieu de 2 grammes d'amidon type il faut prendre seulement 1^{gr},9 de l'amidon mis à l'essai.

Une autre méthode pour transformer un amidon quelconque en amidon type, consiste à l'acidifier ou à l'alcaliniser.

Cette méthode, préférable à l'autre, a pour base l'observation suivante :

L'amidon type est faiblement alcalin, et si l'on amène l'amidon de riz à essayer au même degré d'alcalinité, on lui fait acquérir toutes les propriétés de l'amidon type.

Le pouvoir liquéfiant est si sensible à l'alcalinité du liquide que la quantité de soude à ajouter ne peut pas être déterminée par un seul dosage alcalimétrique. Si la différence d'alcalinité des deux amidons correspond à 2 centimètres cubes de solution décinormale de soude, on ne peut ajouter, pour 50 grammes d'amidon, que la moitié de la solution alcaline ; pour le reste on va en tâtonnant, par dixième de centimètre cube jusqu'à ce que les deux laits d'amidon se liquéfient avec la même quantité d'infusion de malt.

La fécule type ainsi que l'amidon type (1) se conservent sans

---

(1) L'amidon type ainsi que la fécule type dont nous nous servons sont en vente chez Drosten, rue du Marais, Bruxelles et chez H. Kœnig, fabricant de produits chimiques, Leipzig.

altération dans des flacons bouchés à l'émeri et on peut les employer pour l'analyse au moins pendant 2 ans.

Nous avons aussi observé que le malt sec, conservé de la même manière, garde pendant des années entières ses pouvoirs saccharifiant et liquéfiant.

Ci-après, nous donnons deux analyses de malt faites d'après la méthode indiquée plus haut.

Malt A. — Orge de Russie, trempage 2 jours et demi avec aération, maltage dans les tambours tournants ;

Température minima 18°, maxima 21° ;

Durée de la germination, 4 jours ;

Humidité 48,04.

Aspect général et odeur normaux.

100 grains ont fourni	3 grains non germés.	
	34 —	dont la plumule était moins longue que le grain.
	30 —	ayant une plumule de la longueur du grain.
	21 —	ayant une plumule une fois et demie plus longue que le grain.
	12 —	ayant une plumule deux et plus plus longue que le grain.

Le pouvoir liquéfiant et le pouvoir saccharifiant de ce malt furent déterminés dans trois échantillons différents :

1° Dans les grains non triés ;

2° Dans les grains dans lesquels les plumules sont deux fois plus longues que les grains ;

3° Dans les grains dans lesquels la longueur des plumules ne dépasse pas celle des grains.

MALT NON TRIÉ	MALT DONT LA PLUMULE a deux fois la longueur du grain	MALT DONT LA PLUMULE a une longueur ne dépassant pas celle du grain
Maltose. . o,6	o,585	o,53
Pouvoir saccharifiant 17^{cc} — Pouvoir liquéfiant 2^{cc},5 pas liq. 3re pas liq. 3^{cc},5 liq.1/4 4^{cc} liquide	Pouvoir saccharifiant 9^{cc},5 — Pouvoir liquéfiant 2^{cr},5 pas liq. 3^{cc} pas liq. 3^{cr},5 liquide	Pouvoir saccharifiant 20^{cm},7 — Pouvoir liquéfiant 3^{cc},5 pas liq. 4^{cc} liquide 1/4

Le maltose indiqué pour chaque infusion indique la richesse en sucre de l'infusion diluée ayant servi pour la détermination du pouvoir saccharifiant.

Dans les grains non classés, sortant de l'appareil, on trouve un pouvoir saccharifiant de 17 et un pouvoir liquéfiant de 4. Le malt est donc très médiocre ; l'essai de fermentation avec différentes quantités de malt nous a démontré qu'il fallait 18 parties de ce malt pour 100 de riz pour déterminer une fermentation profonde.

L'analyse comparative des trois échantillons nous confirme les faits établis par l'Institut de Berlin, à savoir que le développement des plumules coïncide avec une augmentation de la quantité de substance active.

MALT B. — Malterie pneumatique système Saladin. Malterie de Buir, près de Cologne.

Petite orge de Russie, trempage 2 jours et demi sans aération.

Durée du maltage, 9 jours.

Température, minima 18, maxima 23.

La pousse est uniforme et les plumules ne dépassent pas le grain.

Grains non germés, 3.

Humidité, 47.

Maltose d'infusion, 0,74.

Pouvoir saccharifiant 4,65.

Pouvoir liquéfiant $\begin{cases} 2^{cc} = 1/4 \text{ liquide,} \\ 2^{cc},5 = \text{liquide,} \end{cases}$

Le pouvoir liquéfiant ainsi que le pouvoir saccharifiant indiquent un malt d'excellente qualité. La quantité de malt nécessaire pour faire fermenter 100 kilogrammes de riz est 8 kilogrammes.

La méthode que nous venons d'indiquer s'applique à l'analyse des malts d'orge et de seigle.

Pour l'analyse du malt de maïs on est obligé de se placer dans d'autres conditions parce que ce malt contient toujours des quantités de diastase relativement petites. Pour la préparation de l'infusion, on prend 12 grammes de malt moulu au lieu de 6 et, pour déterminer le pouvoir saccharifiant, on emploie seulement 1 centimètre cube, au lieu de 2, de solution cupro-potassique.

Un malt de maïs d'excellente qualité contient toujours de 4 à 8 pour 100 de grains non germés. Il possède, dans les conditions indiquées, un pouvoir saccharifiant de 4 à 6 et un pouvoir liquéfiant de 2,5 à 3.

En comparant le malt de maïs avec un malt d'orge de première qualité, on constate qu'il est 4 fois moins actif et, en réalité, dans la pratique, on est forcé d'employer 4 à 5 fois plus de malt de maïs que de malt d'orge pour arriver à un même résultat.

Méthode d'analyse des moûts sucrès et fermentès. — Le pouvoir saccharifiant du moût peut être déterminé à l'aide de la coloration que le moût donne avec l'iode. On opère de la manière suivante : on prélève 6 échantillons de 20 centimètres cubes d'une solution fraîche de fécule soluble à 2 pour 100 et on introduit chaque prélèvement dans un tube à réaction numéroté ; on ajoute avec une pipette divisée en dixièmes de centimètre cube $0^{cc},25$, $0^{cc},50$, $0^{cc},75$, 1^{cc}, $1^{cc},25$

et 1^{cc},50 du moût sucré ou fermenté à essayer; on place les tubes dans un bain-marie à 60°, on les y laisse une heure; on refroidit et on ajoute au contenu de chaque tube un demi-centimètre cube d'une solution d'iode. fortement diluée et on observe la coloration au moment de l'addition de l'iode au liquide.

Une saccharification faite avec 0^{cc},25 de moût sucré, ne se colorant plus par l'iode, correspond au maximum du pouvoir saccharifiant et, si l'on arrive à ce résultat, on peut être sûr qu'on travaille avec une quantité de malt plus que nécessaire pour la fermentation. L'absence de coloration dans un tube qui a reçu 0^{cc},75 de solution indique que le moût sucré possède un pouvoir saccharifiant suffisant pour la fermentation, du moins si le pouvoir liquéfiant de ce moût est normal.

Si une coloration apparaît dans le liquide contenant 1^{cc},25 du moût sucré, on peut être certain que ce moût ne contient pas la quantité nécessaire de malt et il est même inutile de s'occuper du pouvoir liquéfiant. La non-coloration par l'iode des liquides ayant reçu 1 centimètre cube de moût indique encore une quantité de diastase suffisante, si le pouvoir liqué-fiant est très grand. Dans le cas contraire, le moût sucré n'est pas assez riche en matières actives.

Cette méthode rend de très grands services pour le contrôle des moûts pendant la fermentation ; on détermine le pouvoir saccharifiant par la coloration avec la solution d'iode au début de la fermentation et on répète cette opération après 30 et 60 heures. Le pouvoir saccharifiant déterminé par cette méthode, au début de la fermentation, ne doit pas changer beaucoup jusqu'à la fin de l'opération. Si l'on constate qu'il faut, à un certain moment, deux fois plus de liquide qu'au début pour arriver à la non-coloration par l'iode, on peut être certain qu'on se trouve en présence d'une altération de la diastase et il est urgent d'ajouter une nouvelle quantité d'in-fusion.

Un moût fermenté pendant 86 heures doit avoir un pouvoir saccharifiant compris entre 0,75 et 1, c'est-à-dire qu'avec 0,75 à 1 centimètre cube de moût on doit arriver à la non-coloration par l'iode. Un pouvoir saccharifiant de 1,5 à la fin de la fermentation indique un manque de diastase.

Ces données s'appliquent à des moûts de riz d'une densité de 17 à 19 Balling. Les moûts de grains et de pommes de terre se comportent autrement. Dans ces moûts, la dégradation des diastases pendant la saccharification et la fermentation se fait beaucoup plus rapidement. On doit chercher à obtenir des moûts ayant un pouvoir saccharifiant de 1 à 1,25 au commencement du travail et de 2 à la fin de la fermentation.

Notre méthode d'analyse du malt et du moût est maintenant introduite dans les stations centrales de l'Association des distillateurs de Bavière et d'Autriche-Hongrie. Les directeurs de ces stations, les professeurs Kruis et Büchler, nous ont exprimé leur pleine satisfaction.

Avec un peu d'expérience on arrive, par cette méthode, à un contrôle très sûr du travail.

BIBLIOGRAPHIE

J. EFRONT. — Contributions à l'étude de l'amylase. *Monit. scientifique,* tome VIII, p. 541, et tome X, p. 711.

CHAPITRE XVII

MALTASE

Glucase de Cusenier. — Maltase de la levure. — Propriétés. — Différences entre les températures optima des différentes glucases. — Maltase des moisissures. — Mode d'action sur l'amidon. — Processus de la sécrétion. — Influence de l'alimentation azotée. — Influence des hydrates de carbone. — Les différentes amylomaltases de Laborde.

La maltase ou glucase est un enzyme qui agit sur l'amidon, les dextrines et le maltose.

L'existence d'un enzyme agissant sur le maltose a été mise en doute pendant longtemps. Il est cependant évident que le maltose, pour être assimilé par les cellules, doit être hydraté et transformé en glucose.

En 1865, Béchamp a constaté dans l'urine la présence d'un enzyme agissant sur le maltose et qu'il a nommé néfrozymase. Brown et Héron ont découvert un principe actif analogue dans le suc pancréatique et l'intestin grêle des porcs. Quelque temps après, Émile Bourquelot a confirmé l'observation de Brown et Héron en constatant la présence du même principe dans le pancréas et l'intestin grêle du lapin.

Les liquides diastasiques obtenus par ces savants présentaient des propriétés très variées. Ils contenaient évidemment des diastases de natures très différentes et il était fort difficile de se prononcer d'une façon définitive sur la présence, dans les liquides qu'ils avaient étudiés, d'un ferment particulier agissant exclusivement sur le maltose.

La découverte du principe actif qui dédouble le maltose en

deux molécules de glucose date de 1886. Elle appartient à Léon Cusenier, qui dénomma cet enzyme glucase.

Cusenier, en faisant macérer du maïs moulu dans l'eau à la température de 50°, a constaté qu'une grande partie des matières amylacées entrait en solution et que le pouvoir rotatoire du liquide sucré décroissait au fur et à mesure que la macération se prolongeait. Cette observation le conduisit à des recherches sur la nature du sucre formé, ainsi que sur celle de l'agent produisant cette transformation.

Une série d'expériences entreprises dans cette voie ont permis de constater que le maïs contient un ferment particulier qui agit sur l'amidon en donnant du glucose et des dextrines, lesquelles, à la longue, sont elles-mêmes transformées en dextrose.

La température optima de cet enzyme est de 60° ; sa température de destruction d'environ 70°.

Cet enzyme agit également sur le maltose et le transforme en glucose.

Sa présence a été constatée dans presque toutes les céréales, mais en quantité beaucoup plus minime que dans le maïs. Il existe dans celui-ci une dose de glucase plus que suffisante pour transformer en glucose tout l'amidon qu'il contient.

D'après Gedulde, on arrive à isoler la glucase du maïs en faisant macérer une mouture avec de l'eau et en précipitant ensuite le liquide filtré par l'alcool. Le produit obtenu, séché dans le vide, se présente en une masse brunâtre et friable ayant les propriétés suivantes :

Il contient environ 8 à 12 pour 100 d'azote. Il donne la réaction du gaïac et de l'eau oxygénée. Précipité par l'alcool il se redissout difficilement dans l'eau.

Il possède une activité relativement faible : avec une partie de substance active précipitée on arrive seulement à transformer 100 parties de maltose en glucose.

Sa température optima est de 56° à 60°. Au-dessus de 60° on constate déjà un ralentissement sensible dans l'hydratation qu'il produit. Au-dessus de 70°, la glucase est sans action.

Cet enzyme agit plus énergiquement sur les produits de dédoublement de l'amidon que sur l'amidon lui-même.

D'après Beijerinck, on peut facilement préparer la glucase à l'aide du maïs décortiqué et deshuilé. On opère comme suit :

Trois kilogrammes et demi de maïs ainsi préparé sont traités par 5 litres d'eau, additionnés de 500 centimètres cubes d'alcool à 96° et de 2 grammes d'acide tartrique. Ce mélange est maintenu 30 heures à 15° ou 20°, puis filtré. On obtient ainsi 4 litres et demi d'un liquide clair dans lequel on produit une précipitation partielle en lui ajoutant un volume égal d'alcool à 96°. Le dépôt ainsi produit est recueilli, traité par l'eau acidulée à raison de 0,4 grammes d'acide tartrique par litre, puis additionné d'un peu d'alcool. Le précipité se redissout partiellement dans le liquide et la partie insoluble est recueillie sur un filtre. Ce produit insoluble est, d'après Beijerinck, très riche en glucase. Sa teneur en azote est de 1,11.

On peut obtenir d'autres produits en ajoutant de l'alcool au liquide filtré. On recueille des précipités qui contiennent encore une certaine quantité de diastases en solution. Mais les précipités obtenus par ces traitements, tout en accusant des teneurs en azote de 4,78 et 2,20 pour 100, sont moins actifs que la partie insoluble dont il est parlé ci-dessus.

La glucase obtenue par Beijerinck n'est cependant pas, comme il le constate lui-même, un produit absolument pur. Ses impuretés seraient dues à des mucilages.

La glucase d'après Beijerinck agit sur le maltose, sur l'amidon et sur les dextrines en se montrant plus actif sur le maltose que sur les dextrines ; il produit très difficilement la transformation de l'amidon.

D'après Gonnerman, la glucase ou un ferment analogue existerait dans les betteraves gelées ou en germination. Dubourg et Rhomann ont constaté sa présence dans le sang. On la retrouve encore dans l'urine, dans la levure, ainsi que dans un grand nombre de moisissures.

La sécrétion de maltase fournie par la levure offre un intérêt particulier.

Le maltose a été considéré pendant longtemps comme un sucre directement fermentescible et, en réalité, pendant la fermentation, il est impossible de saisir le moment où le maltose se transforme en glucose. C'est pourquoi la fermentation du maltose a été envisagée comme une transformation intracellulaire dans laquelle le ferment soluble n'intervenait pas.

Bourquelot, Lintner et Émile Fischer ont étudié la question de plus près et établi que la levure contient toujours une certaine quantité de maltase qui est retenue dans les cellules et qui diffuse difficilement dans le liquide ambiant.

Pour extraire l'enzyme des levures, on doit broyer les cellules avec de la pierre ponce ou du verre pilé et faire ensuite macérer la masse dans l'eau.

On peut aussi recourir à un autre moyen qui paraît plus expéditif : on étale de la levure fraîche en couche très mince ; on la dessèche lentement à 40° et on la fait ensuite macérer dans l'eau. Dans ces conditions, la maltase de la levure devient soluble.

L'enzyme extrait des levures par cette méthode diffère à plusieurs points de vue de la substance active du maïs hydratant le maltose.

D'après Geduldc, la glucase du maïs peut être précipitée de sa solution à l'état actif par l'alcool ; la maltase de la levure, au contraire, est presque complètement détruite par ce réactif.

Les maltases de diverses provenances possèdent aussi une sensibilité très différente vis-à-vis de la chaleur. Lintner en exposant à différentes températures 3 échantillons d'une solution de maltose additionnée de la même quantité de glucase extraite des levures a obtenu des quantités de glucose variant suivant la température à laquelle l'action s'était produite.

TEMPÉRATURE	DURÉE DE L'ACTION	GLUCOSE FORMÉ
35°	2 heures.	2,90ᴳʳ
40	—	3,09
45	—	2,08

La température optima, d'après ces expériences, serait de 40°, tandis que la glucase de Cusenier possède une température optima de 56° à 60°.

En essayant la maltase de la levure à des températures de 40° et 50°, Lintner a constaté la formation après deux heures d'action, des quantités suivantes de glucose :

TEMPÉRATURE	GLUCOSE FORMÉ
40°	1,8
50°	0,3

La température de 50° détruit donc presque complètement la maltase de la levure, tandis que, si l'on opère avec la glucase du maïs, on n'atteint pas encore, à cette température, le maximum d'effet.

Un grand nombre de moisissures possèdent la propriété de transformer l'amidon en sucre.

En étudiant l'action de l'aspergillus orizæ, Atkinson a le premier constaté que la diastase de cette moisissure opère la transformation des matières amylacées par un mode de travail différent de celui de la diastase du malt. Le produit final de la réaction, de la réaction de l'aspergillus orizæ est du dextrose et non du maltose.

Depuis, le même fait a été constaté par Bodin et Rolants pour l'amylomyces Rouxii, puis par Bourquelot et Laborde pour l'aspergillus niger, le penicillium glaucum et l'eurotiopsis gayoni.

Il y a tout lieu d'admettre qu'on se trouve en présence d'un fait général et que beaucoup d'autres moisissures ren-

dent assimilable l'amidon, à l'aide des glucases qu'elles
sécrètent.

Les liquides diastasiques, qu'on obtient par la macération
des moisissures, agissent à la fois sur l'amidon, les dextrines
et le maltose en formant du glucose.

D'après Atkinson, la transformation de l'amidon par l'aspergillus orizæ se fait par hydratations successives des molécules avec formation de maltose comme produit intermédiaire, mais les analyses citées à l'appui de cette manière de
voir sont fort peu concluantes.

Laborde, au contraire, a constaté qu'on est en présence
d'une transformation directe sans formation de maltose. Il a
constaté les mêmes faits dans le cas de l'aspergillus niger,
du penicillium glaucum et de l'eurotiopsis gayoni.

Pour déterminer la présence de la glucase dans un liquide
actif, on additionne une solution de maltose à 2pour 100 d'une
quantité déterminée du liquide à examiner. On ajoute une trace
de chloroforme ou de thymol et on abandonne la solution à la
température de 45° pendant 24 heures. En examinant la rotation du liquide avant et après l'expérience, on peut facilement
se rendre compte de la marche de l'hydratation.

Le pouvoir rotatoire du maltose est de $[\alpha.]$ d $+$ 138,4 et
celui du glucose de 52,4.

La glucase des moisissures agit plus activement sur l'empois d'amidon que sur le maltose.

La formation, ainsi que la diffusion des glucases des moisissures, se trouvent soumises aux mêmes conditions que la
sécrétion de la sucrase par l'aspergillus niger. Pendant le
développement de la plante, la quantité de glucase augmente
à mesure que diminuent les substances nutritives et le maximum de substance active apparaît dans la plante au moment
où elle commence à utiliser les substances de réserve. Ainsi
la glucase produite dans les moisissures est retenue dans
l'intérieur des cellules et diffuse très difficilement, jusqu'au
moment où le milieu nutritif commence à s'épuiser.

D'après Pfeffer et Katz, l'addition de sucre au milieu de culture diminue, en général, la prodution de glucase, mais on remarque que les différentes espèces de moisissures sont plus ou moins sensibles à cette action. Ainsi le penicillum glaucum ne sécrète pas de glucase en présence de 10 pour 100 de saccharose, tandis qu'à la dose de 30 pour 100 ce sucre n'arrête pas complètement la sécrétion de l'aspergillus niger. Le glucose agit de la même façon que le saccharose.

La présence de maltose dans le milieu nutritif influe sur la sécrétion à un degré moindre. Le penicillum glaucum produit encore de la glucase dans un milieu contenant 10 pour 100 de ce sucre.

L'alimentation azotée a aussi une grande influence sur la production de la glucase. Ce sont les cellules bien nourries qui en fournissent le plus.

La moisissure peut prendre l'azote dont elle a besoin à des sources très différentes. Ainsi les nitrates alcalins, la peptone, la caséine, l'urée sont également favorables à la culture de l'eurotiopsis et fournissent sensiblement la même quantité de glucase. Le sulfate et le chlorure d'ammonium fournissent cependant un rendement sensiblement moindre et ces substances agissent très défavorablement au point de vue de la formation de la diastase.

D'après Pfeffer et Katz, la sécrétion de la glucase par le penicillium glaucum et l'aspergillus niger se trouve limitée par la quantité d'enzyme déjà présent dans le milieu nutritif. En enlevant du milieu de culture la glucase par le tannin, ils ont constaté une sécrétion plus abondante de diastase. Il est peu probable cependant que l'enlèvement des substances actives puisse provoquer une nouvelle formation de la diastase. Il est plus plausible d'admettre qu'en précipitant la diastase par le tannin, on favorise la diffusion des substances actives déjà formées, mais retenues par les cellules.

De toutes les moisissures étudiées au point de vue de leur action sur les matières amylacées l'aspergillus orizæ est le plus actif et c'est lui qui, en réalité, sécrète la plus grande quantité de maltase.

Le mucor alternens et l'amylomyces Rouxii appartiennent tous les deux à la classe des moisissures riches en maltase. L'aspergillus niger et le penicillium glaucum possèdent un pouvoir diastasique beaucoup plus faible et l'eurotiopsis occupe la dernière place au point de vue de la sécrétion de la glucase.

D'après Laborde, les diastases saccharifiantes de l'aspergillus niger, du pénicillium glaucum et de l'eurotiopsis gayoni, diastases qu'il désigne sous le nom d'amylo-maltases, présentent des caractères différents. Partant de cette remarque, Laborde conçoit l'existence de 3 diastases différentes ayant des caractères communs, mais se distinguant par leur sensibilité vis-à-vis des agents physiques et chimiques, ainsi que par l'intensité de leur action.

En faisant agir, dans les mêmes conditions, les substances actives de trois moisissures sur un empois d'amidon à 2 pour 100, Laborde a constaté des différences sensibles pour les 3 diastases, différences qui sont consignées dans le tableau suivant :

PROVENANCE DES LIQUIDES DIASTASIQUES	DURÉE DE L'ACTION en heures	ROTATION SACCHARIS. des liquides	GLUCOSE o/o	DEXTRINES o/o
			gr.	
Aspergillus niger..	12	17,5	1,31	0,56
	48	14,0	1,61	0,31
	96	14,0	1,66	0,30
Penicillium glaucum..	12	12,5	1,31	0,31
	48	12,0	1,61	0,21
	96	12,0	1,72	0,18
Eurotiopsis gayoni.	12	7,0	0,80	0,16
	48	9,0	1,61	0,06
	96	9,3	1,92	0,00

La différence dans la marche de l'hydratation se manifeste surtout par les pouvoirs rotatoires des liquides ainsi que
par le rapport de la quantité de maltose à celle des dextrines.

Pour 1,60 de glucose formé avec les trois liquides actifs,
on trouve des quantités de dextrines ainsi que des rotations
sensiblement différentes.

Ces différences proviennent probablement de ce que l'empois
n'est pas liquéfié avec la même facilité par les diastases de
différentes provenances.

Les maltases des différentes moisissures se différencient
davantage par leurs températures optima, ainsi que par
leurs températures de destruction :

	TEMPÉRATURE OPTIMA	TEMPÉRATURE DE DESTRUCTION
Aspergillus niger.	60°	80°
Penicillum glaucum. . . .	45	70
Eurotiopstis gayoni. . . .	50	75

Sous le rapport de l'action de la chaleur, la maltase de
l'aspergillus niger se rapproche de la maltase du maïs, tandis
que la substance active de l'eurotiopsis gayoni ressemble
davantage à la diastase du penicillum glaucum et des levures.

Entre la maltase des céréales et les ferments des moisissures, on constate encore une autre différence. Tandis que la
première agit plus difficilement sur l'amidon que sur le maltose, les seconds agissent plus activement sur l'empois d'amidon que sur ses produits d'hydration.

Du reste, ces différences entre les modes d'action des diastases sont plutôt fictives. Un extrait de maïs à froid agit énergiquement sur l'empois d'amidon et sur le maltose. Mais si
l'on précipite, d'autre part, la substance active d'une infusion
de maïs par l'alcool, on obtient un produit qui n'agit presque
pas sur l'empois et qui, au contraire, agit très fortement sur
le maltose.

Cette différence provient évidemment du changement de milieu. Dans le premier cas, l'action est due à la diastase accompagnée de substances étrangères qui influent sur son action. Dans le second, on a affaire à la diastase seule, ou à cette diastase accompagnée seulement de substances exerçant une influence très faible sur la transformation.

Il faut donc admettre que toutes les différences que nous constatons chez les maltases de diverses provenances proviennent exclusivement des substances étrangères qui les accompagnent et qui influent sur leur sensibilité vis-à-vis des réactifs.

La plupart des moisissures sécrétant des maltases se développent très facilement dans les moûts de brasserie et de distillerie ainsi que dans l'eau de levure additionnée d'hydrates de carbone.

Sanguinetti a fait une étude comparative de l'aspergillus orizæ, du mucor alternans et de l'amylomyces Rouxii, au point de vue des pouvoirs saccharifiant et comburant. Il les a cultivés dans des moûts contenant de l'amidon, de la dextrine ou d'autres hydrates de carbone, et il a observé la marche des sécrétions diastasiques ainsi que l'influence de la nutrition sur ces sécrétions.

Voici quelques-unes de ses expériences :

Dans un ballon d'une capacité de 1,500 centimètres cubes, il met 500 centimètres cubes d'eau de levure et ajoute 15 grammes d'amidon ou de dextrine.

Il stérilise le liquide et, après refroidissement, il ensemence différents ballons à la température de 30° avec les spores des différentes moisissures.

Il laisse la plante se développer pendant 10 jours et agite le flacon 2 fois par jour pour empêcher la formation de spores. Il détermine ensuite le poids des plantes formées et analyse le sucre et l'alcool contenus dans le liquide.

Voilà les résultats d'expériences pratiquées avec de l'eau de levure et de l'amidon:

	TÉMOIN	ASPERGILLUS oryzae	MUCOR alternans	AMYLOMYCES
	gr.	gr.	gr.	gr.
Poids de plante.	»	2,081	0,667	2,080
Extrait sec à 100°.	19,00	5,20	6,27	4,50
Acidité totale en SO⁴H². . . .	0,127	0,070	0,980	0,660
Alcool en poids.	»	2,77	1,58	3,96
Sucre réducteur (en glucose). . .	»	1,30	traces	traces
Sucre réducteur total après saccha-rification par l'acide chlorhydrique.	16,67	2,25	2,99	3,75
Perte d'alcool pour o/o d'amidon. .	»	40 o/o	46 o/o	25.7 o/o

Lorsqu'on compare la quantité d'hydrate de carbone dis-paru avec la quantité d'alcool formé, on constate qu'on obtient :

Avec l'aspergillus oryzæ, pour 14,42 de sucre transformé, 2,77 alcool.
— mucor alternans — 13,68   —   1,58 —
— l'amylomyces Rouxii — 12,92   —   3,96 —

L'aspergillus oryzæ se montre le plus actif et laisse dans la solution d'amidon à 15 pour 100 0gr,85 de dextrine non transformée, tandis que le mucor alternans et l'amylomyces fournissent deux fois plus de dextrine non attaquée.

Quand on remplace, dans ces essais, l'amidon par les dex-trines on constate une saccharification encore moins com-plète.

Après 10 jours de développement on trouve encore 3,80 de dextrines.

Si l'on prend en considération le temps de l'action et le poids de la plante, on voit que la quantité de substance active sécrétée par les moisissures est relativement très faible, même avec l'aspergillus oryzæ. 2gr,081 de plante ne suffisent pas, comme nous venons de le voir, pour transformer 15 grammes d'amidon, tandis que 0^{gr},5 de malt produisent, dans des conditions analogues, une transformation complète.

La maltase des champignons se montre très sensible à l'action du milieu. Bodin et Rolands ont étudié l'action de l'oxygène et de l'acidité du milieu. L'expérience suivante fournit quelques données à ce sujet :

On amène une vinasse de distillerie à différents degrés d'acidité et, dans le liquide stérilisé, on cultive l'amylomyces en se plaçant dans différentes conditions.

Dans une culture on laisse la plante se développer à la surface du liquide (culture S) ; dans une autre on laisse le développement se faire en profondeur (culture P) ; dans une troisième (culture A) l'on fait passer un courant d'air pendant 48 heures.

Voici les résultats obtenus après une fermentation de 4 jours à la température de 26°.

	VINASSE NEUTRE			VINASSE A 3^{gr},4 D'ACIDITÉ EN ACIDE SULFURIQUE		
	S	P	A	S	P	A
Alcool par litre. . . .	3^{cc}4	5^{cc}5	3^{cc}	3^{cc}	1^{cc}8	1^{cc}7
Acidité.	0,36	0,83	0,4	2,69	3,13	2,69
Sucre réducteur en glucose	4,83	2,33	1,64	4,31	3,5	3,4
Sucre total..	10,23	7,3	5,57	17,71	17,71	13,28
Poids d'amylomyces obtenu à l'état pressé. . .	»	4^{gr}6	8^{gr}15	»	0^{gr}25	2^{gr}30

On voit que l'aération est très favorable au développement de la plante, puisqu'on trouve 8^{gr},15 de plantes dans le liquide aéré, tandis qu'une culture faite à l'abri de l'air n'en fournit seulement que 4^{gr},6.

La quantité d'acide formé pendant le développement est en rapport direct avec l'acidité initiale et elle est d'autant plus faible que l'acidité de milieu était plus forte au début.

La maltase agit très bien dans un milieu faiblement acide mais son action est paralysée par une dose d'acide organique correspondant à 2 grammes par litre d'acide sulfurique.

BIBLIOGRAPHIE

DUBOURG. — Recherches sur l'amylase de l'urine. Thèse, Paris 1889.

BOURQUELOT. — Recherches sur les propriétés physiologique du maltose. *Comptes Rendus*, 1883.

CUSENIER. — Sur une nouvelle matière sucrée diastasique et sa fabrication. *Monit. scientif.*, 1886, p. 718.

BROWN et HÉRON. — Ueber die hydrolitischen Wirkungen des Pancréas und des Dünndarms *An. chim. und pharm.*, 1880, 228.

LINTNER und KROEBER. — Verchiedenheit der Hefeglucase von Maïsglucase und Invertine. *Ber. der deutsch. chem. Gesellsch.*, 1895, p. 1050.

G.-H. MORRIS. — Hydrolyse de la maltase par la levure. *Rec. Chem. Soc.*, 1895.

LABORDE. — Recherches physiol. sur une moisissure l'eritiopsis gayoni. *Ann. de l'Inst. Pasteur*, 1898.

SANGUINETTI. — Contrib. à l'étude de l'amylomices Rouxii. *Ann. de l'Inst. Pasteur*, 1897.

BODIN et ROLANTS. — Contrib. à l'étude de l'utilisation de l'amylomyces Rouxii. Bière et boissons fermentées. Mars 1897.

PFEFFER et KATZ. — Schriften der konig. sach. Gesellschaft der Wissenschaft. Leip., 1896.

FISCHER und LINDNER. — Enzyme von Schizosaccharomyces octosporus und saccharomyces Marxii. *Berichte der deutschen chemischen Gesellschaft*, 1895, I, p. 984.

BEIJERINCK. — *Centralblatt für Bacteriologie*, II Abth., 2 Johrg., 1898.

WROBLEWSKY. — Ueber die chemische Beschaffenheit der amylolytischen Fermente. *Berichte der deutsch. chem. Gesellschaft*, 1898.

CHAPITRE XVIII

APPLICATIONS INDUSTRIELLES DE LA MALTASE

Céréalose.

Fabrication industrielle des glucoses par les en-zymes. — Cusenier ayant trouvé de la glucase dans le maïs a cherché à appliquer cette découverte à l'industrie des glu-coses. En remplaçant, dans cette fabrication, l'acide par les enzymes contenus dans les grains, il est arrivé à fabriquer un produit d'une grande valeur, qui se trouve dans le commerce sous le nom de céréalose.

Le céréalose se présente sous forme d'une masse cristal-line contenant du maltose et du glucose.

La fabrication du céréalose est toutefois peu développée, car le procédé de Cusenier laisse encore beaucoup à désirer aux points de vue du rendement et du prix de revient, lequel est plus élevé que celui du glucose obtenu par les acides.

Les difficultés auxquelles on se heurte dans cette industrie sont d'ordres différents.

Le maïs contient des ferments hydratants en quantité plus que suffisante pour transformer tout l'amidon en sucre, mais, pratiquement, il est fort difficile de se placer dans des conditions favorables à l'action de ces ferments. Il en résulte que le tranformation est loin d'être complète.

Quand on fait macérer le maïs moulu avec 4 volumes d'eau à la température de 60°, pendant 24 heures, on extrait de 60 à 65 pour 100 de matières amylacées sous forme de sucre.

Une macération plus prolongée n'amène pas un résultat sensiblement meilleur. L'enzyme agit seulement sur une partie
de l'amidon et il reste toujours des grains d'amidon non
attaqués, quoique la solution sucrée qu'on obtient soit toujours très riche en substances actives. C'est surtout cette
particularité qui rend difficile la fabrication du glucose par
la glucase. L'opération ne peut, en effet, jamais être achevée.

On est obligé de recourir à un mode de travail continu.
Voici la manière de procéder :

500 kilogrammes de maïs grossièrement moulu sont versés
dans un appareil muni d'une double enveloppe et d'un agitateur à palettes. On ajoute 20 hectolitres d'eau à 65°. On maintient la température à 58°-60° pendant 6 à 8 heures, tout
en faisant marcher l'agitateur.

La transformation des matières amylacées en glucose est
suivie par l'observation de la densité et par celle du pouvoir rotatoire du moût. Pendant toute la durée de l'opération,
densité des liquides va en augmentant, tandis que le pouvoir rotatoire va en diminuant. L'opération est considérée
comme terminée quand le moût contenant 10 pour 100 de
matières sèches marque de 40° à 45° au polarimètre Soleil.
On sépare alors par filtration le liquide sucré des drèches
qui contiennent encore des quantités assez considérables
d'amidon non attaqué. On décolore le jus sur le noir animal
et on évapore dans le vide jusqu'à concentration de 40° à 42°
Baumé, après quoi on met le sirop dans des formes où il ne
tarde pas à se prendre en masse après qu'il a été amorcé
avec du glucose cristallisé.

L'amidon non attaqué dans la première opération est repris
dans l'opération suivante. La mouture de maïs restée sur le
filtre est soumise à la cuisson sous une faible pression. L'empois obtenu par cette opération est saccharifié à la température de 63°, à l'aide d'une faible quantité de malt (1 à 2
pour 100) et les moûts dextrinés remplacent l'eau dans l'opération suivante. Avec les drèches provenant de 500 kilo-

grammes de maïs, on obtient environ 20 hectolitres de moût dextriné. On introduit dans ces moûts 400 kilogrammes de maïs moulu et on laisse la saccharification se produire pendant 6 à 8 heures à la température de 58°–60°.

La maltase contenue dans le malt d'orge peut aussi être utilisée pour la fabrication du glucose.

L'infusion de malt agit très peu sur le maltose, mais le malt concassé agit énergiquement sur les sirops de maltose, qui se transforment en sirop de dextrose. Pour ce genre de travail, il est à conseiller de mettre le malt en contact avec des sirops à 20°-25° Baumé et non pas avec des jus dilués.

Dans les moûts sucrés et très concentrés, l'extraction des diastases du malt se fait plus facilement que dans les sirops de faible concentration.

Le céréalose a la composition moyenne suivante :

Maltose.	2,5 0/0
Glucose.	72 »
Dextrine..	2,5 »
Eau.	20 »

CHAPITRE XIX

APPLICATIONS INDUSTRIELLES DE LA MALTASE

Levures japonaises et chinoises.

Fabrication de la levure japonaise. — Préparation du koji. — Changements produits dans le riz. — Composition du koji. — Action des sels. — Fabrication du levain « moto ». — Fabrication de la bière « saké ». — Composition du moto. — Composition du saké. — Fabrication de la levure chinoise. — Propriétés de la levure chinoise. — Diastase de la levure chinoise. — Influence de la température et des agents chimiques. — Distilleries indigènes d'Extrême-Orient. — Utilisation des procédés orientaux dans les distilleries des pays occidentaux. — Travaux de Takamine, de Collette et de Boidin.

Levure japonaise. — Dans certaines contrées d'Extrême-Orient, on fabrique des boissons alcooliques avec les matières amylacées.

Au Japon, on prépare une espèce de bière qui porte le nom de saké. En Chine et en Cochinchine, on prépare avec le riz une eau-de-vie, le choum-choum, d'une richesse en alcool de 34° à 42°.

Les méthodes employées par les orientaux diffèrent radicalement des méthodes européennes. La saccharification des matières amylacées et la fermentation sont provoquées par des ferments spéciaux qu'on cultive industriellement.

L'agent actif qu'emploient les Japonais porte le nom de koji. Le ferment qui sert à la fabrication de l'eau-de-vie de Cochinchine porte le nom de migen ou men.

Les levures chinoises et japonaises doivent leur activité à des moisissures sécrétant de la maltase et probablement de la zymase.

Dans la levure chinoise, l'organisme prédominant est l'amylomyces Rouxii. Le koji doit son activité à l'eurotium orizæ.

C'est Korschelt et Atkinson qui ont fourni les premières données sur la préparation et l'utilisation des levures japonaises.

Préparation du koji. — Les grains de riz destinés à la fabrication du koji sont tout d'abord nettoyés et battus afin de les dépouiller de leur enveloppe, puis on les soumet à un trempage d'une douzaine d'heures. Les grains sont alors cuits dans un courant de vapeur jusqu'à ce qu'ils aient atteint une certaine élasticité, puis sont étendus sur des nattes que l'on remue énergiquement pour empêcher les grains de se réunir en grumeaux. Le riz est ensuite ensemencé avec les spores d'une moisissure: l'eurotium orizæ. Les spores de cette moisissure, qui constituent un produit commercial au Japon, sont mélangées au riz à raison de 1 partie de spores pour 40000 parties de riz. Elles sont réparties dans toute la masse par une trépidation énergique de la natte et le tout est porté au germoir.

Atkinson, professeur à l'Université de Tokio, à qui nous devons la description de cette industrie, décrit la construction spéciale de ces germoirs. Ce sont de longs couloirs souterrains, s'embranchant les uns dans les autres, ayant de 4 à 10 mètres de longueur, de $2^m,10$ à $2^m,40$ de largeur et une hauteur de $1^m,20$. Ces germoirs ne sont jamais chauffés, sauf au commencement de la saison froide.

Le riz, mêlé de spores, est mis en tas dans le germoir, recouvert de nattes et laissé dans cet état pendant une nuit entière.

Le second jour il est, s'il ne doit pas servir à la fabrication de la bière appelée saké, aspergé avec une certaine quantité d'eau.

Le koji est alors étendu en couche très mince et laissé en

repos. Le troisième jour, on réunit de nouveau le riz en tas pendant 4 heures environ. Au bout de ce temps, les grains sont recouverts d'une légère toison provenant des tubes mycéliens de la moisissure. Le riz est alors refroidi par agitation et disposé en couches minces sur des nattes auxquelles on imprime un mouvement de va-et-vient, afin d'éviter la formation de grumeaux.

Dans ces conditions, la végétation se développe ; les tubes mycéliens serpentent entre les grains et, le 4e jour, le koji forme une espèce de gâteau, qui est tout prêt à être employé.

Le koji est utilisé dans différentes branches de l'industrie japonaise ; on l'emploie dans la fabrication du pain, dans la confection de la sauce « soy » ; mais surtout dans la brasserie pour la préparation du saké.

Température de germination. — On trouve dans le mémoire d'Atkinson quelques données sur les variations de température au cours de cette fabrication.

Lorsqu'après la trempe les grains de riz ont été séchés par agitation des nattes, ils ont une température de 28° à 30°. Le second jour, après l'aspersion, la température descend à 23°-26°, pour remonter ensuite, dans le germoir, à 30°. Le lendemain, troisième jour, Atkinson a constaté jusqu'à 40°-41°. Le riz est alors refroidi, mais il se réchauffe de nouveau jusqu'à 37°.

Ces chiffres ne sont cependant que très relatifs, ils changent suivant les époques de l'année. Au mois de mai, on a observé, comme température du germoir, de 24° à 26° ; la température du koji était alors de 25° à 26°. Au mois de décembre, le thermomètre marquait 27° dans le germoir et le riz accusait une température de 39°.

Cette élévation de température s'explique par l'oxydation très énergique produite par les moisissures : on constate souvent une différence de 10° entre la température du koji et la température extérieure.

A la température de 40° il doit se produire des pertes considérables d'amidon, ainsi qu'une altération sensible de la diastase sécrétée par les moisissures.

D'après des données plus récentes sur la fabricatoin du koji, les industriels japonais s'appliquent à ne pas dépasser la température de 25°. La durée totale de la fabrication, depuis le moment de l'ensemencement jusqu'à celui du développement complet des plantes, n'est que de trois jours.

Changements produits dans le riz. — La transformation du riz en koji apparaît donc comme un véritable phénomène d'oxydation. En effet, le riz employé à cette fabrication perd jusqu'à 11 pour 100 de son amidon; cet hydrate de carbone est oxydé avec dégagement d'acide carbonique et formation d'eau.

Le koji présente l'aspect d'un gâteau formé de grains de riz reliés entre eux par les fils mycéliens. Les grains extraits de ce gâteau sont recouverts d'une sorte de duvet et une coupe faite sur l'un d'eux montre que les cellules extérieures sont pénétrées par les fils du mycélium, tandis que l'intérieur reste inattaqué et acquiert même une certaine dureté.

Le cryptogame en cours de développement attaque les matières albuminoïdes qui se trouvent dans le riz; ces substances deviennent solubles et le pouvoir ferment du koji s'accroît au fur et à mesure de leur dissolution.

Voici, d'après Atkinson, la composition du koji séché à 100°.

Parties solubles dans l'eau: 37,76 0/0	Dextrose.	25,02
	Dextrine (par différence). . . .	3,88
	Cendre soluble.	0,52
	Albuminoïdes solubles.	8,34
Parties insolubles dans l'eau: 62,24	Albuminoïdes insolubles. . . .	1,50
	Cendres insolubles.	0,09
	Corps gras.	0,45
	Cellulose.	4,20
	Amidon (par différence). . . .	56,00

Le koji frais contient 25,82 pour 100 d'eau.

La croissance de l'eurotium orizæ sur le grain de riz a pour effet d'augmenter dans celui-ci la proportion d'azote soluble. En effet, dans le koji séché, on trouve, pour les matières albuminoïdes, un total de 9,84 pour 100, les matières albuminoïdes solubles étant représentées par 8,34 pour 100. Dans le riz non transformé en koji la quantité de matières albuminoïdes solubles est seulement de 1,38 pour 100. Il y a aussi une différence de solubilité entre le riz et le koji. Lorsque le koji n'a pas été chauffé à 100°, il se dissout en grande partie dans l'eau. Après un court contact avec l'eau froide 12 ou 15 pour 100 de son poids total se dissolvent. Si l'on prolonge le contact avec l'eau, la diastase continue à agir et au bout d'un temps plus ou moins long, 30 à 60 pour 100 du koji entrent en solution.

Action des sels. — L'enzyme du koji est influencé par l'acidité du milieu. L'acide lactique, à la dose de 0,05 pour 100, se montre favorable ; la dose de 0,1 pour 100 possède déjà une action retardatrice.

La diastase est également sensible à l'action du chlorure de sodium. L'influence de ce sel fut déterminée par Watanabe. A 5 grammes d'amidon sec gélatinisé et refroidi il ajoute différentes doses de chlorure de sodium et additionne ensuite tous les essais d'une quantité invariable d'extrait de koji. Il abandonne alors à la température ordinaire pendant 1 heure, amène ensuite le volume à 250 centimètres cubes et filtre. L'action du sel est déterminée à l'aide du pouvoir réducteur et du pouvoir rotatoire de la solution.

SEL COMMUN QUANTITÉ POUR 100 D'AMIDON	POUVOIR RÉDUCTEUR DE L'OXYDE CUIVRIQUE	POUVOIR ROTATOIRE SPÉCIFIQUE
0	30,8	173°8
10	28,6	179 3
30	25,1	182 6
50	23,8	187 6
75	20,9	190 3
100	20,1	189 1
150	19,1	190 2
200	18,0	192 2
300	16,9	194 1
500	14,4	197 5

On remarque facilement l'augmentation du pouvoir rotatoire et la diminution du pouvoir réducteur au fur et à mesure qu'augmente la dose de chlorure de sodium.

Fabrication du moto. — Le koji est employé dans l'industrie japonaise comme agent de saccharification, de fermentation et pour la fabrication de la bière dite « saké ». Les manipulations nécessaires à cette fabrication se divisent en deux catégories : d'abord la préparation d'un ferment énergique, qu'on appelle moto, ensuite la fabrication du moût et sa fermentation.

Pour la fabrication du moto, on emploie comme matières premières du riz cuit à la vapeur, du koji et de l'eau mélangés dans les proportions suivantes :

Riz . . . . 68 parties.
Koji . . . . 21 —
Eau . . . . 72 —

La fabrication du moto se fait en deux phases. Dans la première phase, qui dure de 5 à 6 jours, le mélange de grains et de koji est réparti dans différents vases. Sous l'influence du koji, l'amidon de riz se liquéfie et se saccharifie. La température ne dépasse pas quelques degrés et la fermentation est

excessivement lente. Dans la seconde phase, les liquides
réunis sont réchauffés jusqu'à 25° environ; la fermentation
commence et la température s'élève, mais sans dépasser jamais
30°. La fabrication du moto dure de 16 à 18 jours, et les
levains mûrs accusent jusqu'à 10 pour 100 d'alcool.

Voici la composition du moto dans la première phase de
la fabrication.

	APRÈS 3 JOURS POUR CENT	APRÈS 5 JOURS POUR CENT
Dextrose.	7,35	12,25
Dextrine.	5,12	5,69
Glycérine.		
Cendres.	Trace.	0,48
Albumine.		
Acides fixes.	0,017	0,019
Acides volatils.	—	0,008
Eau par différence	87,513	81,553
Amidon non dissous. . . .	20,43	15,46

Sa composition, pendant la seconde phase, est indiquée
par le tableau suivant :

	APRÈS			
	7 JOURS	10 JOURS	12 JOURS	14 JOURS
Alcool.	5,2	8,61	9,41	9,62
Dextrose.	5,4	0,99	0,49	0,50
Dextrine.	7,0	2,81	2,72	2,57
Glycérine.	1,14	2,82	2,35	1,93
Acides fixes.	0,31	0,24	0,31	0,30
Acides volatils.	0,16	0,11	0,05	0,03
Eau par différence. . .	80,80	84,42	84,67	85,47
Amidon non dissous. . .	10,68	12,46	11,55	12 05

Fabrication du saké. — Pour la fabrication du saké, on

se sert des mêmes matières premières que pour préparer le moto.

Le riz est saccharifié au moyen du koji et additionné de levain-moto. La saccharification et la fermentation se produisent simultanément. Après quelques jours de fermentation lente, le moût s'échauffe et commence à fermenter très énergiquement.

Les moûts de saké ont une très forte concentration : ils atteignent jusqu'à 35° Balling. La fermentation de ces moûts dure de 15 à 17 jours. On aboutit généralement à une teneur en alcool de 12 à 13 et, dans quelques usines, de 14 à 15 pour 100.

Voici la composition du moût, après 28 jours de fermentation.

Alcool.	13,23
Dextrose..	»
Dextrine..	0,41
Glycérine.	1,99
Acides fixes..	0,107
Acides volatils.	0,061
Eau.	84,202
Amidon non dissous.	4,18

Les moûts fermentés sont filtrés et livrés tels quels à la consommation ; dans certaines usines, on garde cependant le moût pour lui faire subir une fermentation secondaire.

L'amidon contenu dans les résidus rentre en travail après avoir subi une cuisson préalable.

Pour conserver le saké, on réchauffe les liquides fermentés à 50°-66°. Les Japonais ont donc adopté une méthode de stérilisation avant que l'Europe ait eu connaissance des procédés de pasteurisation. Seulement, comme après la stérilisation, ils remettent le liquide dans un récipient non stérilisé, ils perdent une partie du bénéfice de cette pratique.

Le saké diffère de la bière par la petite quantité de dextrine et de dextrose qu'il contient.

Dans la fabrication du moto, on développe un ferment alcoolique très énergique. Les explications de l'apparition de ce pouvoir ferment sont très contradictoires. Pour certains auteurs, ce pouvoir ferment est dû à un saccharomyces qui se développe spontanément dans le moût; pour d'autres, c'est la mucédinée qui, par suite de certaines conditions de culture, se transforme en ferment alcoolique.

Il est incontestable que l'aspergillus orizæ ainsi que tout une classe de moisissures, peuvent acquérir un pouvoir ferment quand elles sont cultivées dans certaines conditions ; mais ces moisissures donnent, en général, peu d'alcool et fermentent très lentement. En outre, comme on a toujours trouvé des saccharomyces dans le koji, il y a tout lieu d'admettre que la fermentation provient principalement de la levure.

Levure chinoise. — La levure chinoise a été particulièrement étudiée par Calmette qui a fourni des données détaillées sur le travail dans les distilleries de l'Extrême-Orient. C'est de ces travaux que nous tirons les renseignements qui suivent.

La levure chinoise possède la double propriété de saccharifier et de faire fermenter les matières amylacées avec lesquelles elle est mise en contact. Elle se trouve dans le commerce sous forme de petits pains de riz qui répandent un odeur de moisi. Ces pains sont remplis de bactéries, de levures et de différentes espèces de moisissures.

L'agent actif contenu dans ces pains est un cryptogame qui pénètre dans toute la masse par ses ramifications mycéliennes, cryptogame appelé par Calmette: amylomyces Rouxii.

L'amylomyces est très abondant dans les pains qui constituent la levure chinoise. Lorsque cette moisissure est cultivée sur l'agar-agar glucosé, elle s'y développe très rapidement et forme au bout de 48 heures une sorte de voile s'étendant sur toute la surface de culture. La pomme de terre et la patate douce, ensemencées avec des spores de cette moisissure, se cou-

vrent d'un léger enduit farineux, qui finit par être transparent
et inappréciable à la vue. L'amylomyces se développe normalement sur la gélatine, sur la peptone et sur le bouillon de
bœuf peptonisé et alcalin, quoiqu'une faible acidité lui soit
plus favorable.

La moisissure coagule le lait en 24 heures et le rougit
lorsqu'il a été préalablement teint en bleu par le tournesol.

En règle générale, les moûts sucrés contenant du phosphate de potassium conviennent au développement de la
plante ; cependant les milieux ou elle croît le mieux sont les
moûts de bière liquides ou gélatinisés et les subtances amylacées cuites à la vapeur.

Lorsque la moisissure se développe à l'abri de l'air, elle
prend un aspect floconneux et produit de petites quantités
d'alcool. Si, au contraire, elle vit à la surface du moût, elle
brûle le sucre et produit de l'acide oxalique. Cultivée en présence de l'air dans un moût contenant des dextrines ou de
l'amidon, elle transforme le sucre de canne en sucre fermentescible.

L'amylomyces est, d'après Calmette, le ferment qui transforme l'amidon en sucre avec le plus d'énergie.

Calmette, en suivant la croissance de cette plante, a remarqué qu'au contact de l'air, les tubes mycéliens s'amassent
pour former des conidies; à l'abri de l'air elle étend ses tubes mycéliens en tous sens et se reproduit par bourgeonnement direct.

Cette moisissure diffère aux points de vue botanique et physiologique de toutes les espèces connues : elle semble se
rapprocher des trichophytées, tandis que par son mode de
reproduction et par ses propriétés physiologiques, elle rappelle
les saccharomyces rameux.

Diastase de la levure chinoise. — La diastase contenue dans les cellules de l'amylomyces offre, d'après Calmette,
tous les caractères de l'amylase du malt. Cette diastase est
sécrétée par les tubes mycéliens.

Calmette attribue encore à l'amylomyces la propriété de sécréter de la sucrase. En réalité, la diastase sécrétée est de la glucase et cet enzyme n'a rien de commun, ni avec l'amylase, ni avec la sucrase.

Pour obtenir une solution diastasique de ce ferment, on a recours à une méthode identique à celle préconisée par Fernbach pour la préparation de la sucrase des levures.

On cultive d'abord la moisissure sur un milieu Raulin stérilisé, ou mieux encore dans un moût de bière et, lorsque la plante a atteint sa croissance normale, on remplace le liquide par de l'eau stérilisée. Après un séjour d'environ 60 heures à l'étuve à 38°, les diastases contenues dans les cellules diffusent dans le liquide ambiant ; on retire alors l'eau qui constitue une solution diastasique assez active.

L'expérience suivante a été pratiquée par Calmette pour déterminer l'activité de l'enzyme de l'amylomyces. La solution diastasique est divisée en plusieurs portions de 30 centimètres cubes, qui sont ajoutées à une solution d'amidon à 1 pour 100, stérilisée et pesant 120 grammes. Chaque portion reçoit une goutte d'essence d'ail qui joue le rôle d'antiseptique. Le tout est porté à l'étuve afin de laisser la saccharification se poursuivre. Voici les quantités de sucre obtenues :

Après 1 heure.	0gr 12
— 6 —	0 28
— 12 —	0 33
— 24 —	0 35

On voit que la proportionnalité entre la durée de l'action et la quantité de produit formé cesse après 12 heures; il semble donc que la diastase soit altérée après ce laps de temps.

Pour évaluer le pouvoir ferment de la plante cultivée sur le riz, Calmette indique la méthode suivante:

Cent grammes de riz cuit à la vapeur sont ensemencés avec des tubes mycéliens provenant d'une culture pure d'amylomyces; on laisse 3 jours à une température convenable pour le développement de la moisissure. On triture ensuite la masse avec 500 grammes d'eau et on verse le tout sur la membrane d'un dialyseur flottant sur de l'eau distillée et aseptisée.

L'empois d'amidon ne dialyse pas et la membrane ne laisse transfuser que le glucose et les diastases de la solution. Il se forme donc, sous le dialyseur, une nouvelle solution diastasique dans laquelle on dose le sucre : on fait alors agir certaines quantités de ces solutions sur de l'empois à 1/100e. Après saccharification, on dose le sucre formé et on déduit le sucre introduit avec l'infusion d'amylomyces.

La diastase extraite de cultures jeunes produit une hydratation plus intense que la diastase extraite de cultures anciennes.

La filtration des solutions diastasiques sur bougies Chamberland leur enlève tout pouvoir ferment.

La méthode adoptée par Calmette pour la détermination de la diastase laisse beaucoup à désirer. Il est évident que, par ce procédé, on n'obtient qu'une faible partie de la diastase contenue dans les plantes. Pour se rendre compte du pouvoir diastasique des matières amylacées sur lesquelles on a développé des moisissures, il est indispensable de les broyer, de les réduire en poudre ou en pâte, et d'employer la substance préparée de cette façon. On peut, par exemple, prendre 1 gramme de cette substance, le mettre en contact avec 10 grammes d'amidon empesé et laisser la saccharification se produire pendant une heure à 40°. De la quantité de sucre trouvée, il faut déduire ensuite le sucre qui se forme sous l'influence des matières actives seules, car il s'agit surtout de déterminer la quantité de sucre que le gramme de matière active peut donner à lui seul dans les conditions de l'essai.

Influence de la température et des agents chimiques. — La température la plus favorable au développement de l'amylomyces est de 35° à 38°. C'est à cette tempé-

rature que la plante produit l'hydratation la plus intense.
Au-dessus de 38°, ou plus bas que 23°, la croissance se ralentit ; à 72°, la diastase est détruite. La plante elle-même est
détruite par un séjour d'une demi-heure à 75° ou de 15 minutes
à 80°.

La présence de sels semble peu nuisible à la diastase,
Calmette a déterminé quelles sont les doses de différentes
substances en présence desquelles la diastase n'est pas influencée ; il a trouvé :

$1^{gr}100$ d'acide phénique.

0 05 o/o de nitrate d'argent.

0 10   de sulfate de cuivre.

0 10   —   de fer.

0 10   —   de zinc.

L'essence de moutarde, employée à petites doses, n'a aucune
influence sur le développement de la plante. La glycérine à
5 pour 100 produit un effet favorable. L'essence d'ail en très
petite quantité et le bichlorure de mercure à 0,005 pour
100 arrêtent, au contraire, la croissance de la moisissure.

Fabrication de la levure chinoise. — La levure chinoise, dont la préparation demande des manipulations assez
compliquées, forme, dans l'Extrême-Orient, l'objet d'une
industrie très intéressante.

L'outillage que nécessite cette fabrication est assez simple ;
il se compose de nattes, d'étagères, de tamis, d'un mortier
de granit et d'une auge circulaire.

Les matières premières sont du riz décortiqué et diverses
espèces de plantes aromatiques destinées à donner un parfum spécial à l'alcool formé et qui, de plus, agissent incontestablement comme antiseptiques.

Ces plantes sont excessivement nombreuses; les plus
connues sont le sinapis alba, le caryophyllus aromaticus, la
canelle de chine, le juper nigrum, les clous de girofle, etc.

Les plantes aromatiques et le riz sont séparément réduits en poudre et, après pulvérisation, réunis et triturés avec de l'eau pour former une pâte molle. Cette pâte est mise en forme de petits disques épais d'un centimètre qui sont déposés sur une natte après avoir été ensemencés de moisissure à l'aide de balles de riz que l'on fixe dans la pâte. On porte alors les nattes sur des étagères, on les couvre de paillassons et on laisse la moisissure se développer, à la température de 28° ou 30°. Après deux jours, les moisissures ont recouvert les disques d'un duvet fin; la levure est alors séchée au soleil et préparée pour la vente.

Le riz employé à la fabrication de la levure n'est pas de toute première qualité; on peut même se servir de grains cassés.

En Cochinchine, la fabrication de la levure chinoise est pratiquée partout de la même façon. Au Cambodge et en Chine, on remplace quelquefois le riz par de la farine de haricots ou de maïs.

Distilleries indigènes. — Les distilleries indigènes, pas plus que les fabriques de levure, ne demandent un outillage compliqué. L'installation se compose d'un hangar recouvert d'un toit en tuiles. Sous ce hangar sont rangés des fourneaux en lignes parallèles et séparés par des intervalles dans lesquels se trouvent des bassins pleins d'eau où plongent des récipients servant à condenser les vapeurs d'alcool. Les fourneaux mesurent 60 centimètres de haut, 1^m,20 de large et 4 mètres de long. On les utilise pour le chauffage de deux alambics et d'une chaudière destinée à la cuisson du riz. Les fourneaux sont chauffés à l'aide d'un feu de bois de palétuvier.

Le riz qui sert à fabriquer le moût est en partie décortiqué et mélangé à une certaine quantité d'eau chaude. Il est placé dans des chaudières que l'on recouvre d'une natte et d'un couvercle en tôle. Dans chaque chaudière on met 18 kilogrammes de grains, 22 kilogrammes d'eau et on cuit pendant

2 heures. Le riz est alors complètement trempé. Il est ensuite étendu sur des nattes où il reçoit la levure chinoise à l'état de poudre fine, après quoi on le place dans des pots de 20 litres environ qu'on remplit à mi-hauteur. On ferme les pots et on laisse la saccharification se produire. Lorsque l'amidon est transformé, c'est-à-dire au bout de 3 jours environ, on remplit les vases avec de l'eau ; la fermentation commence aussitôt et, au bout de 48 heures, l'opération est complètement terminée. Le contenu est alors distillé dans les alambics.

Ces alambics sont formés d'une cuve en tôle, d'un dôme en bois et d'un chapiteau en terre cuite. Un tube en bambou, long de 2m,50 et incliné à 45°, réunit l'alambic au condenseur, dans lequel il conduit les vapeurs d'alcool. Les alambics sont placés directement sur le foyer.

Les résidus de la distillation servent à l'alimentation du bétail.

Avec 100 kilogrammes de riz et 1kgr,500 de levure chinoise, on obtient couramment 60 litres d'alcool à 36°, soit 18 litres à 100°. La richesse des phlegmes varie suivant les distilleries ; elle n'est jamais inférieure à 34° ni supérieure à 42°.

Emploi des moisissures dans les industries de fermentation des pays non asiatiques. — Au point de vue de l'utilisation des matières premières, la levure chinoise, ainsi que la levure japonaise, fournissent des résultats bien médiocres dans leurs pays d'origine.

D'après Atkinson, le rendement en alcool dans la fabrication du saké atteint seulement 50 à 56 pour 100 du rendement théorique.

La levure chinoise fournit un travail encore plus médiocre. D'après Calmette, 100 kilogrammes de riz décortiqué, ayant une teneur en amidon de 81 à 84 pour 100, fournissent, dans les distilleries de Cochinchine, environ 18 litres d'alcool.

Ce résultat peu satisfaisant doit être attribué en grande partie à l'insuffisance des installations ainsi qu'à la malpropreté dans le travail.

A première vue, on doit admettre que le travail à l'aide des moisissures est susceptible d'être amélioré et de fournir des résultats industriels analogues et peut-être même supérieurs à ceux du travail ordinaire.

Et, en réalité, l'emploi des moisissures présente de très grands avantages. Le travail paraît être beaucoup plus simple ; la levure et le malt se trouvent supprimés et remplacés par une moisissure qui se cultive très facilement et qui est moins sensible que le malt et la levure à l'action de la chaleur et à celle du milieu. Mais pour rendre pratique l'emploi des moisissures, il est, avant tout, indispensable d'abandonner les méthodes orientales, de s'adapter aux conditions des distilleries européennes et de chercher à créer un procédé rationnel.

Cette question a été étudiée par le chimiste japonais Takamine, ainsi que par Colette et Boidin.

Takamine s'occupe de l'application des moisissures à l'industrie des fermentations depuis une dizaine d'années.

Au début, il a cherché tout spécialement un milieu propre au développement de l'aspergillus orizæ, qu'on cultive exclusivement, au Japon, sur du riz décortiqué et passé à la vapeur.

Pour fournir à la plante l'élément minéral, on ajoute généralement une certaine quantité de cendre de camélia japonica. Takamine remplace la cendre par une addition de 1 à 4 pour 100 du poids des grains d'un mélange de sels dans lequel entrent le tartrate et le phosphate d'ammonium, le sulfate de potassium et le sulfate de magnésie.

D'après l'auteur, cette addition de sels augmente considérablement la récolte et possède encore l'avantage de permettre de remplacer le riz par d'autres céréales.

Pour préparer industriellement les cultures d'aspergillus orizæ, Takamine propose le procédé suivant :

On cuit les grains à la vapeur jusqu'à ce que les cellules d'amidon soient gonflées ; on refroidit ; on asperge avec la

solution de sels; on mélange activement les grains et on
ensemence avec l'aspergillus orizæ. Les céréales ensemencées
sont abandonnées à la température de 30° pendant 24 à 36
heures. On délaie ensuite les grumeaux qui se sont formés et
on place les grains sur des plateaux qu'on abandonne dans
une atmosphère humide jusqu'à maturité complète des cryptogames. La masse moisie puis desséchée à basse température est tamisée. On sépare ainsi les spores, qui desséchés
de nouveau à une température modérée, puis mélangées de matières inertes, servent comme agent de fermentation.

Takamine fabrique aussi une espèce de malt qu'il dénomme
taka–koji. Pour la préparation de cette substance, il emploie
de préférence le son ou les drèches de brasserie ou de distillerie et opère comme suit :

Les matières premières sont stérilisées par la vapeur et ensemencées avec des spores d'aspergillus orizæ, à la température de 30°. On emploie 1 gramme de spores pour 50 kilogrammes de matières premières. Le développement de la moisissure se fait dans un germoir très humide à une température
de 20°–30°. Après 24 heures de séjour dans le germoir,
on étale la masse en couches minces et on laisse croître la
plante. Généralement, son développement est complet après
4 à 5 jours. On dessèche alors la matière à une température ne dépassant pas 50°.

Takamine recommande aussi, pour le taka–koji, de séparer
les spores de la matière par un tamisage sur un tamis en soie.
Ces spores serviraient, d'après lui, comme agents de fermentation alcoolique, tandis que le taka–koji lui-même servirait
comme agent de saccharification.

Takamine propose aussi, avec beaucoup de raison, de se
servir pour la saccharification d'une infusion claire préparée
avec le taka-koji. A cet effet, il fait macérer à froid la matière active et il décante le liquide qui est employé comme
agent saccharifiant, tandis que la partie solide est sou-

mise à une cuisson préalable qui permet l'utilisation de l'amidon.

Le taka-koji sert à la fabrication d'un ferment destiné à la distillerie et à la boulangerie. Pour cela, le son de blé ou les céréales sont mélangées avec 3 à 10 pour 100 de taka-koji et 4 à 8 volumes d'eau. On porte la masse à 65° pendant 15 à 30 minutes et on fait bouillir. On refroidit ensuite à 60°; on ajoute une nouvelle portion de taka-koji (3 à 10 pour 100) et on provoque une seconde saccharification. Celle-ci terminée, on sépare le liquide des matières solides par filtration ou décantation, on stérilise le moût et on l'ensemence avec les spores des moisissures. Il se produit une fermentation qui dure de 12 à 16 heures. Lorsqu'elle est terminée, le ferment se dépose au fond des cuves sous forme de matière pâteuse qu'on presse et qu'on utilise dans différentes industries.

Dans le travail de distillerie, d'après le système de Takamine, on procède de la manière suivante :

Les matières premières: grains, pommes de terre, etc., sont cuites sous pression. L'empois est ensuite saccharifié au moyen du taka-koji. La saccharification se fait pendant une heure à la température de 65° à 70° et la quantité de taka-koji employée à cet effet est, suivant la quantité de diastase que contient le koji, de 3 à 20 pour 100 de la quantité des grains employés.

La saccharification achevée, le moût est refroidi à 19° et additionné de levain.

Pour la fabrication du levain, on emploie un moût de céréales cuites sous pression et saccharifiées par le taka-koji. La saccharification de ce moût se fait en deux phases. On saccharifie d'abord à 60° pendant une heure et on refroidit ensuite lentement le moût jusqu'à 19°. On ajoute une nouvelle portion de taka-koji, ainsi qu'un peu de levain résultant d'une opération précédente et on laisse fermenter.

Les moûts fortement atténués sont employés comme levain ainsi que comme levure-mère pour la fabrication du levain suivant.

On emploie généralement de 2 à 10 litres de levain pour 100 litres de moût soumis à la fermentation.

Dans un brevet pris en 1894, Takamine propose d'utiliser industriellement les substances actives des moisissures en les précipitant à l'état solide de leurs solutions.

Pour cultiver les moisissures, on se sert de drêches, de son ou d'autres substances amylacées. La culture achevée, on réduit ces substances en poudre et on les fait macérer avec de l'eau froide pour en extraire la maltase. Le liquide, séparé des substances insolubles, est filtré et précipité avec 1 à 3 volumes d'alcool. Le produit ainsi obtenu est placé sur un filtre, lavé à l'alcool, à l'éther et desséché à une température modérée. D'après Takamine, la substance active obtenue par ce procédé peut avantageusement remplacer le malt dans la distillerie et la brasserie.

Takamine conseille aussi, et cela lui semble très important, d'ajouter à l'infusion active, avant l'addition d'alcool, une infusion de matières brutes, comme le son, les drêches, les grains crus, etc. D'après lui, on augmente considérablement, par cette opération, l'activité des substances actives précipitées.

D'après la description du brevet, ce procédé paraît très séduisant et nous nous sommes empressé de répéter l'expérience de Takamine ; mais les résultats que nous avons obtenus ont été peu encourageants.

L'aspergillus orizæ contient un ferment peptonisant qui agit très énergiquement sur les matières albuminoïdes. L'infusion qu'on obtient est très visqueuse, refuse de filtrer, et le précipité résultant du traitement par l'alcool se montre très peu actif.

L'addition d'infusion de son, d'infusion de drêches ou de grains crus augmente, comme nous l'avons démontré avant

Takamine, le pouvoir saccharifiant des diastases de l'aspergillus orizæ, mais n'influe pas sur le pouvoir liquéfiant. L'exaltation, d'ailleurs, est plus factice que réelle(1).

Dans un brevet plus récent, Takamine propose un système pour la culture des moisissures et la préparation du liquide actif qui mérite d'être mentionné.

Pour donner une grande surface de culture, tout en épargnant les matières nutritives, il plonge des matières poreuses, fragments de pierre ponce, etc., dans une solution nutritive et laisse les moisissures se développer sur ces substances.

Cette idée très ingénieuse a été, depuis, reprise par Colette et Boidin; pour produire industriellement une végétation d'amylomyces Rouxii, il imprègne des pailles avec le liquide nutritif, les stérilise et les ensemence ensuite avec le mycélium. Pour favoriser le développement de la moisissure, il fait passer un fort courant d'air au travers de la masse.

Il obtient, par ce moyen et avec relativement peu de substances nutritives, des végétations abondantes.

Le travail des grains par l'amylomyces se fait, d'après la méthode de Colette et Boidin, de la manière suivante :

Les matières amylacées, ajoutées à une quantité d'eau double de leur poids, sont cuites pendant 3 heures sous une pression de 3 1/2 à 4 atmosphères. La masse cuite est mise au contact du malt vert broyé, sans dépasser pendant cette opération, la température de 70°.

Le poids de malt employé, évalué en orge, est de 1 1/2 à 2 pour 100 du poids total de matières amylacées mises en travail. La liquéfaction par le malt dure environ une heure. Le moût est alors stérilisé dans une sorte de grand autoclave où l'on maintient une pression de 2 atmosphères, après quoi il est ensemencé et mis en fermentation.

---

1. Voir *Comptes Rendus de l'Académie des Sciences*, 1892. — Tome cix, page 1324.

Cette fermentation se fait dans des cuves spéciales munies d'agitateurs, d'injecteurs d'air et de vapeur. Le moût bouillant, arrivant du stérilisateur, est introduit dans les cuves, construites de telle façon que toute infection puisse être évitée. Le refroidissement du moût se fait dans les cuves de fermentation où il est amené à la température de 38° et neutralisé. Le milieu neutre est, en effet, indispensable au développement normal de l'amylomyces. Les cuves sont alors ensemencées avec des cultures d'amylomyces, développées sur une petite quantité de matières amylacées, après quoi on injecte de l'air stérilisé et on fait marcher l'agitateur.

Cette agitation a pour but d'empêcher la moisissure de se développer en surface, parce qu'en se développant de cette manière elle brûlerait le sucre du moût.

Après 20 heures, le développement du cryptogame est achevé. On refroidit alors vers 38°-33° et on ensemence une seconde fois le moût avec une culture pure de levure. C'est cette levure ajoutée qui produit la fermentation alcoolique. La moisissure, pour arriver au même résultat, demanderait beaucoup plus de temps. Au bout de trois jours, la fermentation est achevée et le moût prêt pour la distillation.

Examen critique des procédés orientaux. — Les tentatives faites par Takamine, Collette et Boidin pour introduire l'emploi des mucédinées dans l'industrie des fermentations ont donné lieu à toute une série de travaux critiques qui ont paru dans différentes revues de distillerie et de brasserie. Les organes techniques se montrent, en général, très réservés sur la valeur de la nouvelle méthode.

En général, lorsqu'il s'agit d'un procédé industriel, le seul critérium auquel on puisse recourir c'est le résultat pratique auquel il conduit. Or, les résultats de ce genre nous manquent encore, à l'heure actuelle, pour ce qui est de l'emploi des moisissures en distillerie. Sauf quelques usines où les inventeurs expérimentent leur procédé, on ne connaît pas encore de distillerie qui marche régulièrement par la nouvelle méthode. Dans ces conditions, il serait prématuré de se prononcer définitivement sur la valeur de ce mode de fabrication.

Nous avons néanmoins cherché à comparer les différents brevets de Takamine avec eux de Collette et Boidin, puisqu'ils sont censés constituer des procédés différents. Cette comparaison ne nous a pas conduit à des conclusions précises.

Le mode de fabrication de Takamine, quoiqu'il soit de 7 ans antérieur à celui de Collette et Boidin, possède, avec ce dernier, de tels points de ressemblance, qu'on peut facilement les confondre.

La lecture des brevets relatifs à l'emploi des moisissures révèle, avant tout, le manque absolu de modestie des inventeurs et montre les illusions qu'ils se font, quant à l'étendue de leur découverte.

Takamine, dans ses brevets pris en 1891, réclame, comme étant sa propriété exclusive, l'emploi dans les industries de fermentation de toute moisissure susceptible de produire une saccharification et une fermentation des matières amylacées, ou même une seule de ces transformations.

Sept ans plus tard, Collette et Boidin émettent aussi des prétentions à l'exclusivité de cet emploi. Ils revendiquent, comme étant le résultat de leurs recherches, l'emploi de toutes les moisissures à la fois fermentantes et saccharifiantes.

On pourrait, à la rigueur, excuser la naïveté du chimiste japonais qui est évidemment peu au courant de notre littérature, mais la même excuse n'existe pas pour les chimistes français. L'utilisation des mucédinées, ainsi que des levures se trouve depuis longtemps dans le domaine public. Il est permis de faire breveter un mode spécial de travail à l'aide des moisissures, mais non pas le principe même de leur emploi.

Par la lecture du brevet, il est fort difficile de voir en quoi consiste, en réalité, l'invention de Collette et Boidin. On pourrait, à la rigueur, caractériser leur procédé par la stérilisation des moûts et le développement de cultures pures dans ces moûts stérilisés.

Takamine, en effet, ne stérilise que les levains et produit la fermentation dans des moûts saccharifiés à haute température. Mais, par un malentendu incompréhensible, Collette et Boidin reviennent, dans des brevets additionnels, sur leur mode de travail et prétendent que la stérilisation des moûts peut être supprimée. Ce n'est donc pas en cela que consiste le principe de leur procédé.

On pourrait aussi croire, après l'étude de quelques-uns des brevets des inventeurs, que Takamine emploie exclusivement l'aspergillus orizæ et que Collette et Boidin ne se servent que de l'amylomyces. Mais quand on prend connaissance de tous les travaux qu'ils ont publiés, on constate qu'il n'en est pas ainsi.

En résumé, il est regrettable que Takamine n'ait pas limité ses prétentions à l'aspergillus orizæ, ce qui aurait rendu son procédé incontestablement supérieur à celui de ses concurrents.

En somme, l'intérêt pratique qu'offrent les moisissures tient uniquement à leurs propriétés saccharifiantes.

Par la suppression du malt pour la préparation des levains, on est arrivé à réduire presque à zéro le coût de la levure et il reste peu ou rien à faire dans cette voie. Au contraire, une économie sur le malt destiné à la saccharification des moûts présenterait un réel avantage.

L'aspergillus orizæ est incontestablement un producteur de diastase plus actif que l'amylomyces Rouxii et, à ce point de vue, il est beaucoup plus intéressant pour la distillerie. La levure japonaise présente encore d'autres avantages sur l'amylomyces Rouxii. L'aspergillus orizæ sécrète, non seulement de la maltase, mais aussi de la sucrase. Il peut, par conséquent, être utilisé dans les distilleries de mélasses et de betteraves où l'amylomyces Rouxii ne serait d'aucune utilité.

Le procédé de Collette et Boidin ne permet pas d'obtenir des moûts contenant plus de 4 à 5 pour 100 d'alcool, tandis que l'aspergillus orizæ peut fournir des moûts contenant 12 pour 100 et au delà d'alcool.

De plus, avec l'aspergillus orizæ on n'a pas besoin d'installations spéciales, tandis qu'avec le système à l'amylomyces Rouxii, il faut procéder tout d'abord à un bouleversement complet et fort coûteux du matériel de fabrication.

Ce sont là des défauts qui sont surtout particuliers au procédé Collette et Boidin, mais il en est d'autres qui sont communs aux deux méthodes :

1º Les moisissures sont des agents oxydants et, comme tels, ils provoquent toujours de grandes pertes en hydrates de carbone ; 2º l'alcool produit par les moisissures a un goût *sui generis*, et contient beaucoup plus d'impuretés que celui résultant de l'emploi de bonnes levures ; 3º les moisissures fournissent, en général, des quantités très limitées de diastase et, pour aboutir à un résultat, il faut laisser se développer dans les moûts une culture abondante qui influe forcément sur le rendement en alcool.

On peut conclure des considérations qui précèdent : tout d'abord que l'activité des chercheurs n'est nullement restreinte par les brevets pris et, ensuite, qu'il faudrait apporter de biens grandes améliorations aux procédés d'emploi des moisissures pour qu'ils devinssent pratiques. Il faudrait qu'on étudiât d'une façon approfondie les conditions de développement des moisissures en question et il serait nécessaire aussi de les amener, par une acclimatation systématique, à produire une sécrétion diastasique plus active et moins sensible aux conditions du milieu.

Jusqu'à présent ce sont surtout des compagnies financières qui se sont occupées de la question ; il y a lieu d'exprimer l'espoir que des savants désintéressés s'y appliqueront à leur tour.

BIBLIOGRAPHIE

ATKINSON. —Sur la diastase du koji. *Monit. scientifique*, 1882.
— The Chemistry of Sakibrhwing in Japon. Tokio, 1881 ; *Nature*,
1878 ; *Chemical News*, avril 1880.
EIJKMANN. — Mikrobiologiches über die Araakfabrikation in Batavia.
Centralblatt für Bakt. und Paras, 1894.
WENT und GEERLIGE. — Uber Zucker und Alcoholbildung durch Organis-
men bei der Verarbeitung der Nebenprodukte der Rohrzuckerfabri-
kation. Wochen für Brauerei, 1894.
HOFMANN. — Mittheilungen der deutschen Gesellschaft für Natur-und
Völkerkunde Ostasiens, Heft, 6.
M.-O. KORSCHELT. — Mémoires de la Société asiatique. Berlin, 1878,
voir *Dinglers Polytech. Journal*, 1878.
AHLBURG. — Mittheilungen der deut. Gesellschaft für Natur-und Völker-
kunde Ostasiens. Décembre 1878.
IKULA. — Sakefabrikation. *Chemik. Zeitung*, 1890.
KELLNER. — *Chemik. Zeitung*, 1895.
A. CALMETTE. — La fabrication des alcools de riz en Extrême-Orient.
Saïgon, Imprimerie coloniale, 1892.
MOHI NAGAOKA. — Beitrag zum Kentniss der invertirenden Fermente.
Zeit. für physiol. Chemie, 1890.
JUHLER. — *Centralbl. für Bacter.*, 1895.
JORGENSEN. — *Centralbl. für Bacter.*, 1895.
WEHMER. — *Centralbl. für Bacter.*, 1895.
KLOCKER und SCHIONNIG. — *Centralbl. für Bacter.*, 1895.
Dr LIEBSCHER. — Ueber die Benützung des Gährungspilzers Eurot. Ori-
sæ. *Zeitschrift für Spiritus indust.*, 1881.
SCHROHE. — Ueber einen 18 pc. Alkoholgebende Gährungserreger.
Zeitsch. für Spiritusindustrie, 1891.
KOSAI TABÉ. — *Centralbl. für Bact.*, II. s. 619.
BODIN et ROLANTS. — Contribution à l'étude de l'utilisation de l'amylo-
myces Rouxii. La bière et les boissons fermentées, 1897.
PETIT. — Quelques procédés nouveaux en Distillerie. *Moniteur scien-
tifique*, 1898.
SOREL. — Comptes rendus de deux congrès de chimie appliquée. Paris,
1897.
— *Comptes rendus*, 1895.
NITITENSKI. — Moisissures saccharifiant l'amidon. Technitscheski sbor-
nick, La bière et les boissons ferm., 1898.
TAKAMINE. — Brevet n° 216840, 19 octobre 1891. Perfect. dans la pro-
duction des ferments alcooliques.
— Brevet n° 214033, 3 av. 1891.
— Brevet n° 241322, 11 sep. 1894. Conversion des matières amylacées
en sucre.
— Brevet n° 241321, 11 sept. 1894 Perf. dans la préparation des moûts
fermentés.
— Brevet n° 241323, 11 sept. Fabric. du Tako-Koji.

COLLETTE et BOIDIN. — Brevets nᵒˢ 258084, 265245, 130172 en 1896. Procédé d'utilisation des moisissures pour l'extraction des résidus de l'alcool. France, 15 juillet 1896, nᵒ 125722, certif. d'additus, 11 janv. 1897.

CHAPITRE XX

ENZYMES DES HYDRATES DE CARBONE

Tréhalase.

La tréhalase est une substance active agissant sur le tréhalose, sucre isomère du maltose répondant à la formule

$$C^{12} H^{22} O^{11} + 2H^2O.$$

Ce sucre joue dans beaucoup de plantes le rôle de substance de réserve. Wigers et Mitscherlich ont constaté sa présence dans le seigle ergoté et Berthelot dans le tréhala de Syrie.

On le retrouve fréquemment et en grande quantité dans les champignons frais d'où il disparaît presque complètement pendant la dessiccation. Il entre, par exemple, à raison de 10 pour 100 dans les matières sèches de l'agaricus muscarius.

Le tréhalose ne réduit pas la liqueur de Fehling et se transforme en glucose sous l'action des acides.

Une hydratation analogue peut s'obtenir par l'emploi d'un enzyme, la tréhalase, découverte par Bourquelot.

Ce savant a constaté la présence de cet enzyme dans l'aspergillus niger, dans le penicillum glaucum, ainsi que dans d'autres champignons. Cette substance active se retrouve encore dans le malt ainsi que dans l'intestin grêle.

La transformation du tréhalose en glucose peut être exprimée par la formule suivante :

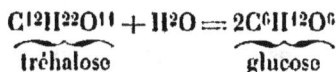

$$\underbrace{C^{12}H^{22}O^{11}}_{\text{tréhalose}} + H^2O = \underbrace{2C^6H^{12}O^6}_{\text{glucose}}$$

L'action diastasique peut être constatée par le changement des pouvoirs rotatoire et réducteur du liquide.

Le tréhalose a un pouvoir rotatoire de [α] d. 198, tandis que le pouvoir rotatoire du glucose est seulement de [α] d. 52,4.

L'essai de la tréhalase se fait dans une solution de tréhalose à 2 pour 100, à la température de 33°-35°.

La tréhalase est beaucoup plus sensible à l'action de la chaleur que la maltase. A 54° son action est déjà paralysée et à 64° la substance active est complètemement détruite.

Les réactions du milieu ont aussi une influence très grande sur le tréhalose. Une acidité correspondant à 2 ou 4 milligrammes d'acide sulfurique se montre favorable à la transformation du tréhalose par les enzymes, mais, si l'on augmente la dose d'acide, l'activité diminue et en présence de 0,2 grammes, l'action de l'enzyme est presque complètement paralysée.

D'après Fischer, une infusion de malt peut produire le dédoublement du tréhalose, tandis que la diastase salivaire, la ptyaline, n'a pas cette propriété.

L'amylase, précipitée et purifiée d'après la méthode de Lintner, agit énergiquement sur le tréhalose. En abandonnant, à la température de 35°, 10 centimètres cubes d'une solution de tréhalose à 10 pour 100 avec un demi-gramme d'amylase, on a constaté la formation de 0,5 grammes du glucose.

Emile Fischer a rencontré la tréhalase dans la levure de Frohberg. Cet enzyme se trouve retenu dans les cellules de cette levure et diffuse difficilement dans le milieu ambiant.

C'est pour cette raison qu'un extrait aqueux de levure ne possède pas la propriété de transformer le tréhalose, tandis qu'en présence des cellules de levure le tréhalose se transforme en glucose.

En ajoutant 5 grammes de levure à 1 gramme de tréhalose dissous dans 10 centimètres cubes d'eau, Fischer a pu constater, après 40 heures d'action à la température de 33°, la formation de 0,2 grammes de sucre réducteur.

D'après ce savant, l'existence de la tréhalase peut être mise en doute et ii admet que c'est l'amylase qui produit la transformation du tréhalose en glucose.

L'amylase aurait donc, d'après Fischer, la propriété d'agir sur l'amidon en donnant du maltose et sur un isomère du maltose en donnant du glucose.

Pour prouver l'existence de la tréhalase, nous avons fait l'expérience suivante :

Des quantités égales de levure, cultivée dans un moût stérilisé, sont ajoutées, dans les mêmes conditions, à une solution de dextrines et à une solution de tréhalose. On laisse les 2 solutions pendant 2 jours à 30° et on les analyse ensuite. On emploie pour ces essais 2 grammes de levure, 25 centimètres cubes d'une solution d'amidon soluble à 1 pour 100 et 20 centimètres cubes d'une solution de tréhalase à 10 pour 100. L'action de la levure a lieu en présence de chloroforme.

La solution de tréhalose fournit, dans ces conditions, 0,34 grammes de glucose, tandis que dans la solution d'amidon soluble, on ne constate pas de traces de sucre. L'enzyme sécrété par la levure n'est donc pas l'amylase et, le fait que la diastase de Lintner agit sur le tréhalose, prouve seulement que cette diastase contient, à coté de l'amylase, encore d'autres enzymes.

Lactase.

Pasteur a démontré que le sucre de lait traité par les acides minéraux est transformé en galactose et glucose d'après l'équation :

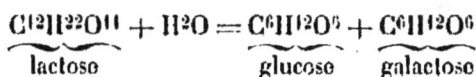

$$C^{12}H^{22}O^{11} + H^2O = C^6H^{12}O^6 + C^6H^{12}O^6$$
lactose   glucose   galactose

Dans les cellules vivantes, la transformation du lactose s'opère à l'aide d'un enzyme qui produit la même action que l'acide.

Pendant longtemps l'existence de ce ferment a été mise en doute et la transformation du sucre de lait dans l'organisme attribuée à l'activité vitale.

Beyerinck a constaté, le premier, la présence de la lactase dans certaines espèces de levures qu'on retrouve dans le fromage et le kéfir. Depuis, Duclaux, de Kayser et Adametz ont retrouvé d'autres races de levures qui sécrètent la même diastase. Emile Fischer, reprenant l'expérience de Beyerinck, a confirmé que l'infusion filtrée de kéfir agit sur le lactose.

Comme dans le kéfir les saccharomyces agissent en symbiose avec d'autres micro-organismes, il était intéressant de rechercher si l'enzyme est sécrété par la levure ou par les bactéries qui l'accompagnent. Les essais que Fischer a faits à ce sujet ont établi les faits suivants :

1° Certaines levures alcooliques sont aptes à faire fermenter le lactose ; 2° l'action d'une levure sur le sucre de lait dépend uniquement de sa faculté de sécréter la lactase.

L'enzyme agissant sur le lactose est retenu à l'intérieur des cellules et diffuse très difficilement dans le milieu ambiant. En broyant les cellules de levure avec de la poudre de verre, il est encore difficile d'en extraire la substance active.

La diffusion de la diastase des cellules est accélérée par le chloroforme.

La lactase peut être précipitée de ses solutions par l'alcool sans perdre complètement son activité.

L'action de la lactase sur le sucre de lait peut être con-

trôlée à l'aide du polarimètre: par la transformation du
lactose en dextrose et en galactose la rotation du liquide
augmente sensiblement d'un tiers.

Le lactose et le dextrose ont un pouvoir rotatoire de $[\alpha]$ d.
$+ 52,5$, tandis que celui du galactose est de $[\alpha]$ d. $+ 83$.

Inulase.

Certaines plantes renferment comme substance de réserve
un hydrate de carbone appelé inuline.

Ces plantes contiennent généralement en même temps un
principe actif qui transforme cet hydrate de carbone en un
sucre assimilable.

Cet enzyme a été découvert par J.-R. Green qui lui a
donné le nom d' « inulase ».

La présence de l'inulase a été constatée dans les tubercules
des topinambours en voie de formation, dans l'aspergillus
niger, dans le penicillum glaucum, dans les tubercules des
dalhias. D'après Bourquelot, il est à présumer que cet
enzyme se trouve encore dans la chicorée, dans l'ail, dans
l'oignon, ainsi que dans beaucoup d'autres végétaux.

Par l'action de l'inulase, l'inuline est hydratée et transformée en lévulose d'après la formule :

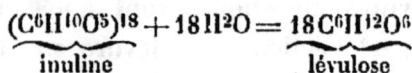

$$\underbrace{(C^6H^{10}O^5)^{18}}_{\text{inuline}} + 18H^2O = \underbrace{18C^6H^{12}O^6}_{\text{lévulose}}$$

D'après Green, cette transformation se fait par une hydratation progressive de l'inuline, avec formation de matières
intermédiaires. Étant donné que la molécule d'inuline est
très complexe, on peut admettre que, pendant l'hydratation,
il se forme à côté du lévulose différentes inulines ayant des
poids moléculaires différents.

Toutefois, l'inuline après avoir subi une hydratation partielle,
possède le même pouvoir rotatoire qu'avant d'avoir subi l'action de la diastase.

L'existence des matières intermédiaires est d'autant plus problématique que la formation de ces corps par l'action des acides n'a pu être constatée.

La température optima de l'inulase se trouve entre 50° et 60°.

L'action de l'enzyme est influencée par la réaction du milieu. Dans un liquide neutre ou en présence de 0,005 d'acide chlorhydrique, l'hydratation marche régulièrement. En présence de doses croissantes d'acide, l'activité de l'enzyme décroît. En présence de 0,2 d'acide ou de 1,5 de carbonate de sodium, la diastase est détruite.

L'influence de la réaction du milieu se manifeste plus énergiquement à 40° qu'à 10°-15°.

La transformation de l'inuline en lévulose peut être suivie, soit par l'observation du pouvoir rotatoire, soit par celle du pouvoir réducteur.

L'inuline a un pouvoir rotatoire de [z] d. — 36, tandis que le lévulose donne une rotation à gauche presque double.

Dans les distilleries qui emploient les topinambours comme matière première, on est forcé d'invertir l'inuline lorsqu'on tient à obtenir un rendement convenable en alcool. Pour effectuer cette transformation, on a conseillé d'employer le malt d'orge.

Cette méthode est absolument mauvaise car l'amylase est sans action sur l'inuline et le malt ne contient pas d'inulase.

La transformation de l'inuline en lévulose peut se faire très facilement : il suffit de cuire les matières premières sous une faible pression pour aboutir à une inversion complète.

Pectase.

Dans les pulpes de carottes et de betteraves ainsi que dans les parties molles des fruits, Frémy a rencontré une matière de réserve à laquelle il a donné le nom de pectose.

Cette substance est insoluble dans l'eau et dans l'alcool. Elle ressemble beaucoup à la cellulose.

Le pectose subit une suite de transformations pendant la maturation des fruits : il se transforme en pectine et ensuite en pectates.

La pectine est une substance neutre qui donne avec l'eau une solution visqueuse précipitable par l'alcool.

La transformation du pectose en pectine est très probablement produite par un enzyme qui, cependant, n'a pas encore été isolé.

La transformation de la pectine en pectates est mieux connue et l'intervention d'un enzyme est, ici, définitivement établie.

Cette substance active porte le nom de pectase. Ce nom devrait appartenir à la substance agissant sur le pectose et non pas à l'enzyme transformant la pectine. Cette dernière diastase, d'après la nomenclature actuelle, devrait plutôt se nommer « pectinase ».

La composition de la pectine n'est pas définitivement établie. D'après Frémy elle aurait la formule :

$$C^{32} H^{48} O^{32}.$$

et, d'après Chandnew :

$$C^{28} H^{42} O^{24}.$$

Le mécanisme de la réaction produite par la pectase est très peu connu.

Il n'est même pas nettement établi que la réaction se produise par hydratation et il se peut très bien que le mécanisme de la réaction consiste en un changement moléculaire de même nature que celui que l'on constate dans la transformation du sucre en acide lactique.

L'action de la pectase sur une solution de pectine se manifeste par la gélatinisation du liquide et la formation d'une substance réductrice.

Bertrand et Mallevre ont démontré que la réaction se pro-

duit seulement en présence de certains sels. Une solution de
pectine pure additionnée de pectase exempte de sels de calcium
ne devient jamais gélatineuse.

La solidification du liquide se produit instantanément si
l'on ajoute au mélange quelques gouttes d'une solution de
chlorure de calcium, substance qui, sans pectase, ne pourrait
aucunement produire la gélatinisation.

Le sel de calcium peut être remplacé par ceux de baryum
ou de strontium qui jouent absolument le même rôle.

Pour obtenir une solution de pectase, on se sert de carottes
récoltées au cours de la végétation, parce que c'est à ce moment que ces plantes contiennent le plus de diastases. Il est
bon de décortiquer les carottes et ne se servir que de la partie
centrale, l'écorce ne contenant que peu de pectase.

On réduit la substance en pulpe et on en extrait le jus par
pression ; par cette manipulation on obtient 70 à 80 pour
100 d'un liquide trouble qui est additionné d'un peu de
chloroforme et filtré.

Ce liquide se montre très actif dans une solution de pectine
pure. Pour conserver la solution de pectase filtrée, on précipite
les sels de chaux et de magnésie par addition d'oxalate alcalin.
La dose d'oxalate nécessaire pour cette précipitation est déterminée par l'analyse, au point de vue de sa teneur en sels, du
jus des carottes employées. Du reste, la quantité de sels contenues dans le jus varie très peu avec les espèces de carottes ;
pour 3 échantillons différents Bertrand a obtenu les chiffres
suivants :

	1	2	3
Chaux pour 100. . . .	$0^{gr}016$	$0^{gr}018$	$0^{gr}013$
Magnésie pour 100. . .	»	0 029	0 021

Il est bon, dans la pratique, d'employer un tiers d'oxalate
alcalin en plus de la dose calculée d'après la teneur en sels. La
solution de pectase additionnée d'oxalate devient rapidement
claire et, après filtration, donne un liquide parfaitement limpide.

Ce produit peut se conserver longtemps quand on l'additionne de chloroforme, et qu'on le met au frais, en flacons pleins et à l'abri de la lumière. Il ne produit pas de gelée dans une solution de pectine exempte de sels.

Pour préparer le pectose à l'état pur, on se sert de trèfles. Ces plantes sont broyées dans un mortier en fer; la masse est ensuite pressée, puis le jus, additionné de chloroforme, est placé à l'abri de la lumière. Au bout de 24 heures, il se produit dans le liquide un coagulum qui en permet la filtration. Dans le liquide filtré, on précipite la diastase par l'alcool, comme on l'a fait pour les autres enzymes.

Dosage de la pectase. — La pectase est très répandue dans le règne végétal. On la trouve dans les tiges, les fleurs et les feuilles de différentes plantes.

Bertrand et Mallevre proposent la méthode suivante pour la doser:

A un volume d'une solution de pectine à 2 pour 100 on ajoute un volume de suc cellulaire et on mesure la force diastasique par le temps que le liquide demande pour se gélatiniser.

Voici les résultats obtenus avec les jus de différentes plantes:

Tomates.	48 heures.
Vigne.	24 —
Carottes.	2 —
Maïs (feuilles).	8 —
Trèfle.	10 minutes.

En employant cette méthode, Bertrand et Mallevre ont étudié l'influence du milieu sur la pectase.

Différents échantillons d'une même solution de pectine ont été acidifiés à des degrés variés et additionnés d'une même quantité de pectase :

ACIDE CHLORHYDRIQUE POUR CENT	COAGULATION AU BOUT DE :
0	3/4 heure.
0,02	1 heure.
0,06	3 3/4 heure.
0,1	20 heures.

La pectase est influencée défavorablement par la réaction acide du milieu. 0,06 d'acide pour 100 de liquide produisent un retard de trois heures dans la coagulation. Cependant, l'acide ne détruit pas facilement cette substance active.

En neutralisant les solutions acides devenus peu actives, on aboutit de nouveau à des liquides agissant très rapidement. Cette résistance de la pectase à la réaction acide explique pourquoi l'action de la pectase est peu énergique dans les fruits verts : avant la maturation, l'enzyme est en présence d'une forte dose d'acide et il n'agit pas ou n'agit que très faiblement, tandis que pendant la maturation l'acidité disparaît et l'action de la pectase se manifeste avec beaucoup plus d'intensité.

Cytase.

La cellulose est souvent assimilée par les cellules végétales. Cette assimilation est précédée d'une liquéfaction et d'une transformation plus ou moins profonde. L'agent qui produit ce changement est la cytase.

Comme il existe des celluloses dont les propriétés diffèrent notablement, il faut, a priori, admettre aussi l'existence de différents ferments cytohydralysants.

Sachs a constaté, le premier, que, pendant la germination des noyaux de dattes, la cellulose de l'albumen se dissout graduellement et que les produits formés sont absorbés par les jeunes plantes qui, avec la cellulose, produisent l'amidon transitoire.

Green, en traitant par la glycérine les noyaux de dattes germés, a obtenu une solution active qui provoque le gonflement ainsi que la dissolution partielle de certaines celluloses.

La destruction des tissus végétaux par les moisissures doit aussi être attribuée à une sécrétion de cytases, seulement, l'isolement de ces enzymes se fait très difficilement et leur existence a été pendant longtemps mise en doute.

La difficulté que l'on rencontre, quand on veut isoler cette diastase, provient probablement de son altérabilité. Il est probable que ces enzymes sont détruits aussi rapidement qu'ils apparaissent et que c'est pour cela qu'on ne les retrouve pas accumulés dans les cellules.

Une cytase plus stable a été découverte par Brown et Morris dans le malt séché à l'air. Pour obtenir cet enzyme à l'état solide, on précipite une infusion de malt par l'alcool et on dessèche le précipité dans le vide.

Le produit obtenu contient, à côté de l'amylase, un ferment cytohydralysant.

L'activité de ce ferment se manifeste par sa propriété de dissoudre l'enveloppe cellulosique des grains d'amidon. On peut le vérifier en le faisant agir sur l'albumen de l'orge. Pour cela, on plonge des coupes très minces d'albumen d'orge dans une infusion de malt et on constate que les parois cellulaires se ramollissent puis entrent partiellement en solution.

La cytase apparaît dès le début de la germination des céréales et bien avant l'amylase.

L'action dissolvante de la cytase pendant le maltage s'exerce dans toute l'étendue de l'endosperme et, grâce à elle, le grain germé devient friable et farineux.

On peut aussi produire artificiellement cette transformation en plaçant un grain d'orge privé de son germe dans une infusion de malt. Par un séjour prolongé l'albumen change complètement d'aspect; il devient farineux et friable, tandis que si l'on chauffe l'infusion préalablement à 60°, on n'obtient plus le même effet. L'amylase de la solution n'a cependant pas perdu, à cette température, son pouvoir hydrolysant sur l'amidon, tandis que la cytase a été détruite.

La transformation que produit la cytase pendant la germination a été peu étudiée au point de vue chimique. Il est fort probable que la cellulose est transformée en sucre, mais il se peut aussi que l'action de la cytase soit moins profonde.

Pendant la germination, d'après J. Gruss, les parois cellulaires sont seulement en partie liquéfiées et l'action de la cytase se réduit à dégager les cellules amylacées et à faciliter indirectement l'action de l'amylase.

En cultivant le germe des céréales sur différents milieux, Brown et Morris ont constaté que la présence d'un hydrate de carbone assimilable influe défavorablement sur la sécrétion de la cytase. Ils ont aussi constaté qu'une faible acidité du milieu est, au contraire, très favorable à la sécrétion.

En général, toutes les conditions qui favorisent la sécrétion de l'amylase sont également favorables à celle de la cytase.

Caroubinase.

La caroubinase est un enzyme agissant sur un hydrate de carbone isolé des grains des ceratonia siliqua et auquel nous avons donné le nom de caroubine.

Cet enzyme produit un action liquéfiante et saccharifiante sur l'albumen des graines du caroubier et joue un rôle très important pendant la première période du développement de cette plante.

L'albumen des grains du ceratonia siliqua se trouve partiellement composé d'un hydrate de carbone qui se présente sous forme d'une masse homogène et cornée, ne se colorant pas par l'iode et possédant quelques propriétés voisines de celles de la gélose.

Pour préparer cet hydrate de carbone à l'état pur, on débarrasse les graines de leur enveloppe extérieure ainsi que de leur germe et on fait dissoudre l'albumen dans l'eau chaude. On précipite ensuite la solution par l'alcool.

L'opération se fait de la manière suivante : on laisse tremper les graines pendant cinq ou six jours en renouvelant le liquide 3 ou 4 fois par jour. Les graines se gonflent fortement et absorbent 3 fois leur poids d'eau. Dans cet état, il est aisé de séparer l'albumen du spermoderme et de l'embryon. Cent grammes de germes secs fournissent 53 grammes d'albumen. Le gonflement de la graine pendant le trempage est dû presque exclusivement à la substance mucilagineuse qu'elle renferme et qui constitue un masse élastique et résistante.

En soumettant l'albumen à l'action de l'eau chaude, au bain-marie, on obtient une gelée transparente qu'on peut filtrer sur un filtre de soie. Il est bon d'employer une quantité d'eau suffisante pour obtenir un sirop épais.

Pour précipiter la caroubine, on ajoute à ce sirop refroidi deux fois son volume d'alcool à 98°. L'hydrate de carbone se dépose en longs filaments que l'on réunit sur un linge.

Le premier précipité ainsi obtenu contient de 2 à 3 pour 100 de matières albuminoïdes et de sels, qu'on élimine facilement en redissolvant le produit dans l'eau et en le précipitant de nouveau par l'alcool. En traitant huit à dix fois successivement l'albumen par l'eau chaude, on arrive à une extraction presque complète de l'hydrate de carbone qu'il renferme.

Le produit, purifié et séché à 100°, se présente sous la forme d'une substance blanche, spongieuse, très friable, ayant la formule chimique des celluloses.

Au lieu d'alcool, on peut également se servir d'eau de baryte qui précipite l'hydrate de carbone à l'état pur.

La caroubine est facilement hydratée par les acides ainsi que par une diastase particulière : la caroubinase.

Pour isoler cet enzyme, nous nous sommes servis d'une infusion de graines de caroubier germées. Cent grammes de graines germées réduites en pâte ont été mises à macération dans l'eau, à la température de 30°, pendant 12 heures. Au liquide filtré on a ajouté 3 volumes d'alcool ; le précipité a été lavé à l'alcool, à l'éther, puis desséché dans le vide.

La substance active obtenue par cette méthode se dissout facilement dans l'eau et donne une réaction avec la résine de gaïac et l'eau oxygénée.

La caroubinase agit déjà énergiquement à 40°, et son action augmente avec la température jusqu'à 50° qui est sa température optima; à 70°, l'action devient très faible et, à 80°, l'enzyme est détruit.

La caroubinase agit très faiblement dans un milieu neutre. Une addition de 0,01 à 0,03 d'acide formique pour 100 de liquide favorise l'action de l'enzyme.

Pour l'appréciation de la force diastasique de la caroubinase, on prend, comme point de départ, le degré de fluidité produit dans une gelée de caroubine.

On peut aussi juger de la force diastasique par la facilité plus ou moins grande avec laquelle le liquide peut être filtré.

La solution de caroubine non transformée par les enzymes ne passe pas au travers du filtre, tandis que la solution de caroubine additionnée d'une quantité suffisante de diastase le traverse très rapidement.

Voici comment on procède:

On verse dans des tubes à réaction 50 centimètres cubes d'eau; on ajoute 0cc,1 d'acide formique normal et 1 gramme de caroubine pulvérisée. On mélange et on ajoute dans les différents tubes 2, 5, 7, 10, 15 centimètres cubes du liquide actif à analyser. On amène, s'il y a lieu, le volume à 65 centimètres cubes et on abandonne pendant trois heures à 45°.

Tous les échantillons reçoivent une même dose de chloroforme et les expériences sont conduites en double: d'une part avec de l'infusion fraîche, de l'autre avec cette même infusion maintenue préalablement pendant une demi-heure à 90°.

Les tubes n'ayant pas reçu d'infusion, ou dans lesquels la substance a été détruite par le chauffage, peuvent être renversés sans que le liquide s'écoule, tandis que les tubes ayant reçu une quantité de diastase suffisante contiennent une substance très fluide qui traverse facilement le filtre.

Pour étudier la sécrétion de la caroubinase, nous avons laissé pousser les germes du ceratonia siliqua dans des conditions variées et nous avons suivi la transformation des matières nutritives ainsi que la quantité de diastase formée.

Le germe, séparé de l'albumen et cultivé dans l'obscurité, se développe très lentement et donne, après huit à dix jours, une radicelle de même longueur que lui. Transporté ensuite dans de la terre calcaire et à la lumière, le germe se développe en une plantule chétive, qui meurt généralement au bout de trois à quatre semaines.

Tout autre est la marche de la croissance lorsque l'embryon isolé est cultivé sur la caroubine gonflée ; la germination est plus rapide ; on obtient une radicelle de la longueur du grain et le germe, transporté dans de la terre, se développe rapidement en une plantule à plusieurs branches.

Pendant la germination à l'abri de la lumière, la caroubine employée se gonfle fortement et se liquéfie en partie, mais la quantité d'hydrate de carbone absorbé est peu considérable.

La liquéfaction et l'absorption de la caroubine marchent beaucoup plus rapidement dès que la chlorophylle apparaît dans la plantule. Le germe, développé dans l'obscurité et transporté dans une terre calcaire, absorbe, en trois ou quatre jours, une quantité égale à son poids d'enveloppe de caroubine.

En prélevant des échantillons à différents stades de la germination, nous avons constaté que la substance active apparaît abondamment au moment où les plantules sont complètement développées et que la diastase devient plus active quand la chlorophylle commence à apparaître.

La caroubinase est un agent à la fois liquéfiant et saccharifiant.

Quand on analyse la gelée de caroubine au moment de la liquéfaction, on constate que le liquide ne contient pas trace de sucre réducteur.

La caroubine liquéfiée par l'enzyme est facilement précipitée par l'alcool, mais le précipité n'a plus les propriétés de la caroubine. Il est fortement dextrogyre et se dissout facilement dans l'eau.

Par une action prolongée de la caroubinase sur la caroubine, on obtient une solution dans laquelle l'alcool ne produit plus de précipité et on constate la formation d'un sucre réducteur fermentant facilement sous l'influence de la levure de bière.

BIBLIOGRAPHIE

E. Bourquelot. — Sur un ferment soluble nouveau dédoublant le tréhalose en glucose. *Comptes Rendus*, 1893.
— Remarques sur le ferment soluble secr. par l'aspergillus et le penicillum. *Soc. biol.* 1893, juin.
— Digestion du tréhalose. *Soc. biol.*, 1895.
— Transformation du tréhalose en glucose. *Bul. de la Soc. chim. de Paris*, 1893, p. 192.
Émile Fischer. — Spaltung von trehalose. *Berichte der deutsch. chem. Gesellschaft*, 1895, p. 1433.
— Einfluss der Coafiguration auf die Wirkung der Ensyme. *Berichte der deutsch. chemisch. Gesellschaft*, 1895, 2, p. 1429.
Begerinck. — *Centrabl. für Bact. und Parasitenkunde*. Zweite Abtheilung, 1898.
E. Bourquelot. — Inulose et fermentation alcolique indirecte de l'inuline. *Soc. biol.* Paris, 1893,
G. Dulle. — Ueber die Einwirkung von Cxalsaüre auf Inuline. *Chem. Zeit.*, 1895.
J.-R. Green. — Annales of Botany, 1888, 1893.
Bourquelot et H. Hérissey. — Sur la matière gélatineuse (pectine) de la racine de gentiane. *Journ. de chim. et de pharm.*, 1898, p. 473.
Em. Bourquelot et H. Hérissey. — Sur l'existence, dans l'orge germé, d'un ferment soluble agissant sur la pectine. *Comptes Rendus*, 1898, p. 191.
Fremy. — Mémoire sur la maturation des fruits. *Ann. de chim. et phys.*, 1848, XXIV, p. 5.
Scheibler. — *Berichte der deut. chem. Gesellschaft*, t, I, p. 59.
Chandnew. — *Liebigs Annalen*, LI. p. 355.
Frid Reintzer. — Ueber die wahre Natur der Gumi. fermente *Zeit. für phys. Chemie*, 1890, XIV.
Wiesner. — Ueber das Gumiferment : ein neues diastatiches Ferment. *Berichte*, 1885, p. 619,
Cross. — *Bull. de Soc. chim. de Paris*, 1896.
Bertrand et Molevre. — Recherches sur la pectase et sur la fermentation pectique, *Bull. de la Soc. chim. de Paris*, 1895, XIII, p. 77, 252.

— Nouvelles recherches sur la pectase et sur la fermentation pectique. *Comptes Rendus*, 1895, 1er semestre, p. 110.

Bertrand et Molevre. — Sur la diffusion de la pectase dans le règne végétal et sur la préparation de cette diastase. *Comptes Rendus*, 1895, CXXI, p. 727.

Reintzer. — Sur la diastase qui dissout les enveloppes cellulosiques. *Zeit. für physiol., Chem.*, XXIII, p. 175, 1897.

Tromp. de Haas et B. Tollens. — Recherches sur les matières pectiques. *Bull. de la Soc. chim. de Paris*, 1895, p. 1246.

Brown et Morris. — Untersuchung über der Keimung einiger Grässer. *Zeit. für das Gesammte Brouwesen*, 1890.

De Bary. — Ueber einige Sclerotinen und Sklerotinenkrankheiten. *Bot. Zeit.*, 1886.

Schmulewitsche. — Ueber das Verhalten der Verdauungstoffe zu Roh-fasser der Nahrungsmittel. *Bull. Acad. des sciences*. Saint-Péters-bourg, t. XI.

Effront. — Sur un nouvel hydrate de carbone, la caroubine. *Comptes Rendus*, 1897.

— Sur un nouvel enzyme hydrolytique, la caroubinase. *Comptes Rendus*, 1897, p. 116.

— Sur la caroubinase. *Comptes Rendus*, IX, p. 764.

CHAPITRE XXI

FERMENTS DES GLYCÉRIDES ET DES GLUCOSIDES

Ferments saponifiants. — Ferments des glycérides. — Sérolypase et pancréatolypase. — Dosage de la lipase. — Influence de la température et de l'alcanité du milieu. — Différences entre les lipases de diverses provenances. — Ferments des glucosides. — Mirosine, Emulsine, Rhamnase, Erythrozime, Bétulase.

Ferments des glycérides. — Lipase.

Le suc pancréatique a la propriété de dédoubler les matières grasses en acides gras et glycérine.

Cette propriété est due à la présence d'un ferment soluble auquel on a donné le nom de stéapsine ou lipase. La réaction que provoque la stéapsine peut être représentée par l'équation suivante :

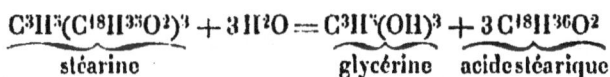

$$\underbrace{C^3H^5(C^{18}H^{35}O^2)^3}_{\text{stéarine}} + 3H^2O = \underbrace{C^3H^5(OH)^3}_{\text{glycérine}} + \underbrace{3C^{18}H^{36}O^2}_{\text{acide stéarique}}$$

Pour obtenir la stéapsine en solution, on fait macérer le pancréas dans une solution de carbonate de sodium ou de potassium. Elle peut encore s'extraire du pancréas par la glycérine.

Le suc pancréatique agit sur les matières grasses à la façon d'un agent saponifiant et émulsif. L'émulsion est produite par le suc pancréatique, grâce à la réaction alcaline et à la viscosité du liquide et non par l'action de l'enzyme qui y est contenu.

Le suc pancréatique ainsi que les produits de macération

du pancréas contiennent relativement peu de diastase et la saponification des matières grasses est toujours incomplète.

L'enzyme du suc pancréatique produit son effet sur d'autres substances que les matières grasses ; elle attaque les graisses phosphorées, les lécithines, et les décompose en acide phosphoglycérique, choline, glycérine et acides gras libres. La stéapsine agit aussi sur quelques autres éthers: sur l'éther benzoïque de la glycérine, sur le succinate de phényle, ainsi que sur le salol. Elle décompose ce dernier corps en acide salicylique et en phénol.

Le ferment des glycérides est très répandu dans le règne végétal. On a constaté sa présence dans le pavot, le chanvre, le maïs, les graines de colza, ainsi que dans beaucoup d'autres plantes.

Pour obtenir un liquide actif contenant de la stéapsine, Green fait macérer les graines de ricin germées dans une solution de chlorure de sodium à 5 pour 100, additionnée d'une faible quantité de cyanure de potassium. Il dialyse ensuite le liquide pour en séparer les sels. Cette solution, mélangée avec une émulsion d'huile de ricin, décompose assez rapidement l'huile grasse et met en liberté l'acide.

Une substance active présentant toutes les propriétés de la lipase se rencontre dans le penicillum glaucum.

On constate encore la présence d'une substance analogue dans le sang. On l'appelle sérolypase. Elle joue un rôle important dans l'assimilation des matières grasses. Henriot, qui a étudié cet enzyme avec beaucoup de soin, a indiqué une méthode pour doser la substance active et a déterminé l'influence de la température, de l'acidité et de l'alcalinité du milieu sur cet enzyme. Pour ce savant, il existe encore une différence entre la lipase du suc pancréatique et la lipase du sang.

Dosage de la lipase. — Pour doser la lipase, MM. Henriot et Camus se servent d'une solution de monobutyrine.

Ils prennent 1 centimètre cube du liquide contenant la lipase

à doser, l'additionnent de 10 centimètres cubes d'une solution à
1 pour 100 de monobutyrine. La solution est exactement
saturée de carbonate de sodium, puis chauffée à 25° pendant
20 minutes. Sous l'influence de la lipase, le liquide redevient
acide et on évalue cette acidité en saturant à nouveau la solution par le carbonate de sodium : le nombre de gouttes
employées sert à mesurer l'activité diastasique.

La solution de carbonate de sodium employée à la satura-
tion est préparée de telle façon que chaque goutte du liquide
alcalin neutralise 0,000001 de molécule d'acide. La force
diastasique est exprimée par le nombre de millionièmes de
molécule d'acide mis en liberté pendant 20 minutes à 25° ;
1 centimètre cube de sérum, par exemple, est dit posséder une
force diastasique de 33 si, en 20 minutes, à 25°, il met en liberté
une quantité d'acide butyrique, de poids moléculaire 88, égal
à $\dfrac{33 \times 88}{1,000,000}$.

*Influence de la température et des réactions du
milieu.* — La chaleur exerce une influence considérable sur
l'activité de la lipase. Entre 0° et 50° elle agit avec une
énergie croissante, mais au delà de cette limite l'activité diastasique commence à diminuer et l'enzyme finit par être
détruit.

TEMPÉRATURE DE LA RÉACTION	QUANTITÉS SAPONIFIÉES	
	EN 10 MINUTES	EN 1 HEURE
0°	4,5	13,5
10	»	»
20	6,7	29,3
25	10,1	35
37	13,5	39,5
40	16,9	56,5
50	22,6	71,2
60	27,1	36,1
70	22,6	22,6

La température de 60° se montre très favorable au début, mais, à la longue, détruit la diastase.

L'influence de la température sur la lipase peut être mise en évidence en portant le sérum à différentes températures et en le faisant ensuite agir sur la monobutyrine à 37°.

SÉRUM CHAUFFÉ à	ACTIVITÉ DIASTASIQUE
5o°-55°	41,5
6o°-62°	0,7
65°-66°	Presque nulle.
70°-72°	Nulle.

L'action de la lipase est proportionnelle à la quantité d'enzyme employé, du moins au début de l'action. C'est ce que montre le tableau suivant :

QUANTITÉ DE LIPASE :	0cc5	1cc	1cc5	2cc
20 minutes.	6	11	16	22
1 heure.	12,5	25	37	48
1 h. 3o.	20	36	53	62
2 heures.	3o	54	73	66

(Durée de l'action)

On observe la cessation de la proportionnalité, aussi bien dans le cas de la lipase que dans celui des autres diastases, lorsque l'action se prolonge ou se fait à des températures élevées.

La glycérine et le butyrate de sodium formés pendant l'action, n'ont aucune influence sur l'activité diastasique ; la présence de monobyturine est également à peu près sans action sur la saponification.

L'alcalinité du milieu influe considérablement sur la marche de la saponification par la sérolipase.

Henriot, pour mettre cette action en évidence, a pratiqué l'expérience suivante :

Des mélanges identiques de sérum, de monobyturine et d'eau (10 centimètres cubes) furent additionnés de doses

variables de carbonate de sodium. Après vingt minutes, il
détermina la quantité de butiryne saponifiée en neutralisant
avec du carbonate de sodium. Les résultats qu'il obtint sont
les suivants :

Excès de carbonate de sodium en milligrammes.	0	2	4	6	8	10	15	20
Activité de la lipase.	22	33	40	44	46	52	74	86

Différence entre les lipases de diverses provenances.

— Henriot ayant remarqué que l'ablation du pancréas dans
l'organisme n'empêche pas la sécrétion de la lipase, attribua
au sang la propriété de sécréter une lipase différente de celle
du pancréas. Il la nomma sérolipase, par opposition à la
première qu'il appela pancréatolipase.

Mais l'ablation du pancréas est une opération très délicate
et impossible à pratiquer sans laisser des fragments actifs de
la glande. La lipase, d'autre part, peut se conserver dans le
sang. L'existence de deux lipases a donc besoin d'être nettement établie.

Henriot chercha à différencier les deux enzymes par leur
mode de travail et leur sensibilité aux agents physiques et
chimiques. Pour cela, il prépara deux solutions ayant la
même activité, c'est-à-dire produisant, en agissant sur la monobutyrine pendant le même temps, la même quantité
d'acide butyrique.

Ces deux solutions devraient donc, dans l'hypothèse d'une
lipase unique, en contenir la même quantité. Or, lorsqu'on
laisse se prolonger l'action de la sérolipase et de la pancréatolipase pendant 20 minutes, on remarque que la diastase du
sérum produit une quantité d'acide butyrique double de celle
fournie par la pancréatolipase.

D'autre part, l'enzyme du pancréas agit très difficilement
dans un milieu acide, tandis que la sérolipase y produit une
transformation très énergique.

	SUC PANCRÉATIQUE	SÉRUM
Activité en milieu alcalin (excès de carbonate de sodium, par litre o^{gr},2).. . . .	23	22
Activité en milieu acide.	9	16

La sérolipase et la pancréatolipase agissent différemment aux mêmes températures : deux solutions de ces enzymes possédant la même activité à 15° ont donné les chiffres suivants à d'autres températures.

	SÉROLIPASE	PANCRÉATOLIPASE
A 15°	11	10
30	15	10
42	21	11

On voit par ce tableau que l'action de la pancréatolipase est, jusqu'à une certaine limite, indépendante de la température, tandis que la sérolipase produit une action beaucoup plus énergique à 42° qu'à 50°.

Enfin, les deux enzymes se différencient au point de vue de la stabilité. En effet, la sérolipase reste inaltérée pendant des mois, tandis que l'enzyme du pancréas devient inactif au bout de quelques jours.

Les lipases du pancréas et du sérum se comportent donc différemment aux mêmes températures et sont influencées différemment par la réaction du milieu. En outre, elles présentent des caractères différents de stabilité. Ces propriétés ne suffisent cependant pas pour démontrer que la sérolipase et la pancréatolipase sont deux individualités chimiques bien distinctes. Dans le cas de la lipase, comme nous l'avons vu pour l'amylase et la glucase, ce sont les conditions du milieu qui font varier les propriétés de la diastase. Ce sont les substances étrangères qui se trouvent dans le sang ainsi que les matières extractives du pancréas qui donnent des caractères différents aux deux extraits diastasiques et, en réalité, l'enzyme est le même dans les deux cas.

Ferments des glucosides.

Les glucosides sont des combinaisons de sucres et de substances organiques contenant un ou plusieurs hydroxyles.

Il existe des glucosides dans lesquels le sucre se trouve combiné avec des alcools, des phénols, des aldéhydes ou des acides organiques. Ces éthers se retrouvent très fréquemment dans les plantes, surtout dans l'écorce et les racines.

Le mécanisme de la formation des glucosides dans les cellules vivants est encore peu connu. Il est fort probable que leur formation est due à une concentration moléculaire suivie d'une déshydratation, qui serait produite par des enzymes particuliers.

D'après Gautier, on peut expliquer la formation de certaines glucosides par une hydrogénation de l'aldéhyde formique :

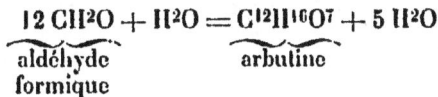

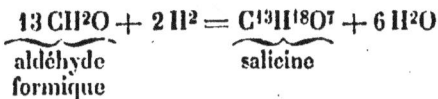

$$12 \ CH^2O + H^2O = C^{12}H^{16}O^7 + 5 \ H^2O$$
$$\underbrace{\qquad}_{\substack{\text{aldéhyde}\\\text{formique}}} \qquad \underbrace{\qquad}_{\text{arbutine}}$$

$$13 \ CH^2O + 2 \ H^2 = C^{13}H^{18}O^7 + 6 \ H^2O$$
$$\underbrace{\qquad}_{\substack{\text{aldéhyde}\\\text{formique}}} \qquad \underbrace{\qquad}_{\text{salicine}}$$

Le rôle que jouent les glucosides dans les cellules est aussi, à l'heure actuelle, encore peu éclairci.

Dans quelques cas ils jouent, évidemment, le rôle de matières de réserve. Dans d'autres cas l'assimilation des produits de dédoublement des glucosides paraît peu probable. En effet, on voit apparaître dans ces corps, à côté du sucre, des substances toxiques qui doivent agir très défavorablement sur les cellules.

Dans les parties des plantes où l'on constate la présence
de glucosides, on trouve presque constamment des enzymes
sous l'influence desquels ces éthers s'hydratent, se dédoublent en régénérant le sucre. Les enzymes des glucosides sont
généralement enfermés dans des cellules spéciales qui les
séparent des substances sur lesquelles ils peuvent agir.

Les diastases des glucosides offrent cette particularité
qu'elles agissent, non pas sur un seul corps, comme le fait
par exemple la sucrase, mais sur toute une série de corps.

Leur action s'exerce sur de très nombreux éthers résultant
de la combinaison de la glucose avec des corps appartenant,
soit à la série grasse, soit à la série aromatique.

Emulsine. — En traitant les amandes amères, réduites
en poudre, par de l'eau, on voit apparaître une essence aromatique qui n'existait pas dans les amandes avant le traitement.

Cette réaction est provoquée par une diastase, l'émulsine,
sur une substance particulière contenue dans l'amande :
l'amygdaline. La réaction peut être représentée par l'équation
suivante :

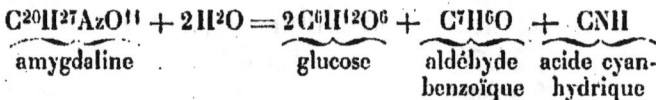

$$C^{20}H^{27}AzO^{11} + 2H^2O = 2C^6H^{12}O^6 + C^7H^6O + CNH$$

amygdaline   glucose   aldéhyde   acide cyan-
                                     benzoïque   hydrique

L'émulsine ainsi que l'amygdaline ont été découvertes par
Robiquet et Boutroux.

Cette diastase se trouve dans les feuilles des lauriers-
cerises ainsi que dans les amandes douces. Avec ces dernières,
on n'obtient pas d'essence d'amande et cela par suite de l'absence d'amygdaline.

Bourquelot a constaté la présence de l'émulsine dans les
champignons. Ce sont surtout les champignons parasites des
arbres qui contiennent de fortes quantités de cette substance,
c'est ainsi qu'il a constaté la présence de cet enzyme dans
le polyporus sulfureus, dans l'armillaria mellea et dans le
polyporus fomentarius.

L'émulsine a aussi été rencontrée dans le penicillum glaucum, dans l'aspergillus niger, ainsi que dans d'autres moisissures.

L'émulsine agit sur un grand nombre de glucosides en donnant lieu aux réactions exprimées par les équations suivantes :

Avec l'arbutine extraite des feuilles de busserole :

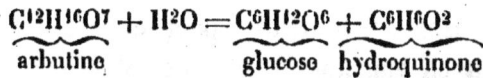

$$C^{12}H^{16}O^7 + H^2O = C^6H^{12}O^6 + C^6H^6O^2$$
$$\text{arbutine} \qquad\qquad \text{glucose} \quad \text{hydroquinone}$$

Avec l'hélicine, produit d'oxydation de la salicine :

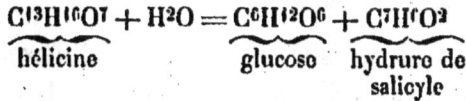

$$C^{13}H^{16}O^7 + H^2O = C^6H^{12}O^6 + C^7H^6O^2$$
$$\text{hélicine} \qquad\qquad \text{glucose} \quad \text{hydrure de}$$
$$\text{salicyle}$$

Avec la salicine, extraite de l'écorce de peuplier ou des fleurs du spirea ulmaria :

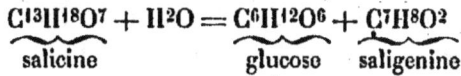

$$C^{13}H^{18}O^7 + H^2O = C^6H^{12}O^6 + C^7H^8O^2$$
$$\text{salicine} \qquad\qquad \text{glucose} \quad \text{saligenine}$$

Avec la phloridzine, extraite de l'écorce de pommier :

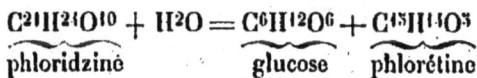

$$C^{21}H^{24}O^{10} + H^2O = C^6H^{12}O^6 + C^{15}H^{14}O^5$$
$$\text{phloridzine} \qquad\qquad \text{glucose} \quad \text{phlorétine}$$

Avec la daphnine, extraite du daphne gnidium :

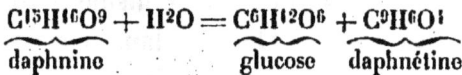

$$C^{15}H^{16}O^9 + H^2O = C^6H^{12}O^6 + C^9H^6O^4$$
$$\text{daphnine} \qquad\qquad \text{glucose} \quad \text{daphnétine}$$

Avec la coniférine, extraite du laryx europææ :

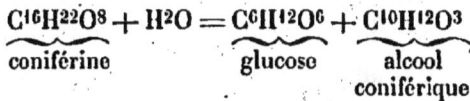

$$C^{16}H^{22}O^8 + H^2O = C^6H^{12}O^6 + C^{10}H^{12}O^3$$
$$\text{coniférine} \qquad\qquad \text{glucose} \quad \text{alcool}$$
$$\text{coniférique}$$

Avec l'esculine de l'esculus hippocastanum, que certains

auteurs considèrent comme isomère de la daphnine, on obtient du glucose et de l'esculitine :

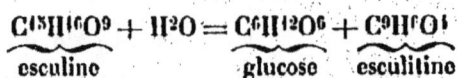

$$C^{15}H^{16}O^9 + H^2O = C^6H^{12}O^6 + C^9H^6O^4$$

esculine · · · · · · · · · · glucose · · esculitine

L'émulsine agit aussi sur les dérivés chlorés et bromés des glucosides.

D'après Fische, l'émulsine peut encore transformer le sucre de lait en galactose et glucose. Mais cette assertion a besoin d'être vérifiée, car il est fort probable que l'émulsine ayant servi pour ces expériences contenait une certaine proportion de lactase.

L'émulsine, qui agit sur des corps très différents au point de vue chimique, agit différemment sur les divers glucoses, d'après leur configuration. C'est ainsi qu'elle agit sur le β méthyldextro-glucoside sans avoir d'action sur le α méthyl-dextro-glucoside.

Dans les plantes vivantes, l'amygdaline n'est pas transformée parce qu'elle se trouve localisée dans des cellules spéciales, et qu'elle est ainsi séparée des glucosides. Il faut une action mécanique pour rapprocher les deux corps.

C'est ainsi que la transformation de l'amygdaline en essence d'amandes amères et en acide cyanhydrique se produit très rapidement quant on fait macérer les plantes dans de l'eau contenant le glucoside et la diastase.

D'après Guignard, les cellules à émulsine se trouvent localisées dans les cotylédons. Dans le laurier-cerise, l'enzyme est localisé dans les cellules de l'endoderme.

L'émulsine donne des réactions caractéristiques avec la solution d'orcine ainsi qu'avec la solution de Millon. Avec ce dernier réactif les cellules végétales contenant l'émulsine se colorent en rouge orange. Quand on chauffe avec précaution les cellules contenant de l'émulsine avec une solution d'orcine, on obtient une coloration violette. Cette solution se prépare en additionnant de 2 centimètres cubes d'acide chlorhydrique une solution d'orcine au 1/10.

On possède fort peu de données sur les conditions physiques et chimiques de l'action de l'émulsine.

Le chloral à 3 1/2 pour 100 n'influe pas sur la marche de l'hydratation par l'émulsine mais l'enzyme se montre sensible à l'action de l'alcool à 8 pour 100.

Les sels neutres ne paraissent pas influencer la marche de l'hydratation. Les sels alcalins, au contraire, ont une influence retardatrice.

L'émulsine joue un rôle prépondérant dans la fabrication de l'essence d'amandes amères, ainsi que dans la fabrication de l'eau de laurier-cerise.

Pour fabriquer l'essence d'amandes amères, on réduit les amandes en poudre, on les déshuile, on ajoute de l'eau et on laisse s'achever la réaction à la température ordinaire. La fermentation terminée, on distille à la vapeur.

Pour obtenir de bons rendements il faut éviter de commencer la distillation avant que la fermentation soit achevée.

Pour la fabrication de l'eau de laurier-cerise, on emploie les feuilles fraîches de la plante. On les écrase, on ajoute de l'eau froide et on distille.

Il est indispensable aussi de laisser quelque temps l'eau froide en contact avec les feuilles avant de commencer à chauffer.

L'émulsine est employée en pharmacie, où on la prépare de la manière suivante :

Les amandes douces sont émondées, réduites en poudre et soumises à une pression énergique qui en exprime les huiles. Les tourteaux sont mis à macération dans 3 fois leur volume d'eau ; on comprime de nouveau la masse et on obtient ainsi un liquide chargé d'huile que l'on clarifie en le laissant quelque temps à la température de 30°.

On enlève alors la couche supérieure du liquide, formée par l'huile et, dans la solution claire, on précipite l'enzyme par l'alcool. Le précipité est recueilli sur un filtre, lavé à l'alcool à 95° et séché dans le vide.

On obtient ainsi une poudre d'une couleur jaunâtre, très riche en phosphates et en sels minéraux. Complètement desséchée, elle peut être portée à 100° sans perdre son activité.

L'émulsine est soluble dans l'eau et, à l'état sec, elle se conserve très longtemps.

Myrosine.

La myrosine a été découverte par Bussy dans la graine de moutarde.

L'odeur caractéristique que prend la farine des grains noirs de moutarde malaxés avec de l'eau, est due à la présence et à l'action de cet enzyme.

La myrosine est très répandue dans le règne végétal ; on la trouve très fréquemment dans les plantes de la famille des crucifères. Cette diastase, comme l'émulsine, se trouve localisée dans des cellules spéciales réparties dans différents organes de la plante, mais principalement dans la racine et dans les feuilles.

Elle agit sur la sénégrine ou myronate de potassium qui se dissocie par hydratation. Cette réaction chimique est généralement considérée comme ayant lieu suivant l'équation :

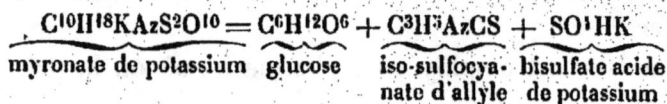

$$C^{10}H^{18}KAzS^2O^{10} = C^6H^{12}O^6 + C^3H^3AzCS + SO^4HK$$

myronate de potassium — glucose — iso-sulfocyanate d'allyle — bisulfate acide de potassium

D'après cette équation, le dédoublement se produirait sans hydratation. Mais l'acide mironique libre n'a pas encore été bien étudié ; il est fort probable que le myronate de potassium a la formule :

$$C^{10}H^{16}KAzS^2O^9 + H^2O$$

et il est alors probable que la diastase produit une hydratation et non un simple dédoublement.

Dans les grains de moutarde blanche on trouve aussi de la myrosine, mais la sénégrine est remplacée par un autre glucoside, la sénalbine. La réaction qui se produit peut être exprimée par l'équation suivante :

$$C^{30}H^{44}Az^2S^2O^{16} = C^6H^{12}O^6 + C^7H^7O - AzCS + C^{16}H^{24}AzO^5 - HSO^4$$

　　sénalbine　　　　glucose　　　Sulfocyanate　　　sulfate de sinapine
　　　　　　　　　　　　　　　　d'oxybenzyle

La myrosine peut encore agir sur beaucoup d'autres glucosides. On attribue à cette diastase la formation des essences de différentes plantes telles que : le cresson de fontaine, le réséda odorata, la cochlioria officinalis.

Rhamnase.

On trouve cet enzyme dans les fruits des graines d'Avignon (Rhamus infectoria). Il agit sur une matière colorante jaune ayant les caractères d'un glucoside, la xanthorhamnine, et la transforme en rhamnétine et isodulcite :

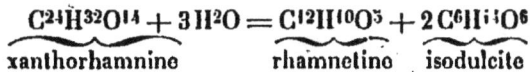

$$C^{24}H^{32}O^{14} + 3H^2O = C^{12}H^{10}O^5 + 2C^6H^{14}O^6$$

　　xanthorhamnine　　　　　　rhamnetine　　isodulcite

Erythrozyme.

Cette diastase est sécrétée par la racine de la garance. Elle agit sur un glucoside de l'alizarine : le rubian, qui se trouve également dans les racines de garance fraîches. La réaction se fait très probablement suivant l'équation suivante :

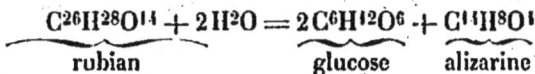

$$C^{26}H^{28}O^{14} + 2H^2O = 2C^6H^{12}O^6 + C^{14}H^8O^4$$

　　rubian　　　　　　　　glucose　　alizarine

Bétulase.

On rencontre la bétulase dans l'écorce du betula lenta. Cet

enzyme agit sur la gaulthérine et la réaction peut être exprimée par l'équation suivante :

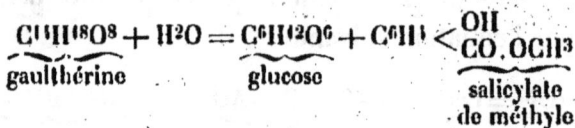

$$C^{14}H^{18}O^8 + H^2O = C^6H^{12}O^6 + C^6H^4 < \genfrac{}{}{0pt}{}{OH}{CO.OCH^3}$$

$$\underbrace{\phantom{C^{14}H^{18}O^8}}_{\text{gaulthérine}} \qquad \underbrace{\phantom{C^6H^{12}O^6}}_{\text{glucose}} \qquad \underbrace{}_{\substack{\text{salicylate} \\ \text{de méthyle}}}$$

Pour préparer cet enzyme, on prend l'écorce du betula
lenta et on la réduit en poudre, on la traite par 4 volumes de
glycérine et on l'abandonne à la température ordinaire, pendant 30 jours. On presse ensuite la masse et on précipite par
5 volumes d'alcool. Le dépôt est recueilli sur un filtre, lavé et
séché.

Un kilogramme d'écorce donne, par ce traitement, environ
un gramme d'enzyme.

La bétulase ne donne pas de coloration avec la teinture de
gaïac et n'agit pas sur d'autres glucosides que la gaulthérine.

BIBLIOGRAPHIE

Cl. Bernard. — Leçons de physiologie expérimentale.
Dobelle. — Actions du pancréas sur les grains et l'amidon. *Proceed.
of the Royal Soc.*, t. XIV.
Duclaux. — Diastase du pancréas. *Microbiolog. Encyclop. Chim.*. 1883,
p. 153.
— Sur la digestion des matières grasses et des celluloses. *Comptes Ren-
dus*, 1882.
Sigmundi. — Ueber die Fetspaltenden Fermente in Pflanzen. *Akad. der
Wissen.* Wien, 1890-1891.
Hanriot. — Sur un nouveau ferment du sang. *Comptes Rendus*, 1896,
p. 753.
— Sur la répartition de la lipase dans l'organisme. *Comptes Rendus*,
1896, p. 833.
— Sur le dosage de la lipase. *Comptes Rendus*, 1897, p. 235.
— Sur la non-identité des lipases d'origines différentes. *Comptes Ren-
dus*, 1897, p. 778.
Gérard. — Sur une lipase végétale extraite du penicilium glaucum.
Comptes Rendus, 1897, p. 370.
Robiquet. — *Journal de pharmacie*, 2 mai 1838.
Robiquet et Boutroux. — Nouvelles expériences sur les amandes amè-
res. *Ann. de chim. et de phys.*, 1830.

— *Journal de pharmacie*, XXIV. p. 326.

Bussy. — Note sur la fermentation de l'huile essentielle de moutarde. *Comptes Rendus*, 1839, p. 815.

H. Will. — Ueber einen neuen Bestandtheil des weissen Senfsamens. *Akad. Sitzung*. Wien, 1870, p. 178.

Thomson et Richardson. — *Ann. de chimie et de pharmacie*, XXIX, p. 180.

Hofmann. — Synthese der atherischen Oele. *Berichte der deutschen chem. Gesellschaft*, 1874, p. 508, 520, 1293.

Portis. — Recherches sur les amandes amères. *Journ. de pharm. et chim.*, 1877, XXVI. 410.

Émil, Fischer. — Eifluss der Configuration auf Werkung der Enzyme. *Berichte der deutsch. chem. Gesellschaft*, 1895, 2031.

Procter. — Betulase. *Zeit. für phys. Chem.*, 1892, XVI, 271 ; *Berichte der deut. chem. Gesellschaft*, 1894, p. 864.

Armand Gautier. — Leçons de chimie biologique, p. 33. *Journ. de ph. et chim.*, 1896, 6ᵉ sér., t. III, p. 117.

Johonson. — Sur la localisation de l'émulsine dans les amandes. *Ann. des Sc. nat*. Boton, 1887, p. 118.

Ward and Dunlop. — *Annals of Botany*, 1887.

Spatzier. — Ueber das Auftreten und die psychologische Bedeutung des Myrosins in die Pflanzen. *Journ. für Wiss. Bot.*, 1893, XXVI, p. 55.

Bulle. — *Ann. de chim. et pharm.*, LXIX. p. 145.

Ortloff. — *Archiv. de pharm.*, XLVIII, p. 16.

L. Guignard. — Recherches sur la localisation du principe actif des Crucifères. *Journ. de Botan.*, 1890.

— Sur la localisation des principes actifs chez les Capparidées. *Comptes Rendus*, 1893, 587.

— Sur la localisation des principes actifs chez les Tropéolées. *Comptes Rendus*, 1893. 587.

— Sur la localisation des principes actifs chez les Résédacées. *Comptes Rendus*, 1893, p. 861.

J. Effront. — Influence des antiseptiques sur les ferments. *Moniteur scientifique*, 1894.

E. Bourquelot et Hérissey. — Note concernant l'action de l'émulsine de l'aspergillus niger sur quelques glucosides. *Société de Biologie*, 1895.

E. Bourquelot et Herissey. — Sur les propriétés de l'émulsine des champignons. *Comptes Rendus*, 1895.CXXI, p. 693.

Tieman und Harmann. — Uber das Coniferin. *Berichte der deutschen chem. Gesellschaft*, 1874, p. 608.

CHAPITRE XXII

ZYMASE

Zymase ou diastase alcoolique. — Préparation du jus de levure et ses propriétés. — Détermination du pouvoir ferment de la zymase. — Conditions chimiques et physiques de l'action de la zymase. — Expérience d'Effront sur la fermentation intercellulaire. — Applications industrielles de la zymase.

Zymase ou diastase alcoolique. — Les phénomènes que l'on observe dans la fermentation alcoolique ont préoccupé depuis très longtemps le monde scientifique et donné lieu à des théories et à des hypothèses nombreuses.

En 1858, Traube chercha à expliquer le dédoublement du sucre en alcool et en acide carbonique par l'intervention d'une diastase sécrétée par la levure. Cette manière de voir fut acceptée par Berthelot ainsi que par quelques autres savants. Aucun d'eux, cependant, n'apporta de preuves expérimentales pour démontrer que la fermentation alcoolique constitue une réaction chimique pouvant se produire en dehors des cellules vivantes.

Les premières tentatives en ce sens furent faites en 1871, par M\ue Manisseim, qui constata que les cellules de levure une fois mortes peuvent encore produire, dans certaines conditions, un dédoublement du sucre en alcool et acide carbonique.

Les expériences de M\ue Manisseim étaient cependant loin d'être concluantes et n'établissaient pas nettement la non-intervention des cellules.

Ce fut Büchner qui, en 1897, démontra nettement l'exis-

tence, dans les cellules de levure, d'un enzyme provoquant
la fermentation alcoolique. En soumettant la levure à une
pression énergique, il réussit, en effet, à obtenir un liquide
très actif provoquant la fermentation alcoolique en l'absence
de toute cellule. Il donna à l'enzyme contenu dans cet extrait
le nom de zymase.

Cette découverte donne une explication définitive de la fermentation alcoolique; elle exercera certainement une grande
influence sur l'étude des phénomènes analogues et amènera la
découverte de plusieurs autres enzymes. Une fois établi, en
effet, que la fermentation alcoolique est provoquée par une
substance chimique, il y a tout lieu d'admettre que d'autres
phénomènes similaires tels que les fermentations butyrique,
visqueuse et acétique, sont également dus à des diastases
sécrétées par les bactéries produisant ces fermentations.
L'isolement de ces diastases ne semble plus être qu'une affaire
de temps.

Préparation et propriétés du suc de levure. —
M. Büchner conseille la méthode suivante, pour la préparation
de l'extrait de levure.

On prend 1 kilogramme de levure auquel on ajoute 1 kilogramme de sable quartzeux et 250 grammes de terre d'infu-
soires. On soumet la masse à un broyage pour la rendre
plastique et pâteuse. Cette opération demande beaucoup de
soin. Le broyage doit être fait avec une machine spéciale et
durer deux heures environ par kilogramme de levure. La
masse broyée est soumise alors à une pression de 500 atmosphères. On emploie à cet effet une presse hydraulique et la
pression doit s'effectuer lentement et graduellement.

On recueille de cette façon 320 centimètres cubes environ
de liquide. La masse, dont on a extrait le suc, est triturée avec
140 centimètres cubes d'eau puis pressée de nouveau très
lentement à 500 atmosphères. On obtient ainsi, après 2 heures, 180 centimètres cubes d'un extrait qui est réuni au

liquide produit par la première pression. Par cette méthode,
1 kilogramme de levure fournit 500 centimètres cubes d'extrait. Le liquide est agité avec 4 grammes de terre d'infu-
soire, filtré sur papier, et versé dans un récipient refroidi.

L'extrait obtenu par le procédé de Büchner est limpide,
jaune clair et dégage une odeur caractéristique. Suivant la
provenance de la levure qui a servi à sa préparation, le liquide
contient de 7 à 10 pour 100 de matières sèches.

L'analyse du liquide conduit aux chiffres suivants :

Matières sèches. 6,7
Cendres.. 1,15
Matières albuminoïdes. 3,7

Les matières albuminoïdes sont, dans cette analyse, cal-
culées d'après la richesse du liquide en azote.

L'extrait de levure est saturé d'acide carbonique et, lorsqu'on le porte à l'ébullition, on observe un dégagement abondant de ce gaz et une forte coagulation qui donne au liquide
un aspect demi-solide.

Ce liquide se comporte différemment vis-à-vis des divers
sucres ; le lactose et la mannite restent intactes en présence
de l'extrait aussi bien qu'en présence des cellules de levure ;
la saccharose, la dextrose, la lévulose et la maltose, mélangés
à une dose égale de l'extrait de levure, donnent au bout d'un
quart d'heure un dégagement d'acide carbonique qui dure
parfois plusieurs jours.

Le pouvoir ferment du liquide persiste après qu'il a tra-
versé un filtre Berkefeld ; l'activité du liquide n'est pas
davantage détruite par le passage sur le filtre Chamberland,
mais le pouvoir ferment s'affaiblit, cependant, dans une proportion plus forte qu'en passant par le filtre Berkefeld. La
fermentation est retardée par ces manipulations : le suc filtré
au filtre Berkefelt ne produit plus la fermentation qu'au bout
d'un jour.

La substance active contenue dans l'extrait est susceptible

de diffuser au travers du papier dialyseur; en effet, lorsqu'on place dans une solution de saccharose à 37 pour 100 un dialyseur renfermant une certaine quantité de suc de levure, on voit apparaître à la surface de la solution sucrée de nombreuses bulles d'acide carbonique.

L'extrait de levure peut-être desséché à 30°-35° sans perdre son activité. Par la dessiccation dans le vide, on obtient un produit dur, présentant l'aspect du blanc d'œuf. Une solution filtrée de ce produit possède les mêmes propriétés que l'extrait de levure; à l'état sec, il se conserve pendant plusieurs mois.

Pour la préparation du suc concentré de levure, on procède de la manière suivante : 500 centimètres cubes de suc sont évaporés dans le vide, à 20° ou 25°, jusqu'à consistance sirupeuse. L'évaporation doit se faire très rapidement et durer environ 1/2 heure. Le sirop obtenu est étalé ensuite en mince couche sur des plaques de verre et replacé dans le vide, ou même laissé à l'air libre à la température de 30° ou 35° pour qu'il puisse s'évaporer. Après 24 heures, on gratte la substance desséchée sur le verre, on la réduit en poudre et on la dessèche complètement en présence de l'acide sulfurique. 500 grammes de suc de levure fournissent 70 grammes d'une poudre très soluble, qui se montre très active.

Il est à remarquer que l'extrait concentré de suc se conserve beaucoup mieux que l'extrait dilué. La solution d'extrait dilué se détruit rapidement en présence de l'oxygène, tandis que cette même solution, amenée à consistance sirupeuse, se conserve très longtemps, même à la température de 30° et en présence de l'air.

Büchner est parvenu à séparer la diastase du suc de levure en traitant celui-ci par 12 fois son volume d'alcool absolu.

Le précipité ainsi obtenu et desséché est une poudre blanche ayant les mêmes propriétés que l'extrait, mais possédant un pouvoir ferment très affaibli.

La zymase renfermée dans les cellules résiste à des températures relativement élevées. Une levure séchée à l'air à une température de 37° et chauffée ensuite à 100° pendant 6 heures est encore susceptible de produire la fermentation alcoolique dans une solution de saccharose. Les cellules de levure, qui n'ont pu résister à cette température sont tuées et ne se reproduisent plus.

Si au lieu de la porter à 100°, on porte la levure à une température de 140°-145°, les cellules perdent tout pouvoir ferment. La zymase est donc plus résistante à l'action de la chaleur que les cellules qui la sécrètent.

Détermination du pouvoir ferment de la zymase. —

Le pouvoir ferment de la levure se mesure par une méthode préconisée par Meissel pour le dosage de l'alcool dans les moûts fermentés. Cette méthode est basée sur le dosage de l'acide carbonique formé pendant la fermentation.

On introduit 40 centimètres cubes d'extrait dans une fiole d'une capacité de 120 centimètres cubes, on additionne d'une quantité de sucre de canne en poudre suffisante pour obtenir une solution sucrée de 12 à 15 pour 100. Le flacon est laissé en repos pendant quelques minutes, après quoi on l'agite et on le bouche avec un bouchon en caoutchouc dans lequel passent deux tubes. L'un d'eux est muni à l'extérieur d'un robinet et descend jusqu'à la surface du liquide. L'autre tube est ouvert et communique avec un flacon laveur contenant 2 centimètres cubes d'acide sulfurique; l'extrémité ouverte est pourvue d'une soupape Bunsen en caoutchouc.

A la fin de l'expérience on ouvre le robinet, on laisse passer de l'air dans l'appareil afin de chasser l'acide carbonique et on porte l'appareil sur la balance. La différence des poids indique la quantité d'acide carbonique dégagé.

Mode de dédoublement du sucre par la zymase. —

Une solution de sucre de canne additionnée d'arséniate de

potassium et mise à fermenter avec 450 centimètres cubes d'extrait de levure à 12°, pendant 40 heures, a fourni 6ʳ,67 d'acide carbonique et 7ᵍʳ,72 d'alcool, déduction faite de l'alcool qui, au début, se trouvait dans l'extrait.

Dans la fermentation produite par les cellules de levure on obtient théoriquement 48,89 parties d'acide carbonique et 51,11 parties d'alcool. En comparant ces chiffres avec les précédents, Büchner constate que le rapport des quantités d'acide carbonique et d'alcool est sensiblement le même dans les deux cas et que le dédoublement du sucre par l'extrait de levure se fait de la même façon que par les cellules.

Il résulte de ces données qu'on peut doser le pouvoir ferment du suc de levure par l'acide carbonique dégagé pendant son action. Ces expériences de Büchner ne nous montrent que dans ses grandes lignes la marche du dédoublement du sucre par la zymase. La méthode qu'il a adoptée pour l'analyse de l'alcool et de l'acide carbonique est loin d'être rigoureuse et de fournir des indications sur le degré de pureté de la fermentation obtenue par la zymase. Pasteur a démontré que la totalité du sucre qui disparaît pendant la fermentation ne se transforme pas suivant l'équation :

$$C^6H^{12}O^6 = 2CO^2 + 2C^2H^6O$$

Il y a toujours un peu de sucre qui échappe à ce mode de dédoublement et qui fournit la glycérine et l'acide succinique. Il est fort probable que la zymase se comporte tout autrement que les levures de bière et que la fermentation obtenue par son emploi peut donner des produits beaucoup plus purs que ceux qu'on obtient par les levures.

Toutefois, la zymase isolée des cellules est relativement peu active. 100 centimètres cubes de cet extrait, représentant 200 grammes de levure, fournissent, en agissant sur une solution sucrée, moins d'acide carbonique qu'un gramme de levure. Il n'existe probablement, dans les cellules de levure,

qu'une petite quantité de zymase qui subit encore une
altération pendant l'extraction.

Influence des conditions physiques et chimiques. —

La zymase se montre très sensible à l'action de la température. Une solution à 27 pour 100 de sucre, additionnée
de suc de levure, produit des quantités d'acide carbonique
très différentes suivant la température de la fermentation.

TEMPÉRATURE	ACIDE CARBONIQUE FORMÉ (EN GRAMMES) APRÈS :			
—	6 HEURES	21 HEURES	24 HEURES	40 HEURES
12-14°	0,43	1,11	1,14	1,27
22°	0,76	1,01	1,02	1,00

Au début de l'expérience, la température de 22° se montre
très favorable à l'action de l'enzyme : après 6 heures de fermentation on a constaté, à cette température, un dégagement de
0,76 grammes d'acide carbonique, tandis qu'à 12° et 14°, il
ne se forme que 0,43 de ce gaz. Mais si l'opération se prolonge à la température de 22°, l'action se ralentit; ce ralentissement doit avoir évidemment pour cause une destruction
partielle de la diastase.

La marche de la fermentation est encore influencée par la
concentration des solutions sucrées.

SACCHAROSE POUR CENT	CO_2 (EN GRAMMES) APRÈS :		
—	16 HEURES	24 HEURES	40 HEURES
16	1,33	1,46	1,48
27	0,70	0,80	0,82
37	0,60	0,72	0,74

Dans des liquides contenant 16 pour 100 de sucre, la fermentation est plus active que dans ceux qui en contiennent 27
pour 100, mais l'enzyme a encore de l'action sur les solutions

contenant 37 pour 100 de sucre. Dans les solutions contenant de 40 à 50 pour 100 de sucre, la fermentation est presque complètement arrêtée, mais l'enzyme n'est nullement altéré car, par une dilution du moût, on peut obtenir une nouvelle fermentation.

L'activité diastasique de la zymase diminue au fur et à mesure que son action se prolonge; si l'on compare, en effet, la quantité d'acide carbonique formé par l'action des enzymes pendant les 16 premières heures avec la quantité de gaz dégagé pendant les 16 heures suivantes, on constate une décroissance rapide du pouvoir ferment. En calculant ce pouvoir pour 100 centimètres cubes de suc et par heure, Büchner a trouvé que la zymase fournit, en moyenne, les quantités d'acide carbonique suivantes :

	De 1 à 16 h.	De 16 à 24 h.	De 24 à 40 h.	De 40 à 64 h.
Moyenne de 3 essais. . .	0,17	0,060	0,020	0,002
— 2 essais. . .	0,11	0,010	0,002	»
— 2 essais. . .	0,08	0,016	0,004	»

L'extrait de levure, comme toutes les solutions diastasiques, produit dans l'eau oxygénée un dégagement d'oxygène. Lorsque l'extrait a été additionné d'acide cyanhydrique, il perd cette propriété caractéristique. Mais si l'on soumet alors l'extrait additionné d'acide cyanhydrique à l'action prolongée de l'air, on voit réapparaître la réaction de l'eau oxygénée.

Il est donc probable que l'acide cyanhydrique se combine avec les diastases pour former une combinaison en entravant leur activité et que cette combinaison se détruit au contact de l'oxygène qui régénère l'enzyme.

Voici une expérience de Büchner relative à l'action de l'acide cyanhydrique et de l'air sur la zymase :

On mélangea 4 centimètres cubes d'extrait avec 6 centimètres cubes d'acide cyanhydrique à 2 pour 100; la moitié A du mélange fut mise en contact avec 3 grammes de sucre de canne; l'autre moitié B fut soumise à l'action de l'air pendant 1 heure, puis également additionnée de 3 grammes de saccharose. On plaça les liquides dans des tubes en U fermés d'un côté. L'essai A ne produisit aucune trace d'acide carbonique, tandis que dans l'essai B la partie fermée du tube fut remplie de ce gaz au bout de 20 heures, le dégagement ayant commencé au bout de 5 heures.

La zymase est influencée par les conditions chimiques du milieu.

Les sels neutres comme le sulfate d'ammonium, le chlorure de calcium, etc., ont une action retardatrice sur la fermentation.

On constate aussi qu'il existe une relation directe entre l'activité de l'extrait de levure et la présence dans le jus d'albumine coagulable.

L'extrait de levure, maintenu pendant quelque temps à la température de 35° à 40°, se trouble, donne naissance à des flocons et perd son activité. D'un autre côté, on a observé que quand un extrait devient inactif pour une raison quelconque, il ne se coagule presque plus à la température de 40° à 50°.

Cette relation entre la présence de matières coagulables et l'activité diastasique est expliquée par Büchner de la façon suivante. D'après lui, la zymase serait une matière albuminoïde qui se coagulerait par la chaleur, mais cette coagulation ne se produirait plus lorsque la substance diastasique est transformée.

Büchner interprète encore la grande altérabilité de la zymase par la présence d'une diastase peptonisante dans l'extrait de levure : cet enzyme agirait sur la zymase en la rendant inactive. C'est la présence simultanée de ces deux ferments, l'un peptonisant et l'autre produisant le dédoublement du sucre, qui explique l'activité du suc de levure aux températures relativement basses.

A 22°, la peptase agit avec plus d'énergie que la zymase, tandis qu'à basse température l'action peptonisante est peu profonde et la zymase peut produire de plus grandes quantités d'alcool.

L'influence favorable des sucres sur la conservation de la zymase parle aussi en faveur de l'hypothèse de la digestion de la zymase par l'enzyme peptonisant.

On sait que dans les solutions concentrées de saccharose la digestion de la fibrine par la pepsine est retardée. Or, si l'on mélange un volume d'extrait de levure avec un volume d'une solution de saccharose à 75 pour 100, on obtient une solution qui se conserve pendant une semaine à la température ordinaire et pendant 15 jours dans une glacière. Le sucre a donc une action très favorable sur la conservation de la zymase.

L'activité de l'extrait de levure varie notablement suivant les races employées à sa confection. En général, les levures de fermentation basse donnent un suc très actif, tandis que les levures de boulangerie ne contiennent presque pas de zymase. On observe encore une grande différence entre les extraits de levures fraîches et ceux des levures qui ont séjourné pendant quelque temps à l'air. Ce sont ces dernières qui donnent les extraits les moins actifs.

Cependant toutes les levures de brasserie ne donnent pas un jus de même activité. La provenance de la levure joue encore ici un rôle considérable.

Les différences qu'on observe suivant la provenance et suivant l'âge de la levure apportent un argument à l'hypothèse expliquant l'altération de la zymase par l'action d'un autre enzyme.

Büchner divisa une certaine quantité de levure en 2 portions A et B. L'extrait fut exprimé de suite de A, tandis que la portion B fut abandonnée à elle-même pendant 3 jours à 7°-8° avant qu'on en exprimât le suc. L'extrait de A possédait une activité assez forte, tandis que le liquide provenant de B ne donnait qu'une quantité minime d'acide carbonique. Büchner attribue la diminution de l'activité dans le second cas à une peptonisation se produisant pendant les 3 jours de séjour à 7°-8°. L'action de la pepsine serait également cause, d'après lui, de l'altération de la diastase contenue dans la levure de grains pressée.

Cette opinion est encore renforcée par une expérience de Hohn qui a démontré tout récemment la présence de l'enzyme protolytique dans le suc des levures.

Büchner a, du reste, démontré directement la peptonisation de la zymase par l'enzyme à l'aide de l'expérience suivante :

Il plaça trois tubes contenant 3 centimètres cubes d'extrait de levure dans la glace. Deux de ces tubes furent additionnés de 0^{gr},1 de trypsine, le troisième tube servant de tube témoin. Après 12 heures, chaque tube reçut 2 grammes de saccharose pulvérisé. Les essais pratiqués avec la trypsine restèrent absolument inactifs après l'addition de sucre de canne ; au contraire, dans le tube témoin, une fermentation très active se produisait.

La découverte de Büchner a rencontré de nombreux contradicteurs qui se sont efforcés de démontrer que l'extrait de levure contenait toujours, soit des cellules, soit des ferments et qui ont attribué le dédoublement du sucre à l'intervention des cellules vivantes.

Büchner a victorieusement réfuté toutes ces objections à l'aide d'expériences concluantes.

L'existence de la zymase est démontrée par les faits suivants :

1° On peut obtenir une fermentation alcoolique avec la substance solide obtenue par la précipitation du suc par l'alcool ;

2° On obtient avec le suc de levure une fermentation presque instantanée, dont l'intensité diminue avec le temps. S'il s'agissait de cellules vivantes on observerait un phénomène tout à fait opposé : la fermentation augmenterait d'intensité au fur et à mesure que les cellules se développeraient ;

3° Le suc de levure produit une fermentation en présence de doses d'antiseptiques qui paralyseraient l'activité des cellules vivantes ;

4° Par le passage sur le filtre en porcelaine, on obtient encore des liquides actifs, sans qu'on puisse y déceler la présence d'organismes.

En somme, la fermentation alcoolique est produite par des agents chimiques en dehors et en l'absence de cellules vivantes. Il est vrai que la matière qui produit cette transformation est élaborée par l'activité vitale, et que sa formation est intimement liée à l'accroissement et à la multiplication des cellules. Le pouvoir ferment des cellules se réduit donc à la propriété qu'elles ont de produire la zymase.

Fermentation intercellulaire. -- La zymase doit se trouver dans beaucoup d'autres cellules vivantes. Le pouvoir ferment que l'on peut développer dans certains champignons nous paraît devoir être attribué à une sécrétion de zymase se produisant dans des conditions particulières.

Il y a aussi tout lieu d'admettre que, dans les phénomènes de fermentation intercellulaires, c'est encore la zymase qui joue un rôle actif. Pasteur a constaté que les fruits plongés dans le gaz anhydride carbonique entrent en fermentation et transforment le sucre en alcool et anhydride carbonique.

Muntz, en remplaçant l'air par l'azote, a constaté le même phénomène pour les plantes en pleine végétation. Il se forme, dans ces conditions, de l'alcool dans les feuilles de la plante.

On explique ce phénomène par l'activité vitale et on admet que les changements dans le travail sont dus aux changements dans les conditions de nutrition.

Nous croyons qu'il est plus facile d'admettre que l'absence d'oxygène est, dans ces conditions, favorable à la sécrétion de la zymase. La fermentation que l'on constate en ce cas est analogue à celle qui se produit sous l'action de la levure alcoolique; dans les deux cas c'est la zymase qui la provoque.

L'intervention de la zymase dans les fruits à l'abri de l'air, nous a fourni le sujet de recherches intéressantes que nous poursuivons actuellement et qui sont encore loin d'être terminées; mais nous pouvons, dès à présent, donner quelques indications qui trouveront leur complet développement dans un travail ultérieur.

Les nombreux essais que nous avons pratiqués nous ont
confirmé la présence de la zymase dans les fruits et notamment
dans les cerises, dans les prunes, dans les pois, ainsi que dans
l'orge.

Les premiers essais ont été faits avec des cerises, de la
façon suivante :

Les fruits frais sont lavés dans une solution diluée d'aldéhyde formique afin de détruire les germes, puis soigneuse-
ment essuyés et plongés dans des ballons contenant de l'huile
d'olive. Au bout de 3 jours, les cerises sont couvertes de
petites bulles de gaz et l'on constate ensuite au-dessus de
l'huile qui recouvre les fruits, un dégagement d'acide carbonique qui s'accentue après le 5e jour.

La fermentation continue très lentement pendant 20 jours
à la température de 10°. Après ce temps on verse l'huile, on
écrase les cerises ainsi que les noyaux dans un mortier et on
en exprime le jus en pressant la masse dans un linge.

Le résidu est enlevé du linge, traité à froid par l'éther
pour le débarrasser de l'huile, puis desséché dans le vide et
réduit en une poudre fine qu'on fait macérer avec 2 volumes
d'eau additionnée d'une faible dose d'éther. On laisse en
repos dans un flacon bouché, à 5°, pendant 12 heures, après
quoi la masse est soumise à une forte pression. On obtient
ainsi un jus qui, filtré sur papier-filtre, constitue un liquide
visqueux, limpide, de réaction faiblement acide et fournissant
la réaction du gaïac et de l'eau oxygénée.

La présence de zymase dans ce liquide peut être constatée
par les essais suivants :

A 50 centimètres cubes du liquide on ajoute 7 grammes
de sucre de canne en poudre et on laisse en repos pendant
6 heures à 22° dans un petit ballon muni d'un tube à dégagement. Après 2 heures, on constate la formation d'acide
carbonique et après 6 heures une diminution de poids de
3 décigrammes.

On fait un essai parallèle avec le même liquide maintenu

préalablement à 40° pendant une heure, dans un flacon fermé, puis refroidi à 22° et laissé à cette température pendant 5 heures, en laissant ouvert le tube à dégagement. Dans ce deuxième essai on ne constate ni dégagement de gaz, ni diminution de poids. La diastase alcoolique a donc été détruite par la chaleur.

L'analyse de la solution sucrée non fermentée montre qu'il s'est toutefois produit un changement dans sa composition chimique. Nous avons, par exemple, constaté, dans une de nos expériences, que 3,4 grammes de sucre avaient été transformés en sucre interverti.

Cette transformation ne peut pas être attribuée à l'acidité du liquide, car en chauffant le jus actif dans un vase fermé, pendant 10 minutes à 80° avant l'addition de sucre et en maintenant ensuite le liquide additionné de sucre pendant une heure à 40°, puis pendant 5 heures à 22°, nous n'avons obtenu que 0^{gr},15 de sucre interverti au lieu de 3^{gr},4. Le liquide actif contient évidemment de la zymase et de la sucrase et, tandis que la zymase est détruite par la chaleur, la sucrase n'est pas altérée.

L'existence de la zymase dans le jus cellulaire des cerises a été confirmée par d'autres essais dans lesquels on a pu doser l'alcool produit. Voici comment on a opéré :

200 centimètres cubes de jus actif ont été additionnés de sucre et de 2 grammes de chloroforme. Dans un essai parallèle, on a additionné une solution à 15 pour 100 de sucre, d'un peu de chloroforme et de 2 grammes de levures. Les deux liquides, laissés 5 jours à 10° ont donné des résultats différents.

Dans le liquide contenant des levures, la fermentation ne s'est pas manifestée, tandis que dans le liquide cellulaire des cerises on a trouvé 0^{gr},8 d'alcool.

La non-existence de levures dans le moût fermenté a été confirmée par l'analyse microscopique, ainsi que par la culture sur plaques.

Les essais pratiqués en vue de précipiter la diastase par l'alcool n'ont pas fourni de résultats satisfaisants. Le liquide actif perd ses propriétés en passant par les bougies de porcelaine, et la zymase que nous avons obtenue diffère, à ce point de vue, de la diastase isolée par Büchner.

Dans le cours de nos essais nous avons constaté, en outre, que les pois frais, ainsi que l'orge, fournissent, par la fermentation intercellulaire, des quantités d'alcool assez considérables. Les pois sucrés, abandonnés dans l'huile, ont fourni à l'analyse 2 pour 100 d'alcool. L'orge, préalablement trempé, essuyé et mis dans l'huile, a fourni 1,6 pour 100 d'alcool.

En traitant ces grains par des procédés analogues à ceux employés pour les cerises, nous avons pu y constater la présence de zymase.

Applications industrielles de la zymase. — La zymase, tout en étant très intéressante au point de vue théorique, aura peut-être aussi, dans l'avenir, de très nombreuses applications industrielles.

La fermentation produite par la diastase, sans intervention directe des levures, présente, théoriquement, un grand avantage. On peut arriver, de cette façon, à des fermentations beaucoup plus rapides et à des produits plus purs et plus parfaits.

A l'heure actuelle, les distillateurs et les brasseurs cultivent eux-mêmes leurs levures et cherchent à les approprier à leur mode de travail. Cependant, même en partant de levures pures, on n'aboutit pas toujours à de bons résultats; il se produit souvent une infection et, par suite, une dégénérescence des ferments.

Il est à prévoir que, dans l'avenir, la culture des levures et la fabrication subséquente de la zymase se feront dans des usines spéciales, où les brasseurs et les distillateurs se procureront des préparations d'une grande activité et fournissant un travail immédiat.

Il est vrai que, dans la brasserie, la levure joue encore un rôle important au point de vue de l'élimination des matières azotées, travail que la zymase seule ne pourrait effectuer. On sera donc forcé, en travaillant avec les enzymes seuls, de changer complètement la technique et de créer de nouveaux procédés.

La découverte de la zymase est trop récente pour qu'elle puisse prétendre révolutionner immédiatement l'industrie; cependant les premières tentatives d'application industrielle ont déjà été faites par Büchner, qui a créé un nouveau procédé ayant pour but la préparation d'une levure durable destinée à remplacer la levure pressée dans la panification.

Ce procédé consiste à sécher tout d'abord la levure à basse température, à chauffer ensuite jusqu'à 50°, puis à 100°, et enfin, lorsque la levure est complètement desséchée, à la broyer pour la réduire en poudre. Elle est alors livrée au commerce.

Ce procédé présente plusieurs avantages. La levure préparée de cette façon se conserve beaucoup mieux que la levure pressée, les cellules mortes étant moins exposées au changement que les cellules vivantes. De plus, le séchage plus intense de cette levure la recommande au point de vue de l'hygiène, car les microorganismes, que renferment toujours les pains de levure, sont ici détruits et ne peuvent plus influer sur la pâte, même lorsqu'elle est insuffisamment stérilisée.

La levure de Büchner s'appelle levure d'attente; elle est employée dans la boulangerie de la même façon que les levures pressées ordinaires. D'après l'auteur du brevet, des essais ont prouvé que l'addition de 5 à 10 pour 100 de levure d'attente était suffisante pour produire le ramollissement de la pâte.

BIBLIOGRAPHIE

Berthelot. — Chimie organique fondée par la synthèse.
E. Buchner. — Alkoolische Gährung ohne Hefezellen. *Berichte der deutsch. chem. Gesellschaft*, XXX, 1897, p. 117.
— Ueber zellenfreie Gährung. *Berichte der deutsch. Gesellschaft*, XXX, 1110.

E. Buchner. — Procédé pour la fabrication des levures d'attente. Brevet, Allemagne, 1897. 2668, n° 97240.

Béchamp. — Sur la présence de l'alcool dans les tissus animaux pendant la vie et après la mort, dans les cas de putréfaction, aux points de vue physiologique et toxicologique. *Comptes Rendus*, 1879, p. 573.

Hahn. — *Berichte der deutsch. chem Gesellschaft.*, 1898.

Geret et Hahn. — *Berichte der deutsch. chem. Gesellschaft.* 1898.

Pasteur. — Étude sur la bière. *Comptes Rendus*, 1875, LXXVII, p. 1140.

— Étude sur la bière, 1876. Paris, Gauthier-Villars.

— Mémoires sur la fermentation alcoolique. *Comptes Rendus*, 1859, p. 1149, XIV, 111. *Bull. de la Soc. de chim.* Paris, 1861.

— Sur la production de l'alcool par les fruits. *Comptes Rendus*, 1872, p. 1054, LXXV.

— Sur la théorie de la fermentation. *Comptes rendus*, LXXV.

Liebig. — Sur les phénomènes de fermentation et de putréfaction. *Ann. de chim. et phys.* 1889, t. LXXI, p. 147.

A. Munz. — De la matière sucrée contenue dans les champignons. *Comptes Rendus*, 1874, t. LXXIV.

— Recherches sur la fermentation alcoolique intracellulaire dans les végétaux. *Comptes Rendus*. 1878, t. LXXXVI, p. 49.

— Recherches sur la fermentation intracellulaire des végétaux. *Ann. de chim. et de phys.*, 1878, 5ᵉ série, t. XIII, p. 543.

— Alcools du sol. *Comptes Rendus*, XCII, p. 499.

Neumeister. — *Ber. der deutschen chemischen Gesellschaft*, XXX, p. 2963.

Stavenhagen. — *Ber. der deutschen chemisch. Gesellschaft*, XXX, p. 2422.

Marie Manassein. — *Ber. der deuschen chem Gesellschaft*, XXX, p. 3061.

Edouard Büchner und Rapp. — Alkoolische Gährung ohne Hefezellen. *Berichte der deutsch. chem. Gesellschaft*,, 1897. 3, 2670 ; 1898, 1, 209 ; 1898, 1, 1084 ; 1898, 1, 109.

CHAPITRE XXIII

OXYDASES

Présence des oxydases dans les cellules végétales et animales. — Pro-.
priétés générales. — Laccase. — Tyrosinase. — Influence du milieu. —
Action des oxydases sur les phénols insolubles dans l'eau. — La casse des
vins : œnoxydase. — Oxydine. — Oléase.

Les ferments solubles ont été longtemps considérés comme
des substances agissant uniquement à la façon d'agents hydro-
lisants, c'est-à-dire provoquant la fixation d'une ou de plusieurs
molécules d'eau en même temps qu'un dédoublement moléculaire. L'oxydation, la déshydratation, le changement moléculaire sans fixation d'eau, tous ces phénomènes chimiqués,
étaient attribués à l'action directe de l'énergie vitale sans aucune intervention diastasique.

Cette théorie tout à fait erronée a été, dans ces derniers
temps, victorieusement réfutée par une série de découvertes
accomplies dans le domaine de la chimie biologique par Bertrand, Bourquelot, Hikorokuro Yoshida, Cazeneuve, Martinand, etc., dont nous aurons l'occasion d'examiner les
travaux.

Les études de ces savants ont démontré l'existence d'une
série de substances, présentant les caractères de véritables
agents oxydants et fixant l'oxygène sur certains corps. Ces
substances, sécrétées par les cellules vivantes, ont reçu le nom
d'oxydases. Ces enzymes facilitent l'oxydation de certaines
substances, soit en les déshydratant, soit en compliquant
leur molécule par fixation d'oxygène.

Certains sucs végétaux tels que le vin, le latex de l'arbre à laque, le jus des pommes, des prunes et d'autres fruits, ainsi que certains champignons s'altèrent lorsqu'on les expose quelque temps à l'air. Ce phénomène, qui se manifeste généralement par un changement de coloration, ou, lorsqu'il s'agit de corps solides, par une élévation de la température, ne se reproduit pas dans le vide. Il possède donc tous les caractères d'une oxydation, puisque l'intervention de l'air, par conséquent de l'oxygène, est indispensable à sa production.

La cause directe de cette oxydation resta longtemps peu connue. Elle ne fut trouvée qu'en 1883, par un chimiste japonais, Hikorokuro Yoshida, qui, en faisant des expériences sur l'oxydation du latex de l'arbre à laque, parvint à découvrir dans ce phénomène l'intervention d'une diastase.

Cette découverte donna un nouvel élan aux études sur les enzymes ; la question fut reprise dans différents laboratoires et des découvertes, portant sur les sujets les plus divers, s'annoncèrent bientôt nombreuses et concluantes. On étudia successivement les tissus végétaux, les muscles, les sécrétions organiques et chaque recherche opérée dans cette voie apporta des preuves nouvelles de l'existence des oxydases.

L'oxydation et la transformation en un vernis noir du latex de l'arbre à laque fut nettement reconnue comme un phénomène d'ordre diastasique. Une transformation présentant quelques caractères analogues et se produisant dans les sucs de nombreux végétaux, tels que les champignons, les pommes de terre, les betteraves, les rhizomes du *canna indica*, fut attribuée par Bourquelot, Lindet, Bertrand, etc., à un autre enzyme oxydant.

La décoloration du vin et le dépôt de la matière colorante furent reconnus comme étant des phénomènes du même ordre et attribués à l'action d'une diastase, que certains auteurs considèrent comme préexistante dans le moût de vin, tandis que d'autres la considèrent comme étant produite par une moisissure : le botrytis cinerea.

Dans le règne animal, les expérimentateurs eurent l'occasion de faire des découvertes tout aussi nombreuses et tout aussi intéressantes. On trouva un ferment oxydant dans la salive ainsi que dans d'autres sécrétions: mucus nasal, larmes, sperme, tandis que l'urine, la bile, et les sécrétions intestinales furent trouvées exemptes de tout ferment de ce genre.

Jacquet, en 1882, fit des expériences sur l'oxydation de l'alcool benzylique et de l'aldéhyde salicylique avec des morceaux de poumons, de reins et de muscles de cheval, préalablement traités par l'eau phéniquée, puis congelés et réduits en bouillie. Ces fragments d'organes provoquaient une oxydation qui ne se produisait plus lorsqu'ils avaient été cuits à l'eau bouillante.

Déjà à cette époque, Jacquet reconnut que l'oxydation ne venait pas uniquement des cellules, parce que l'extrait aqueux de ces tissus produisait, aussi bien que les cellules elles-mêmes, une fixation d'oxygène sur l'alcool benzylique et l'aldéhyde salicylique.

Aleloos et Brauwer confirmèrent ces résultats en recueillant une substance, extraite du foie de cheval, qui précipitée de sa solution aqueuse par l'alcool, oxyde l'aldéhyde formique et la transforme en acide avec dégagement d'anhydride carbonique. Cette substance perd, d'ailleurs, toute action oxydante après avoir été chauffée à 100°.

Spitzer et Rhomann retrouvèrent cette substance dans le sang et dans les organes de plusieurs mammifères.

Enfin, des phénomènes de destruction interne, que nous avons eu l'occasion d'observer dans la levure, peuvent être attribués à des interventions diastasiques oxydantes.

Nous avons constaté qu'en réduisant une certaine quantité de levure pressée en fragments minuscules et en les plaçant ensuite en tas, on voit bientôt se manifester une élévation de température, qui peut atteindre 40°, au bout de 2 heures. Cette élévation de température peut être obtenue, par exemple, avec 2 kilogrammes de levure fraîche granulée et disposée en

las de 20 centimètres de hauteur à la température de 20°.
Là même expérience, pratiquée dans le vide, ne donne pas
lieu à la moindre élévation de température. On peut pratiquer l'expérience de la manière suivante :

Dans un flacon à trois tubulures d'un demi-litre, on dispose
des couches de levure réduite en petits fragments et alternant
avec des couches de pierre-ponce qui empêchent la levure de
se tasser. Un thermomètre est introduit dans la tubulure du
milieu, et un courant d'air établi à l'aide des deux autres.
Aussitôt que l'air pénètre dans le ballon, la température
monte et, si l'on ferme le robinet à air, on constate qu'elle
s'abaisse immédiatement.

En ne laissant durer l'expérience que quelques heures, on
peut la renouveler plusieurs fois avec la même levure, pendant 3 ou 4 jours consécutifs et observer qu'à chaque rentrée
de l'air dans le flacon la température s'élève (1).

Lorsqu'on laisse, au contraire, passer l'air dans le flacon
pendant 5 à 6 heures consécutives, la levure se liquéfie et
s'épuise complètement.

En broyant la levure avec de la pierre ponce dans un
broyeur puissant, on obtient une pâte qui, mise à macérer
dans l'eau froide et filtrée, donne un liquide exempt de cellules
et offrant encore, au point de vue de l'oxydation, les mêmes
propriétés que la levure elle-même.

Les fragments de pierre ponce imprégnés de liquide, mis
en présence de l'air dans une masse de glycogène, y produisent une élévation de température de 4 à 6 degrés. Cet
extrait est moins actif que la levure elle-même, mais une
série d'expériences nous ont montré qu'il possédait, tout
comme la levure, un pouvoir diastasique oxydant.

---

1. Cette expérience est surtout intéressante au point de vue de l'analyse des gaz. Nous avons, en effet, remarqué que l'on peut, de cette manière,
déceler l'oxygène mélangé à des gaz inertes dans la proportion de 1 pour 100.

En présence de tous ces faits, il est indiscutable que les phénomènes de respiration et d'oxydation des végétaux et des animaux doivent être généralement attribués à des oxydases.

On voit, d'après ce court exposé, que la découverte des oxydases a été d'une importance considérable, puisqu'elle a jeté quelque lumière sur des phénomènes encore inexpliqués, ou pour l'explication desquels on avait recours à des théories erronées.

L'étude des enzymes oxydants présente encore un grand intérêt au point de vue chimique, car ils constituent des réactifs très sensibles pour toute une série de substances organiques.

Propriétés générales des oxydases. — Comme toutes les diastases, les oxydases sont des corps éminemment instables : ils sont détruits par la chaleur au-dessus de 6o°.

Les antiseptiques, en général, ne semblent capables que de retarder l'oxydation produite par ces agents. Cette action retardatrice des antiseptiques n'est cependant pas un fait prouvé d'une façon générale. Nous pensons, au contraire, que les différentes diastases appartenant à cette classe sont plus ou moins sensibles à l'action des antiseptiques et que c'est à ce fait que nous devons attribuer les résultats négatifs de nombre de recherches opérées sur des corps contenant certainement des oxydases.

L'alcool ne semble pas gêner l'action des enzymes de cette classe, lorsqu'on l'emploie à un degré suffisant de dilution. La diastase du latex, la laccase, produit encore une oxydation en solution alcoolique à 50 pour 100.

Les ferments solubles oxydants bleuissent énergiquement la teinture de gaïac non additionnée d'eau oxygénée, l'acide gaïaconique se formant avec l'oxygène emprunté à l'air.

La température, ainsi que les réactions du milieu, influent sur l'action des oxydases.

Enfin, la plupart des oxydases agissent tout particulièrement sur les corps de la série aromatique : les phénols, les amines et leurs produits de substitution.

Les produits d'oxydation fournis par les diastases sont encore mal définis. L'oxydation des corps de la série aromatique se produit, soit par une élimination de l'hydrogène, soit par fixation directe d'oxygène. Cette oxydation n'est jamais très profonde. L'oxydation des matières grasses est beaucoup plus énergique ; elle conduit à une destruction complète et à la formation de l'acide carbonique.

L'action des oxydases n'est nullement spécifique. La laccase, par exemple, transforme tout aussi bien l'hydroquinone (phénol biatomique) que le pyrogallol (phénol triatomique).

La position des groupes semble, toutefois, jouer un rôle primordial : la position para, par exemple, paraît influencer favorablement la réaction.

On sait que, dans les diastases hydrolisantes, l'individualité est plus caractérisée ; que la sucrase, par exemple, ne peut dédoubler que le saccharose et que ce ferment est même incapable d'agir sur des corps très voisins et ne différant que par leur configuration.

La quantité d'oxygène absorbé sous l'action des ferments solubles oxydants peut servir, dans la plupart des cas, à mesurer l'intensité de l'oxydation.

Préparation des oxydases. — Les oxydases s'extraient des corps qui les contiennent par les méthodes généralement employées pour l'extraction des ferments solubles hydrolysants.

Les corps servant à la préparation sont triturés puis mis à infuser en présence de chloroforme. L'emploi de ce dernier corps constitue cependant un danger, car on ignore si cet antiseptique, qui laisse intactes la plupart des diastases hydrolysantes, est également sans action sur toutes les oxydases. Il est donc à recommander, si l'on cherche des oxydases, de faire deux triturations, l'une avec de l'eau chloroformée, l'autre avec de l'eau contenant de l'éther. Dans certains cas, c'est dans l'eau éthérée qu'on trouvera les oxydases, tandis que l'infusion chloroformée ne contiendra pas trace de substances actives.

L'infusion est ensuite précipitée par l'alcool ; on redissout le précipité formé et on le précipite à nouveau plusieurs fois pour le purifier.

La méthode d'extraction par la glycérine est également applicable à la préparation des oxydases.

Laccase.

La laccase est un ferment soluble produisant l'oxydation du latex de l'arbre à laque et le transformant en un vernis de très bel aspect dont les Japonais, les Tonkinois et les Chinois se servent pour recouvrir leurs meubles.

Le latex est un liquide clair présentant l'aspect et la consistance du miel. On le récolte dans l'Asie orientale en pratiquant des incisions dans l'écorce de certains arbres résineux du genre anacardiaqué (Rhus vermicifera).

L'odeur du latex est très faible et se rapproche un peu de celle de l'acide butyrique ; il possède une réaction acide.

Le latex s'altère avec une rapidité extraordinaire. Mis en présence de l'oxygène, il brunit et sa surface se recouvre d'une pellicule résistante d'une belle couleur noire et absolument insoluble dans les dissolvants ordinaires. Dans le vide, l'altération ne se produit pas et le latex peut se conserver très longtemps.

Les premières données sur la laccase sont dues au chimiste japonais Hikorokuro Yoshida. L'étude de l'oxydation du latex lui révéla la présence d'un corps qu'il appela acide uruschique ($C^{14}H^{19}O^2$), corps qui par oxydation se change en acide oxyuruschique, ainsi que l'indique l'équation suivante :

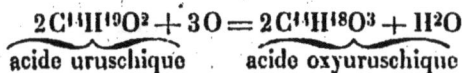

$$2\,C^{14}H^{19}O^2 + 3\,O = 2\,C^{14}H^{18}O^3 + H^2O$$
$$\text{acide uruschique} \qquad \text{acide oxyuruschique}$$

Bertrand, en délayant le latex dans une grande quantité d'alcool, y découvrit deux produits, l'un qui entre en solution et l'autre qui se précipite.

Ce précipité, séparé du liquide, est une sorte de gomme. On le lave avec soin à l'alcool, on le reprend par l'eau distillée, puis on le précipite à nouveau par 10 volumes d'alcool. On peut alors le recueillir sous forme de flocons et le sécher dans le vide. Le produit obtenu par cette méthode ressemble aux gommes ordinaires et se transforme, comme celles-ci, par l'hydratation, en un mélange de galactose et d'arabinose.

Ce corps possède un pouvoir diastasique.

La solution alcoolique, après qu'on en a enlevé le précipité gommeux, est distillée rapidement dans le vide. Le résidu est agité dans l'eau puis dans l'éther; l'eau retient le glucose, les sels minéraux, etc. et l'éther dissout l'extrait résineux du latex. L'éther est alors décanté et évaporé dans une atmosphère d'hydrogène.

Le produit obtenu par cette méthode est le *laccol*; c'est un liquide huileux, d'une assez forte densité, ne se dissolvant pas dans l'eau, mais entièrement soluble dans l'alcool, l'éther, le chloroforme et le benzène. La manipulation de ce produit présente certains dangers : des traces de laccol peuvent agir d'une façon nocive sur l'épiderme. Mis en présence de l'air, il se colore en brun rouge, prend une certaine viscosité et finit par se résinifier.

L'oxydation, favorisée par la potasse et la soude, se produit en diverses phases. Le liquide s'échauffe, verdit, devient noir d'encre, et absorbe une grande quantité d'oxygène. Le laccol donne avec le perchlorure de fer et l'acétate de plomb des réactions ressemblant fort aux réactions que produisent, avec ces mêmes agents, les phénols polyatomiques.

En présence de laccase, l'oxydation du laccol est beaucoup plus profonde, beaucoup plus rapide et donne finalement une substance noire, insoluble qui ne s'obtient pas en l'absence de l'enzyme.

Bertrand, au début de ses études, a cru que la fixation d'oxygène se faisait par une simple affinité chimique, et que la laccase agissait ensuite sur les corps oxydés à la façon d'un agent hydratant.

A la suite de ses expériences, le chimiste français parvint à déterminer le véritable mécanisme de l'oxydation. Il remarqua que la quantité d'oxygène absorbé par le laccol au contact de l'air, augmente avec la dose de laccase employée, ce qui ne peut s'expliquer que par une action oxydante directe de la laccase.

Des démonstrations probantes furent fournies dans la suite par Bertrand. Il fit agir une certaine dose de laccase sur des corps voisins du laccol, principalement sur l'hydroquinone et sur le pyrogallol et constata qu'en présence de la laccase tous les phénols polyatomiques absorbaient une certaine quantité d'oxygène, en dégageant de l'acide carbonique. En l'absence de diastase au contraire, ou bien avec une solution diastasique chauffée à 100°, aucune oxydation ne se produisait. L'action oxydante de la laccase est donc bien démontrée.

Bertrand découvrit ensuite une réaction très sensible pour déceler la présence d'oxydases dans les plantes. Il constata que la teinture alcoolique de gaïac prenait, en présence de la laccase, une coloration bleue intense par la seule intervention de l'air, tandis que, pour obtenir le même résultat avec les diastases hydrolisantes, il est nécessaire d'employer l'eau oxygénée.

La même réaction a encore lieu quand on traite par la teinture de gaïac des coupes d'organes contenant une diastase oxydante.

La sensibilité de cette réaction permit à Bertrand de reconnaître la présence de la laccase dans un grand nombre de végétaux, et d'émettre l'hypothèse, très justifiée d'ailleurs, que la laccase se trouve répandue dans tout le règne végétal. Voici la nomenclature des végétaux dans lesquels cette diastase a été trouvée :

Betteraves, carottes, navets (racines), dahlias (racines, tubercules), pommes de terre (tubercules), asperges (tige jaune), balizier (rhizome), luzerne, trèfle, ray grass (tiges et feuilles), topinambours, pommes, poires, marrons, gardenias (fleurs), arbre à laque (latex).

Pour l'extraction de la laccase, sécrétée par les végétaux que nous venons de citer, Bertrand se servit d'une méthode un peu différente de celle employée pour le latex. Le suc extrait des organes parenchymateux des rhizomes ou des tubercules, est précipité aussitôt après son extraction. Quant au liquide extrait des parties vertes de la plante, on l'additionne de chloroforme et on l'abandonne à lui-même, à la température ordinaire, pendant 24 heures ; il se forme alors un coagulum que l'on sépare du reste du liquide, et c'est dans le liquide filtré qu'on opère la précipitation par l'alcool. Cette précipitation se pratique de la même façon que pour le latex de l'arbre à laque.

Bertrand a remarqué que la plus grande quantité de laccase est sécrétée par les organes en voie de formation.

Émile Bourquelot et Bertrand recherchèrent la présence de la laccase dans les champignons, végétaux qui provoquent, ainsi qu'on le sait, des phénomènes énergiques d'oxydation.

Schönbein, en 1856, avait déjà fait la curieuse remarque, qui d'ailleurs resta à l'état de simple observation, que le suc des deux champignons, le Boletus luridus et l'A. sanguineus bleuissait la teinture de gaïac sans addition d'eau oxygénée et perdait cette faculté lorsqu'il était chauffé à 100°.

La présence des oxydases fut recherchée par les savants français dans plus de deux cents espèces de cryptogames et la réaction du gaïac fut essayée dans les divers organes de ces plantes. Ils examinèrent surtout les Basidiomycètes, quelques Ascomycètes, un Myxomycète : le Reticularia maxima, les Polyporés et les Agaricinés. Le Russula foetens Person fut tout particulièrement étudié à cause de la particularité qu'ont toutes ses parties de se colorer en bleu par la solution

de gaïac. Les opérateurs coupèrent et broyèrent 125 grammes
de Russula, puis les firent macérer dans de l'eau additionnée
de chloroforme. Le liquide filtré, prenait, au bout d'une heure,
successivement les teintes jaune pâle, puis rouge sale ; il pré-
sentait tous les caractères d'une solution de laccase.

La diastase oxydante de ces différents végétaux est soluble,
du moins en partie, dans l'alcool, car lorsqu'on ajoute un
excès de ce réactif à la solution diastasique, même lorsque
celle-ci est fort active, on n'obtient qu'un précipité très faible.

Voici le tableau que Bourquelot et Bertrand donnent comme
résumé de leurs expériences :

GENRE OU SOUS-GENRE	NOMBRE D'ESPÈCES EXAMINÉES	ESPÈCES	
		AVEC LACCASE	SANS LACCASE
Russula.	18	18	0
Lactarius..	20	18	2
Psalliote.	5	4	1
Boletus.	18	10	8
Clitocybe..	9	5	4
Marasmius.	6	0	6
Hygrophorus.	6	0	6
Cortinarius.	12	1	11
Inocybe.	6	1	5
Amanyta..	7	2	5

L'enzyme oxydant se trouve donc aussi dans les plantes
dépourvues de chlorophylle.

Dans les champignons, il est répandu dans toute l'étendue de l'organe reproducteur ; on le trouve localisé dans les
lamelles de certains hyménomycètes, ou à la base du stype.

Mode d'action de la laccase. — La laccase agit sur
toute une série de substances. Ajoutée à une solution d'hydroquinone dans un vase ouvert, elle produit une oxydation assez rapide. La solution prend une teinte foncée et, au

bout de quelque temps, on constate l'apparition de lamelles cristallines d'une couleur verte.

Le liquide oxydé prend l'odeur caractéristique du quinone et la réaction peut être exprimée par l'équation suivante :

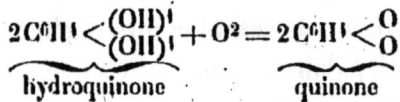

$$2\,C^6H^4\!\!<\!\!\substack{(OH)^1\\(OH)^1} + O^2 = 2\,C^6H^4\!\!<\!\!\substack{O\\O}$$

$$\underbrace{\phantom{2\,C^6H^4\!\!<\!\!\substack{(OH)^1\\(OH)^1}}}_{\text{hydroquinone}} \qquad \underbrace{\phantom{2\,C^6H^4\!\!<\!\!\substack{O\\O}}}_{\text{quinone}}$$

La diastase agit aussi sur l'acide gallique, mais le produit de la réaction a été jusqu'ici peu étudié.

En faisant réagir une certaine quantité de laccase extraite des Russula, sur l'acide gallique, Bourquelot et Bertrand ont obtenu les résultats suivants :

Quantités employées :

Acide gallique.	1 ^{gr}
Eau	100 ^{cc}
Liquide à laccase.	5 ^{cc}

Après une heure :

Oxygène absorbé.	15 ^{cc} 9
Acide carbonique dégagé.	13 ^{cc} 9

Après quatre heures :

Oxygène absorbé	17 ^{cc} 6
Acide carbonique dégagé.	11 ^{cc} 1

Après une heure, le rapport $\dfrac{CO^2}{O}$ valait 0,874 et après 4 heures 0,630. Ces rapports assez élevés montrent que le pouvoir oxydant de la laccase est très énergique.

En essayant l'action de la laccase sur trois polyphénols isomères : sur l'hydroquinone, la pyrocatéchine et la résorcine, on a trouvé les chiffres suivants qui donnent une idée de la vitesse de l'oxydation :

		OXYGÈNE ABSORBÉ	CO² DÉGAGÉ
Hydroquinone (paradiphénol).	Après 4 h.	32,0	1,7
Pyrocatéchine(orthodiphénol).	— 4 h.	17,4	2,8
Résorcine (métadiphénol).. .	— 15 h.	0,6	0,0

On voit que la quantité d'oxygène absorbé est presque nulle pour le métadiphénol, tandis que le paradiphénol s'oxyde très faiblement.

Ces faits se sont reproduits dans toutes les expériences de Bertrand; la phloroglucine, où toutes les oxydriles sont en méta, se refuse, pour ainsi dire, à toute oxydation, tandis que son isomère, le pyrogallol, absorbe l'oxygène avec rapidité.

Les différents polyphénols examinés par Bertrand ont montré que leur oxydabilité est en raison directe de la facilité avec laquelle ils se transforment en quinones.

La totalité, ou une partie des oxydriles des polyphénols, peuvent être remplacés par des radicaux amidogènes (NH^2), sans que la marche de l'oxydation soit modifiée.

Le paramidophénol :

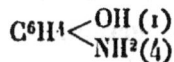

$$C^6H^4 < {OH\,(1) \atop NH^2(4)}$$

est facilement oxydable ; le métamidophénol, au contraire,

$$C^6H^4 < {OH\,(1) \atop NH^2(3)}$$

ne fixe que des quantités minimes d'oxygène.

D'après I. de Rey Pailhade, la laccase existerait dans les grains en germination. L'enzyme agirait sur une matière oxydable : le philothion, également contenu dans ces grains. La laccase jouerait, par conséquent, un rôle dans la respiration des cellules végétales. Toutefois, il n'a nullement démontré que l'enzyme oxydant trouvé dans les grains est la laccase.

Il y a tout lieu d'admettre qu'on se trouve en présence d'une autre oxydase.

Nous pouvons à présent déterminer d'une manière plus générale le mode d'action de la laccase.

La laccase est un ferment soluble produisant l'oxydation des corps de la série benzinique, qui possèdent au moins deux groupements, OH ou NH², lorsque ces groupements occupent la position para ou ortho.

Ici s'arrêtent les observations spécialement applicables à la laccase. Les travaux ultérieurs de Bourquelot et de Bertrand se rapportent à une autre diastase, ou plutôt à un mélange de laccase et d'un autre enzyme, la tyrosinase, dont ces savants ont reconnu la présence dans un grand nombre de végétaux.

Tyrosinase.

Les sucs extraits des betteraves et de quelques autres végétaux prennent, lorsqu'on les met au contact de l'air, une coloration rouge, puis noire. Ce phénomène est dû à l'oxydation de la tyrosine qui se trouve dans ces végétaux, oxydation qui se produit par l'intervention d'une diastase.

La formule rationnelle de la tyrosine ou acide oxyphényl-amidopropionique est :

$$C^2H^3 <^{CO^2H}_{NH^2}$$

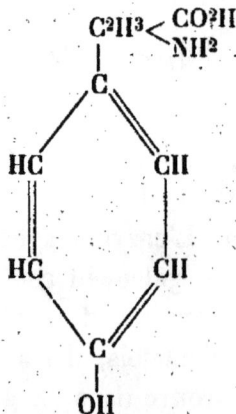

On voit, d'après cette formule, que la tyrosine n'appartient pas complètement à la classe des corps que nous avons reconnus comme étant certainement oxydables par la laccase, c'est-à-dire à la classe des polyphénols dont les hydroxyles sont dans la position para ou ortho.

La tyrosine en effet, soumise à l'action de la laccase, n'absorbe pas d'oxygène.

D'autre part, Bertrand a constaté par diverses expériences que l'oxydation de la tyrosine ne se produisait plus lorsque le suc extrait des plantes avait été chauffé à 100°. Ce fait indiquait l'intervention d'une diastase.

L'oxydation de la tyrosine pouvait s'expliquer par l'action de la laccase sur un produit de dédoublement de la tyrosine, produit préalablement élaboré par un autre enzyme non oxydant contenu dans le liquide.

Pour contrôler cette hypothèse, Bertrand mit dans un ballon une certaine dose de suc extrait de la Russula et quelques grammes de tyrosine. Après 24 heures, le tout fut chauffé à 100°; l'addition de laccase au liquide et l'exposition à l'air, ne déterminèrent alors aucune oxydation.

Il était donc démontré, par cette expérience, que la laccase est absolument sans action sur la tyrosine, et qu'il ne se produit pas dans le liquide d'action diastasique préalable permettant l'oxydation par la laccase.

En réalité, la fixation de l'oxygène se produit par l'intermédiaire de la tyrosinase, enzyme analogue à la laccase, mais agissant sur d'autres corps.

La tyrosinase a été isolée, par Bertrand, de plusieurs végétaux. Extraite des pommes de terre, des dahlias, etc., elle ne possède qu'un très faible pouvoir oxydant; extraite, au contraire, des champignons, elle oxyde très rapidement la tyrosine.

Bourquelot prépare la tyrosinase avec le Russula nigricans qu'il broie dans de l'eau chloroformée. Le liquide, après filtration, constitue la solution diastasique.

Pour constater l'action de la tyrosinase, en met dans des tubes à réaction 5 centimètres cubes de solution diastasique, puis 5 centimètres cubes d'une solution de tyrosine et, en agitant ensuite de temps en temps pour introduire de l'air. Le liquide devient d'abord rouge, puis noir.

Grâce à cette réaction et à celle du gaïac, Bourquelot a démontré l'existence de la tyrosinase dans les champignons suivants :

Boletus, Russula, Lactarius, Paxillus, Psalliota. Hebeloma, Amanita, Scleroderma.

Certains champignons ne donnent de réaction, ni avec le gaïac, ni avec la tyrosine et l'on en peut déduire qu'ils ne renferment aucune diastase oxydante.

La tyrosinase ne se trouve pas aussi répandue dans la nature que la laccase; mais elle se rencontre très souvent, simultanément avec celle-ci, dans le même suc végétal. Certaines solutions diastasiques extraites des plantes transforment, en effet, aussi bien la tyrosine que les polyphénols.

Dans une série d'expériences exécutées à 50°, 60° et 70°, Bertrand a remarqué que la faculté que possèdent les sucs végétaux de transformer la tyrosine disparaît à des températures relativement basses, tandis que les propriétés analogues à celles de la laccase persistent encore dans le liquide à des températures plus élevées. Cette différence d'altérabilité des deux diastases a permis de les séparer l'une de l'autre de la manière suivante :

1500 grammes de Russula delica fraîche sont réduits en pulpe et mis à macérer à froid avec leur poids d'eau chloroformée. En exprimant le suc de la pâte ainsi obtenue, on obtient 2 litres environ d'un liquide mucilagineux que l'on additionne de 3 litres d'alcool à 95°; il se forme un précipité qu'on sépare par filtration. Le liquide alcoolique, dont on a séparé le précipité, est réduit, par distillation dans le vide à 50°, à un demi-litre environ. Le produit ainsi obtenu oxyde très rapidement l'hydroquinone et le pyrogallol en laissant la tyrosine absolument intacte. La précipitation par l'alcool et l'élévation à 50° ont détruit jusqu'aux traces de tyrosinase.

Cette dernière diastase se retrouve dans le précipité qu'on a séparé du liquide alcoolique. On purifie ce précipité par un délayage dans l'eau chloroformée ; on le précipite de nouveau par 2 volumes d'alcool et on le sépare du liquide. Le produit, après un second traitement identique, est desséché à 35°. Il réagit à peine sur les polyphénols et produit une oxydation très rapide de la tyrosine.

L'individualité des deux enzymes est donc bien prouvée.

Influence du milieu sur l'oxydation. — Bourquelot, dans un travail très complet, a mis en évidence la relation qui existe entre la composition du milieu et l'activité diastasique du ferment oxydant des champignons, ferment composé, ainsi que nous l'avons vu, d'au moins deux enzymes oxydants : la laccase et la tyrosinase.

Une solution d'aniline, en présence d'une infusion de champignons riches en oxydase s'oxyde très lentement, car on n'observe qu'un léger changement de couleur.

Bourquelot fut donc amené à se demander si l'alcalinité que l'aniline communique au milieu n'exerce pas une influence défavorable sur l'action oxydante de l'enzyme, et il étudia l'oxydation de l'aniline en présence de doses croissantes d'acide acétique.

Le champignon choisi pour ces expériences fut la russula delica parce que le suc filtré de sa macération donne une solution aqueuse claire, permettant par conséquent d'observer facilement les changements de coloration. La macération fut faite en prenant 5 parties d'eau pour une partie de champignons et on obtint ainsi, après filtration, un liquide à peine coloré en jaune.

Cet extrait, additionné d'acide acétique cristallisable à doses variant de 1 à 50 pour 1000, fut mis en essai avec la teinture de gaïac.

Bourquelot vit alors apparaître la coloration bleue avec la même intensité et la même vitesse, dans tous les essais qu'il pratiqua. Le réactif n'est donc pas influencé par de fortes doses d'acide acétique et, dans ces conditions, on peut étudier l'influence de l'acide sur l'action de l'axydase. Cette action est indiquée, pour différentes doses d'acide, par le tableau suivant :

	Essai témoin	Essai 1	Essai 2	Essai 3	Essai 4	Essai 5	Essai 6
Solution d'aniline saturée.	5ᶜᶜ	5ᶜᶜ	5ᶜᶜ	5ᶜᶜ	5ᶜᶜ	5ᶜᶜ	5ᶜᶜ
Eau.	8ᶜᶜ	8ᶜᶜ	8ᶜᶜ	8ᶜᶜ	8ᶜᶜ	8ᶜᶜ	8ᶜᶜ
Acide acétique. o/o.	0	0,1	0,2	0,4	1	2	5
Solution diastasique	5	5	5	5	5	5	5
Résultat.	Oxydation faible.	Oxydation un peu plus forte.	Oxydation forte.	Oxydation très forte.	Oxydation forte.	Oxydation très faible.	Oxydation nulle.

L'oxydation apparaît à peine dans le tube témoin qui prend une teinte jaune sale ; elle augmente avec une rapidité extraordinaire dans les essais 1, 2, 3, 4 où la solution se colore immédiatement en jaune sale, en donnant naissance à un précipité jaune-brun, soluble dans l'éther. Quant aux essais 5 et 6 contenant respectivement 2 et 5 pour 100 d'acide acétique, le premier fournit encore une faible oxydation, tandis que, dans le second l'oxydation, est absolument nulle. Donc l'acide acétique à 2 pour 100 est défavorable à l'oxydation.

Avec l'orthotoluidine et la paratoluidine, essayées dans les mêmes conditions, en présence des mêmes quantités d'acide, les réactions se présentent de la même façon, quoiqu'en donnant des colorations différentes.

L'orthotoluidine donne une coloration transparente violet bleu devenant opaque au bout de plusieurs heures. Le tube témoin prend une teinte jaune trouble. La paratoluidine donne une coloration rose, puis rouge vineux. Le tube témoin est encore jaune, et devient légèrement trouble au bout de quelque temps.

Une solution aqueuse de phénol prend une teinte brune en présence de la solution diastasique. Cette réaction, très lente à la vérité, est totalement empêchée par l'acide acétique et favorisée par des doses de 0,1 à 0,4 pour 100 de carbonate de sodium.

En résumé, l'oxydation des substances à fonction basique est favorisée par l'acidité du milieu, tandis que les substances à fonction acide s'oxydent plus facilement dans un milieu alcalin. Cette influence du milieu sur la marche de l'oxydation est très considérable.

Action de l'oxydase sur les phénols insolubles dans l'eau.

— Bourquelot s'est tout d'abord occupé de l'action de l'oxydase sur les phénols solubles dans l'eau. Il s'est occupé ensuite de l'action de l'oxydase sur les phénols insolubles dans l'eau, mais solubles dans l'alcool éthylique ou l'alcool méthylique. Il s'était assuré, au préalable, que les alcools employés comme dissolvants et convenablement étendus, ne produisaient aucune altération de l'oxydase et que le phénomène d'oxydation s'y produisait de la même façon que dans les solutions aqueuses.

Cette certitude acquise, Bourquelot fit diverses expériences sur les phénols solubles dans ces agents. En voici le résumé :

L'action de l'oxydase fut essayée sur trois solutions de différents xylénols contenant 0^{gr},50 de xylénol, 100 grammes d'alcool absolu et 50 centimètres cubes d'eau.

L'orthoxylénol (1, 2, 4), produit fusible de 55° à 60°, produisit un précipité blanc devenant ensuite rose saumon et soluble dans l'éther.

Le métaxylénol (1, 3, 4), produit liquide dont la solution alcoolique devient verte sous l'action du perchlorure de fer, fut oxydé immédiatement et donna un précipité blanc devenant ensuite rose sale et soluble dans l'éther.

Le paraxylénol, fusible de 74° à 75°, se troubla légèrement et donna naissance à un précipité blanc rose, insoluble dans l'éther.

Les essais d'oxydation du thymol ont été faits sur une solution ayant la composition suivante :

Thymol.	0^{gr},50
Eau.	40^{cc}
Alcool.	10^{cc}
Solution de carbonate de sodium (à 2 p. 100)	5^{cc}
Solution diastasique.	50^{cc}

La solution absorba 19 centimètres cubes d'oxygène et il se forma dans le liquide un précipité blanc.

Le carvacrol, essayé dans les mêmes conditions, donna peu à peu naissance à un trouble, puis à un précipité blanc, en absorbant 27^{cc},5 d'oxygène.

La casse des vins.

La casse des vins est une maladie caractérisée par l'oxydation de la matière colorante du vin et la précipitation de cette matière, avec jaunissement de tout le liquide.

Dès 1895, Gairaud reconnut que ce phénomène était dû à l'action d'une diastase, sans toutefois l'attribuer nettement à une oxydase.

P. Martinand, dans un travail publié plus tard, identifia la diastase produisant l'oxydation de la matière colorante du vin avec la laccase récemment découverte par Bertrand. Cette identification était absolument erronée. En effet, on reconnut plus tard que l'oxydase du vin transforme les polyphénols, tandis que la laccase, tout en hâtant l'oxydation des vins cas-

sants, est incapable de la produire, à elle seule, dans les vins
non cassants.

Cazeneuve ayant additionné des vins d'une certaine quantité
de laccase ne remarqua qu'une altération imperceptible, alors
que la solution diastasique employée était très active et bleuissait fortement la teinture de gaïac. La diastase déterminant
l'oxydation de la matière colorante est donc un enzyme bien
déterminé, Cazeneuve lui a donné le nom d'œnoxydase.

Préparation de l'œnoxydase. — Cazeneuve observa
le phénomène de l'oxydation dans du vin du Beaujolais qui
se montrait assez sensible à l'action de l'air ; il en isola la
diastase par le procédé suivant :

Le vin est soumis à l'action d'un excès d'alcool qui précipite une matière présentant l'aspect d'une gomme. Ce précipité est repris par l'eau distillée, dans laquelle il se dissout
en donnant une solution opaline, incolore. On précipite à
nouveau le liquide obtenu ; le nouveau précipité est séché
dans le vide et enfin recueilli sous la forme d'une gomme,
imprégnée d'oxydase.

Sécrétions de l'œnoxydase. — Les diverses réactions
qui caractérisent la diastase de la casse des vins sont identiques à celles de toutes les oxydases. Comme les autres ferments solubles oxydants, elle bleuit la teinture de gaïac.

La réaction du gaïac fut essayée par Martinand sur des
raisins mûrs et elle décéla la présence d'oxydases. Avec le jus
du raisin ; il parvint à transformer l'hydroquinone et le
pyrogallol.

Les raisins mûrs sécrètent une plus grande quantité d'œ-
noxydase que les raisins verts et les raisins secs en sont complètement dépourvus. Les sucs fermentés des poires, des
prunes et des pommes sont plus riches en œnoxydases que
le vin.

La sécrétion d'œnoxydase a été attribuée par Laborde à la

présence, sur la racine de la vigne, de la moisissure Botrytis
cinerea (pourriture noble).

Dosage et propriétés de l'œnoxydase. — Le dosage

des oxydases présente de grandes difficultés. En effet, ces
enzymes n'exercent pas toujours leur action avec dégagement
d'acide carbonique, facile à doser; l'oxygène se combine parfois à l'hydrogène pour former de l'eau ou se fixe directement sur les matières oxydables. Dans ces conditions, l'analyse des produits de l'oxydation devient très difficile.

Laborde a basé une méthode de dosage sur la coloration qui
prend un liquide diastasique en présence de teinture de gaïac.
Il prend comme unité la coloration qu'acquièrent 20 centimètres cubes de solution alcoolique de gaïac par l'addition
de $0^{gr},5$ d'iode et il compare à cette unité, dans un colorimètre
Dubosc, la coloration obtenue, dans la même teinture, par
l'oxytase.

L'œnoxydase oxyde la matière colorante des vins français
et italiens; les vins espagnols et turcs subissent plus difficilement son action.

Cazeneuve constate que la matière colorante du vin est un
corps à fonction phénolique. Cette matière est transformée
par l'oxydation, en même temps que les éthers, alcools,
essences, etc... auxquels est dû le bouquet du vin.

Lorsque le vin est agité avec de l'éther, il cède à cet agent
une matière ayant les caractères d'un tannin. Après l'oxydation
du vin, on ne retrouve plus que des quantités minimes de
cette substance, souvent même on n'en aperçoit plus de traces.
Or, le vin neutre après avoir été traité par l'éther, ne subit
plus aucune altération sous l'action des oxydases.

La casse des vins, d'après cette expérience, paraît donc due
à l'oxydation d'une substance particulière.

L'œnoxydase s'affaiblit au fur et à mesure qu'elle agit,
car la quantité d'oxygène absorbée au début est plus grande
que celle absorbée à la fin de l'oxydation.

En introduisant de l'air dans un demi-litre de vin, Laborde a constaté que l'absorption se fait pendant les 8 premiers jours et qu'au bout de ce temps un arrêt brusque se produit. Le dosage du gaz absorbé a donné les chiffres suivants pour trois vins différents :

	OXYGÈNE ABSORBÉ par litre	CO² DÉGAGÉ par litre	RAPPORT $\dfrac{CO^2}{O}$
1ʳᵉ expérience..	50,8	32,4	0,63
2ᵉ expérience..	81,0	38	0,47
3ᵉ expérience..	110,2	63,8	0,58

Ce tableau montre qu'il n'y a pas seulement oxydation de la matière colorante, mais combustion de cette matière et production d'acide carbonique.

Lagati a remarqué que par l'addition des sels ferreux, les vins s'oxydent exactement comme sous l'action d'une diastase. Le précipité qu'il obtint ainsi est identique au précipité des vins cassés; il ne se produit pas à l'abri de l'air, ni en présence de l'anhydride sulfureux.

Cet auteur attribua l'oxydation à la seule action des sels ferreux, mais cette manière de voir fut réfutée de façon concluante par Laborde. En effet, la dose maxima de fer à l'état ferreux contenu dans un vin, ne peut absorber que 10 centimètres cubes d'oxygène, tandis que le vin cassant en absorbe jusqu'à 110 centimètres cubes par litre. A côté de l'action du sel ferreux, s'exerce donc aussi celle d'une diastase.

Action de la température. — D'après Cazeneuve, l'œnoxydase se montre peu sensible aux basses températures: à 0° et même au-dessous l'oxydation se produit encore. A 65° la diastase n'est pas entièrement détruite; pour que la destruction soit complète, il faut élever la température à 70° 72°. Martinand fixe la température de destruction à 72° pendant 4 minutes, ou à 35° pendant une heure.

Bouffard fit, à ce sujet, des expériences intéressantes. Dans 3 tubes A, B, C, il mit : en A, une solution aqueuse de diastase ; en B, la même solution, additionnée d'une certaine quantité d'alcool à 10° ; en C une solution de la même diastase additionnée de 0gr,5 d'acide tartrique. La température de destruction fut déterminée pour chaque essai, et on obtint les résultats suivants :

	TEMPÉRATURE DE DESTRUCTION
Solution aqueuse neutre. .	72°5
Solution + alcool à 10°. .	60°
Solution + acide tartrique. .	52°5

On voit que la présence d'alcool et d'acide tartrique abaisse la température de destruction. Lorsqu'on ajoute 20 pour 100 d'alcool, la température de destruction s'abaisse encore de 5°. A 60°, d'après le même auteur, l'activité subsiste pendant 2 minutes, puis décroît et disparaît complètement au bout de 20 minutes.

Laborde a étudié l'action de la température dans un liquide diastasique acide contenant 5 unités d'oxydase. Il porte ces liquides à différentes températures et, après refroidissement, il détermine la quantité de substance active restante. Ces essais ont fourni les chiffres suivants :

TEMPÉRATURE	OXYDASE	
	ACTIVE	DÉTRUITE
60°	2,30	2,70
65	1,50	3,5
70	0,90	4,1
75	0,75	4,25
80	0,45	4,55
85	0	5

La température de destruction de l'œnoxydase est donc

située entre 70° et 75°, mais l'activité de l'enzyme diminue déjà considérablement à 60°.

Action des agents chimiques. — D'après Martinand, une addition d'acide retarde l'oxydation et une addition d'alcali, au contraire, est favorable à la fixation de l'oxygène.

Cependant, lorsque le vin possède déjà par lui-même une acidité naturelle assez considérable, l'oxydation se fait, même sans l'addition de diastase.

L'alcool concentré altère la diastase, mais l'alcool étendu et le vin titrant 9° la laissent absolument intacte.

Le phosphate tricalcique et l'acide tartrique sont sans action accélératrice ou retardatrice sur l'oxydation. Le formol (aldéhyde formique) est aussi sans action.

Les acides gallique, pyrocatéchique et salicylique empêchent l'oxydation.

L'acide sulfureux, à la dose de 0,01 à 0,08 par litre, paralyse l'action de l'œnoxydase et produit sa destruction. Ce fait a été démontré par Bouffard et Cazeneuve. Cazeneuve, en additionnant une certaine quantité de vin de 0,004 grammes d'acide sulfureux, précipita la diastase de ce vin par les méthodes ordinaires, lava le précipité à l'alcool, et le recueillit. Au bout de quelque temps, le précipité redissous dans l'eau ne donnait plus de coloration avec la teinture de gaïac. L'acide sulfureux avait donc agi directement sur la diastase.

L'œnoxydase est éminemment altérable. En présence de l'air, elle se détruit progressivement par absorption d'oxygène. En exposant une solution d'oxydase à l'air, Laborde a obtenu les chiffres suivants :

DURÉE DE L'AÉRATION	OXYDASE	
	RESTANTE	PERDUE
2 jours.	3,5	2,0
4 —	2,8	2,7
6 —	2,4	3,1
12 —	0,8	4,7

On remarque que la destruction, qui est rapide au début, se ralentit très sensiblement après le deuxième jour.

Autres oxydations du vin. — D'après Martinand, l'oxydase joue aussi un rôle dans l'amélioration des vins par le vieillissement. Il a pu, en effet, produire artificiellement, par addition d'oxydase, le vieillissement d'un vin de Bourgogne.

Le vin, additionné d'oxydase et exposé à l'air pendant 48 heures, prend une couleur plus jaune et un parfum de vin vieux. La coloration de ce vin répond au violet rouge 354 du vino-colorimètre Salleron, avant l'oxydation; après l'exposition à l'air, en présence de l'oxydase, la teinte correspond au troisième rouge 404.

L'oxydation du sucre et de l'acide tartrique du vin doit être, d'après Martinand, rapportée à une cause du même genre.

Une action particulière de l'oxydase a pu être constatée sur certains raisins d'Amérique.

Ces raisins ont un goût parfumé désagréable qui se perd par aération; mais lorsqu'ils sont soumis à une température de 100°, ils conservent une saveur particulière qui disparaît par l'addition de diastase oxydante.

Oxydine.

Boutroux, en étudiant la cause de la coloration du pain bis, découvrit dans le son une substance active ressemblant à la laccase et qu'il appela oxydine.

Quand on laisse macérer le son pendant une demi-heure avec son volume d'eau, on obtient, par filtration sur des bougies en biscuit, un liquide limpide, blond, qui, à l'abri de l'air, se conserve sans changer de couleur.

Mis au contact de l'air, ce liquide prend une teinte brune qui, avec le temps, devient plus foncée et finit par devenir noire. Cette coloration ne se produit pas dans une infusion portée à 100°.

Boutroux est parvenu à séparer de l'infusion l'enzyme oxydant et la substance qui subit l'oxydation. En additionnant d'alcool l'infusion filtrée ; l'oxydase se précipite sans entraîner la substance oxydable.

On peut obtenir, par ce moyen, deux solutions qui séparément ne changent pas de couleur en présence de l'air et qui, mélangées, brunissent sous l'influence de l'oxygène.

Pour préparer l'oxydine, on fait macérer le son dans une atmosphère de gaz carbonique et on filtre dans les mêmes conditions. Le liquide filtré est additionné de 3 volumes d'alcool à 95° et le précipité est lavé à l'alcool à 82° sur filtre en papier. Le filtre s'imprègne d'une substance amorphe, brune, difficile à détacher. On découpe le filtre en morceaux et on sèche dans le vide. Ce papier, imprégné de substance active, agit énergiquement sur l'infusion de son stérilisée ; elle oxyde aussi l'hydroquinone comme la laccase.

L'oxydine est aussi précipitée par le chlorure de sodium. Une infusion de son saturée de ce sel ne se colore plus en présence de l'air. L'enzyme se trouve évidemment précipité mais le précipité n'est pas actif.

L'oxydine joue un rôle très important dans la coloration du pain bis, mais dans ce phénomène intervient aussi l'amylase. Les deux enzymes contenus dans le son agissent par des voies différentes.

L'intervention de l'oxydase se manisfeste pendant la préparation de la pâte et dans les premiers moments de la fermentation panaire. La matière oxydable du son se transforme à ce moment en matière colorante. L'oxydation que produit l'oxydine se trouve paralysée par l'acidité et lorsque la fermentation panaire est devenue plus active, l'oxydine cesse d'agir.

La couleur de la pâte devient encore plus foncée par la cuisson. Dans cette phase du travail, c'est l'amylase qui intervient. L'amidon, qui se trouve en suspension dans la pâte avant la cuisson, se liquéfie partiellement sous l'influence de l'amylase du son. Il se produit une soudure entre les parties non encore liquéfiées. La masse change de structure et ce changement produit la coloration. La coloration de la farine pourrait être influencée aussi par une substance se trouvant dans le germe du blé. D'après une communictaion verbale que m'a faite Albiñana fils de Barcelone, personne très experte dans les questions de minoterie, la farine obtenue avec des grains dégermés est blanche et inaltérable, tandis que la présence des germes, même en quantité relativement petite, fournit une pâte se colorant très rapidement. Il est probable que les germes contiennent une oxydase ou une autre diastase analogue.

Oléase.

Les olives fraîches, mises en tas, se mettent facilement à fermenter. On constate une élévation de température, un dégagement d'anhydride carbonique avec formation d'acide acétique et d'autres acides gras. Talomei a démontré que cette fermentation était provoquée par un enzyme qu'il a nommé oléase.

Cet agent se trouve parfois dans l'huile d'olive dans laquelle il provoque une altération profonde. Sous son action, l'huile devient rance par suite de la formation d'acides gras et se décolore par suite de la précipitation de la matière colorante. Cette décoloration est favorisée par la lumière.

L'oléase est isolée de l'huile par agitation avec de l'eau. On obtient ainsi une solution aqueuse de l'enzyme et l'huile reste ensuite inaltérée.

La température optima pour l'action de l'oléase est inférieure à 35°. L'acidité du milieu paralyse l'action diastasique et c'est grâce à cette circonstance que l'altération de l'huile est souvent peu profonde, l'acide gras formé empêchant l'action de l'oléase.

BIBLIOGRAPHIE

G. BERTRAND. — Sur la laccase de l'arbre à laque. *Comptes Rendus*, 1er semestre, 1894, p. 1215.

— Sur la laccase et le pouvoir oxydant de cette diastase. *Comptes Rendus*, 1er semestre, 1895, p. 266.

— Sur la recherche et la présence de la laccase dans les végétaux. *Comptes Rendus*, 2e semestre 1895, p. 166.

— Sur les rapports qui existent entre la constitution chimique des composés organiques et leur oxydabilité sous l'influence de la laccase. *Comptes Rendus*, 1er semestre 1896, p. 1132.

— Sur une nouvelle oxydase ou ferment soluble oxydant d'origine végétale. *Comptes Rendus*, 1er semestre 1896, p. 1215.

— Présence simultanée de la laccase et de la tyrosinase dans le suc de quelques champignons. *Comptes Rendus*, 2e semestre 1896, p. 463.

BOUFFARD. — Observations sur quelques propriétés de l'oxydase des vins. *Comptes Rendus*, 1er semestre 1897, p. 706.

— Rappel d'une note précédente. *Comptes Rendus*, 1er semestre, p. 1053.

Em. BOURQUELOT et BERTRAND. — La laccase dans les champignons. *Comptes Rendus*, 2e semestre 1895, p. 788.

Em. BOURQUELOT. — Influence de la réaction du milieu sur l'activité du ferment oxydant des champignons. *Comptes Rendus*, 2e semestre 1896, p. 260.

— Action du ferment soluble oxydant des champignons sur les phénols insolubles dans l'eau. *Comptes Rendus*, 2e semestre 1896, p. 423.

L. BOUTROUX. — Le pain. Baillière et fils, Paris.

CAZENEUVE. — Sur le ferment soluble oxydant de la casse des vins. *Comptes Rendus*, 1er semestre 1897, p. 406.

CAZENEUVE. — Sur quelques propriétés du ferment de la casse des vins. *Comptes Rendus*, 1er semestre 1897, p. 781.

LABORDE. — Sur l'absorption de l'oxygène dans la casse des vins. *Comptes Rendus*, 2e semestre 1897, p. 248.

— Sur l'oxydase du botrytis cinerea. *Comptes Rendus*, 1er semestre 1898, p. 536.

— Sur la casse des vins. *Comptes Rendus*, 1896, p. 1074.

E. BOURQUELOT et BERTRAND. — Le bleuissement et le noircissement des champignons. *Soc. de Biologie de Paris*, 1895.

LAGATU. — Sur la casse des vins; rôle du fer. *Comptes Rendus*, 1er semestre 1897, p. 1461.

V. MARTINAND. — Sur l'oxydation et la casse des vins. *Comptes Rendus*, 1er semestre 1897, p. 612.

TALOMEI. — Oléase. *Atti. Acc. di Lincei*. Rnd 1896. *Berichte der deutsche chem. Gesellschaft*, 1896.

J. DE REY PAILHADE. — Étude sur les propriétés chimiques de l'extrait alcoolique de levure de bière; formation d'acide carbonique et absorption d'oxygène.

J. DE REY PAILHADE. — Rôles respectifs du philothion et de la laccase dans les grains en germination. *Comptes Rendus*, 1895, 1162.

L. LINDET. — Sur l'oxydation des tannins des pommes à cidre. *Bulletin de la Soc. chim.*, Paris, 1895; *Comptes Rendus*, 1895.

HIKOROKURO YOSHIDA. — *Journal of the chem. Society*. 1883.

J. EFFRONT. — Action de l'oxygène sur les levures de bière. *Comptes Rendus*, CXXVII, p. 326, 1898.

MARTINAND. — Action de l'air sur le moût de raisin et sur le vin. *Comptes Rendus*, 1895, p. 502.

TABLE DES MATIÈRES

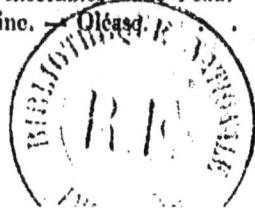

TABLE ALPHABÉTIQUE DES MATIÈRES

Université Nouvelle

INSTITUT DES FERMENTATIONS

Bactériologie appliquée aux Sciences médicales et à l'Industrie, École de Distillerie, Culture des levures, Vinaigrerie et Brasserie.

Directeur : M. JEAN EFFRONT

CORPS PROFESSORAL :

MM. BEZANÇON, Professeur chargé du cours de bactériologie médicale à la Faculté de Médecine de Paris.

BUISINE, Professeur de Chimie industrielle à l'Université de Lille.

BÜCHLER, Professeur à Weihenstefan (Bavière).

CARLIER, Professeur à la Faculté de Droit de l'Université Nouvelle.

CHERBANOFF, Professeur à la Faculté de Médecine de l'Université Nouvelle.

CURIE, Professeur agrégé à l'Université de Montpellier.

EFFRONT, Professeur de Chimie biologique à l'Université Nouvelle.

KARL KRUIS, Professeur à l'Institut Polytechnique de Prague.

LEVY, Professeur à l'École des fermentations de Douai.

MATIGNON, Professeur de Chimie organique à l'Université de Lille.

MORIN, Ancien répétiteur à l'École Polytechnique, fabricant de levures pressées à Wallers (Valenciennes).

PETIT, Directeur de l'École de Brasserie de Nancy.

SOREL, Professeur au Conservatoire des Arts et Métiers, à Paris.

IMHOFF, Directeur de vinaigrerie à Gand, Chef des travaux pratiques et chargé de cours.

ASSISTANTS :

MM. SCHIFFRES, Ingénieur chimiste : Fermentations industrielles.

GRIFFON, Préparateur à la Faculté de Médecine de Paris : Bactériologie médicale.

CONFÉRENCES

Pendant la période des cours, il sera donné à l'Institut une série de Conférences, dont les détails feront l'objet d'un programme spécial.

Pour l'inscription, s'adresser à M. le Secrétaire général de l'Université Nouvelle, place du Trône, 3, à Bruxelles.

I. — But de l'Institut des Fermentations.

L'Institut des Fermentations s'occupe de tout ce qui concerne les fermentations, au point de vue purement scientifique, au point de vue de leur application industrielle et au point de vue des sciences médicales.

L'Institut des Fermentations se propose :

De donner aux personnes qui font des fermentations l'objet de leurs études, un enseignement technique complet, à la fois théorique et pratique ;

D'initier les étudiants, sortis des écoles supérieures et qui désirent se spécialiser, à la pratique des industries rentrant dans son cadre et aux méthodes scientifiques propres à ces industries ;

De permettre aux praticiens de se tenir au courant des progrès incessants de l'étude des fermentations.

II. — De l'Enseignement.

Les cours sont donnés en français et en allemand.

Un laboratoire de chimie analytique, un laboratoire de bactériologie et de culture de levures, ainsi qu'une petite usine de démonstration sont mis à la disposition des élèves.

Les élèves du cours de bactériologie médicale disposent d'un laboratoire de physiologie où ils peuvent exécuter toutes les expériences sur les animaux vivants, sous le contrôle du professeur.

III. — Admission, Certificats, Diplômes.

L'admission à l'Institut des Fermentations se fait sans examen, et sans qu'il soit nécessaire de présenter des diplômes.

L'étudiant choisit le ou les cours qu'il veut suivre et le laboratoire où il désire travailler.

L'Institut délivre des certificats de fréquentation aux élèves qui ont suivi assidûment les cours. Il délivre aussi des diplômes après un examen portant sur toutes les branches théoriques et pratiques qui figurent au programme.

Les personnes s'occupant uniquement des applications industrielles seront dispensées de l'examen sur la bactériologie médicale.

IV. — Minerval.

Le minerval pour la période d'été est de 200 francs pour les cours théoriques et de 100 francs pour les cours pratiques.

L'inscription pour des cours isolés coûte 30 francs par cours.

Les élèves de tous les établissements d'enseignement supérieur, de Belgique ou de l'étranger, peuvent obtenir une réduction de 50 pour 100 sur l'inscription générale ou l'inscription aux travaux pratiques.

Le droit d'inscription à l'examen est de 50 francs.

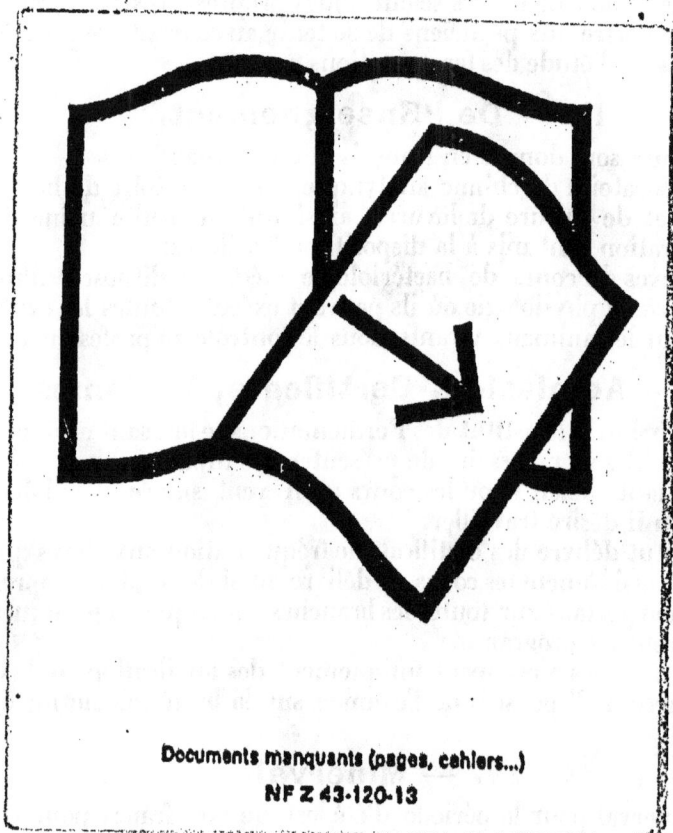

Documents manquants (pages, cahiers...)
NF Z 43-120-13